Biología

3

tinta fresca

Biología 3

Gerente general
Claudio De Simony

Directora editorial
Alina Baruj

Coordinación autoral
Débora Demarchi

Autores
Alejandra Cornet
Luciana Couso
Sergio Ghio
Mariana Rogolino

Editor
Alexis Tellechea

Correctores
Diego Kochmann
Sebastián Vargas

Jefa de arte
Eugenia Escamez
Coordinadora de arte y diseño de maqueta
Lorena Morales
Diseño de tapa
Héctor Horacio Chivih Steinig
Diagramación
Paula Fernández

Ilustraciones
Nelson Castro
Federico Combi
Fabián Slongo
Daniel Zilberberg
Carla Mariel Barcic Zupan

Jefa de preprensa y fotografía
Andrea Balbi
Selección de imágenes
Leandro Ramírez

Fotografías
Archivo Clarín
Roberto Cinti
Martín Katz
Pablo Picca

Asistente editorial
Carolina Pizze

Producción editorial
Gustavo Melgarejo

Agradecemos la colaboración de los siguientes docentes: María Virginia Alberro (Entre Ríos), Mariela Basso (Ciudad de Buenos Aires), María Verónica Bellocchio (Buenos Aires), Ivana Borra (Mendoza), Silvina Cordoves (Buenos Aires), María Eugenia Cufré (Buenos Aires), Marta Elena González Fernández (Ciudad de Buenos Aires), Solange Greco (Buenos Aires), Vanesa Lucía Lagarde (Río Negro), Graciela Liliana Minutti (Chaco), Sonia Ornat (Mendoza), Ana María Ortega (Mendoza), Romina Rinaldi (Buenos Aires), Sabrina Salomón (Buenos Aires), Sandra Sánchez (Buenos Aires), María Fernanda Uran (Buenos Aires), Beatriz Dalla Valle (Buenos Aires), Graciela Beatriz Varela (Buenos Aires).

Piedras 1785.
(C1140ABK) Ciudad Autónoma de Buenos Aires

Hecho el depósito que establece la ley 11.723.
Libro de edición argentina.
Impreso en la Argentina.
Printed in Argentina.

ISBN 978-987-576-772-0

Biología 3 / Mariana Andrea Rogolino ... [et al.]. - 1a edición para el alumno 2a reimp. - Ciudad Autónoma de Buenos Aires : Tinta Fresca, 2018.
208 p. ; 28 x 22 cm.

ISBN 978-987-576-772-0

1. Biología. I. Rogolino, Mariana Andrea
CDD 570.71

Este libro se terminó de imprimir en el mes de diciembre de 2018, en FP Impresora S.A., Beruti 1560, Florida, Buenos Aires, Argentina. La tirada consta de 2.000 ejemplares.

En español, el género masculino en singular y plural incluye ambos géneros. Esta forma propia de la lengua oculta la mención de lo femenino. Pero, como el uso explícito de ambos géneros dificulta la lectura, los responsables de esta publicación emplean el masculino inclusor en todos los casos.

Índice

Capítulo 7

Capítulo 8

Parte IV: Ciencia aplicada

Capítulo 9

Relación entre estímulo y respuesta

1

Contenidos

> Mecanismos de respuesta en el nivel organismo
> Percepción, procesamiento y respuesta
> Diferentes tipos de estímulos y de receptores
> Diferentes tipos de respuestas
> La comunicación entre sistemas biológicos

Los chicos de tercer año fueron a visitar el zoológico. Un guía los acompañaba en el recorrido contándoles curiosidades de los animales que viven allí. Por ejemplo, les dijo que las serpientes pueden captar el calor de una presa para poder atraparla, que los búhos tienen una audición tan potente que pueden detectar un roedor durante su vuelo y que las abejas perciben las radiaciones ultravioletas. Al pasar por el acuario les dijo que los peces pueden detectar las vibraciones y los movimientos del agua. Al terminar el paseo, los invitó a realizar una visita de noche al zoológico para observar las conductas de los animales nocturnos, que tienen muy desarrollados los sentidos del oído y el olfato, y el sentido de la vista adaptado para la oscuridad de la noche. ¿Todos los animales perciben los estímulos, como la luz o el sonido, de igual manera?, ¿cuáles son los mecanismos para captar y responder a los estímulos?, ¿los vegetales también responden a diferentes estímulos?

Contenido digital adicional

www.tintaf.com.ar/BIO3C1

EN ESTE CAPÍTULO...

Se tratan los diversos mecanismos de percepción y respuesta que poseen los organismos ante los diferentes tipos de estímulos, y qué tipo de receptores usan para captarlos. Además, se estudian los tipos de señales con relación al comportamiento y su importancia en la comunicación de los individuos.

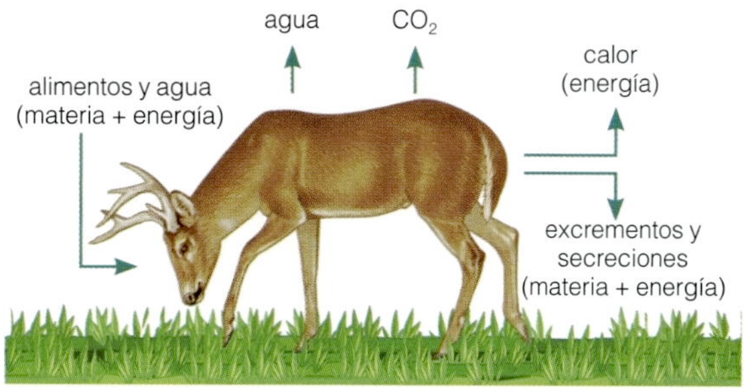

En un organismo, como en todo sistema abierto, se intercambia materia y energía con el medio externo.

Mecanismos de respuesta en el nivel organismo

Los organismos constituyen sistemas abiertos. Un **sistema** es un conjunto de elementos que se relacionan entre sí para cumplir un objetivo o una función. Los seres vivos son sistemas porque están compuestos por muchos componentes: órganos, células y tejidos que interactúan de manera integrada. Cada uno cumple su función y un objetivo, que es mantener al organismo con vida. Pero en los organismos, la interacción no solo se da entre los elementos del propio sistema, sino que también sucede con factores externos. Al alimentarse, al transpirar o al eliminar desechos, los seres vivos intercambian materia y energía con el medio externo. Por esta razón son **sistemas abiertos**.

Los organismos están expuestos de manera permanente a los cambios que se producen tanto en su interior como en el exterior, es decir, en el ambiente donde viven. Esos cambios en el ambiente pueden ser de temperatura, presión, falta de alimento, entre otros. En el medio interno del organismo, los cambios pueden darse en la concentración de minerales o de agua, o en la acumulación de sustancias tóxicas.

Los cambios producen alteraciones en los organismos. Para poder cumplir todas las funciones en forma óptima, existen mecanismos de regulación que permiten volver a un estado de equilibrio. Dicha estabilidad del medio interno de un organismo (aunque existan variaciones que lo afecten) se llama **homeostasis**. Los organismos detectan los cambios que se producen en el ambiente y responden de maneras diversas; son los llamados **mecanismos de respuesta**.

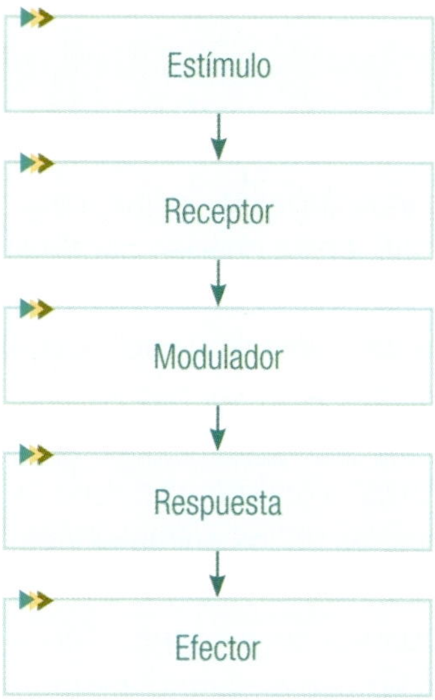

Percepción: estímulo, procesamiento y respuesta

Todo el tiempo recibimos información del medio externo y del interno. La capacidad de poder recibir e interpretar dicha información se denomina **percepción**.

Los organismos están rodeados de información o estímulos. Se denomina **estímulo** a todo elemento, interno o externo, que provoca una reacción en el individuo.

Para poder recibir e interpretar estímulos, todas las estructuras que participan tienen que estar comunicadas entre sí. Un cambio o estímulo genera una alteración en el organismo. Las estructuras que captan estímulos se llaman **receptores**. La sensación se transmite hasta un órgano llamado **modulador** que la descifra, la procesa y elabora una **respuesta**. Esta se transmite hasta el órgano **efector**, el cual la ejecuta.

Tipos de estímulos

Todos los seres vivos percibimos en forma constante estímulos del ambiente donde vivimos o provenientes de nuestro medio interno. Un estímulo es un agente capaz de producir una reacción en estructuras específicas, llamadas **receptores**.

Los estímulos se pueden clasificar en:

- **físicos**: lumínicos, sonoros, barométricos, térmicos, vibratorios cinésicos, gravitacionales, táctiles y eléctricos;
- **químicos**: olorosos y gustativos.

Actividades

1. Hagan una lista de los estímulos que recibieron durante el día, desde que se despertaron hasta ahora.
2. Piensen y anoten otros ejemplos de sistemas abiertos.
3. También existen los sistemas cerrados y los aislados. Busquen en enciclopedias o Internet la descripción de cada uno y mencionen ejemplos.

Tipos de receptores

Los **receptores** captan estímulos del medio y los traducen en señales eléctricas, que son conducidas hasta los centros nerviosos a través de fibras nerviosas.

Los receptores son estructuras especializadas porque solo reaccionan ante un tipo de estímulo. Cuando esto ocurre, se genera un **potencial de receptor**. Cuanto mayor es la fuerza del estímulo, mayor es el potencial de receptor, y la intensidad depende de la frecuencia que alcanza el estímulo. Cuando un receptor recibe un estímulo en forma sostenida, las fibras nerviosas que están en contacto con él disminuyen al cabo de un tiempo la frecuencia de señales eléctricas o impulsos nerviosos. Esto indica que, en esas circunstancias, el receptor se acostumbra al estímulo. Un ejemplo simple de acostumbramiento de un receptor se produce cuando nos ponemos un anillo. Al principio lo sentimos, pero al cabo de unos instantes ya no lo notamos. Por el contrario, los receptores del dolor no se acostumbran, y eso permite que el individuo pueda tomar las medidas necesarias para afrontarlo.

Cada receptor detecta un tipo de estímulo, pero la sensación que percibimos depende del área del cerebro a la que se haya transmitido la señal.

Los receptores suelen estar agrupados en los **órganos sensoriales**, llamados **órganos de los sentidos**.

Las plantas no tienen órganos de los sentidos, pero también captan los cambios del ambiente y responden a muchos de ellos. Por ejemplo, las hojas de la planta *Mimosa púdica* se pliegan hacia el tallo cuando son tocadas.

Clasificación de los receptores

Los receptores se pueden clasificar por el lugar de origen del estímulo que captan o según el estímulo al que responden.

Según el **lugar de origen del estímulo que captan**, pueden ser:

- **Exterorreceptores**: captan estímulos del medio externo, como la luz; pueden localizarse en órganos sensoriales o pueden ser terminaciones nerviosas libres.
- **Interorreceptores**: perciben estímulos que se originan dentro del individuo, como la presión sanguínea. Se encuentran dispersos por todo el organismo.
- **Propioceptores**: detectan estímulos provenientes del interior del organismo, referente a la posición de las extremidades, la cabeza y la orientación del cuerpo en el espacio. Se ubican en músculos, articulaciones y canales semicirculares del oído, entre otros.

Según el **estímulo que captan**, los receptores se clasifican en:

- **Termorreceptores**: captan estímulos térmicos, es decir, calor y frío, y variaciones de temperatura; en los seres humanos, se hallan distribuidos en toda la piel. En los vertebrados hay termorreceptores para el calor y otros para el frío.
- **Mecanorreceptores**: perciben estímulos como la presión, el tacto y la vibración; se encuentran en la piel, los músculos, las articulaciones, los tendones y el oído medio.
- **Fotorreceptores**: captan estímulos lumínicos, en los vertebrados se localizan en la retina del ojo.
- **Quimiorreceptores**: perciben estímulos químicos, como olores y sabores. Algunos se sitúan en la cavidad nasal, otros en la lengua y algunos están distribuidos por todo el organismo.
- **Nociceptores**: captan estímulos provocados por el dolor causado por lesiones producidas en los tejidos. Se encuentran en la piel, los músculos y las articulaciones.

El olor de la comida o el gusto al probarla son estímulos químicos.

Otros tipos de receptores

Glosario

ultrasonido: onda sonora de alta frecuencia, de más de 20 kilohertz, inaudible para el ser humano.

Algunas pocas especies animales han desarrollado receptores especiales como respuesta al ambiente particular en el que viven.

Un ejemplo de esta respuesta es la **ecolocación**. Dos especies de mamíferos desarrollaron esta capacidad: los murciélagos y los delfines. Los murciélagos son animales activos durante la noche, aunque su visión no sea muy efectiva. Aun así, tienen la particularidad de poder emitir y captar ultrasonidos* que, cuando se reflejan a través del aire en forma de eco por objetos que se hallan alrededor, informan al murciélago sobre la posición y características de estos. Esta capacidad les sirve para cazar en total oscuridad. Estos animales están provistos de grandes pabellones auriculares y el tímpano vibra con facilidad para poder captar de forma eficiente los ecos del ultrasonido.

Comprensión de textos

Para comprender un texto es preciso leerlo con detenimiento varias veces y subrayar las ideas principales.

Los delfines también tienen esta capacidad. Emiten sonidos ultrasónicos con un saco lleno de aceite llamado *melón*, situado en la parte frontal de la cabeza. Además de detectar obstáculos, localiza a los peces que son su presa. En el agua, como el sonido se propaga en forma más veloz que en el aire, el "radar" del delfín es más efectivo que el del murciélago.

La ecolocación les permite a estos animales no chocarse con objetos u otros animales, atrapar a sus presas, defenderse de sus depredadores y comunicarse con sus pares.

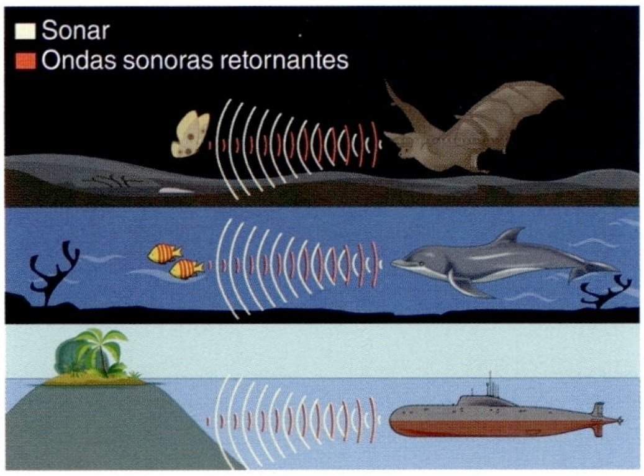

La ecolocación de los delfines se asemeja al radar activo de un submarino: ambos emiten un sonido que rebota al encontrar un obstáculo, y analizan, mediante mecanismos específicos, el eco recibido. Las ondas amarillas son las del sonar y las rojas son las ondas sonoras que vuelven.

Otro caso de receptores poco comunes son los **electrorreceptores**. Hay una especie de pez que tiene la capacidad de generar un campo eléctrico alrededor de su cuerpo. Cuando un animal u objeto se aproxima, modifica este campo eléctrico y el pez percibe estos cambios con unos electrorreceptores que tiene en la cabeza. Existen mamíferos que poseen este tipo de recepción: un grupo de monos llamados *platirrinos*, que tienen electrorreceptores en el hocico para capturar peces durante la noche, y el topo estrellado, que posee tentáculos alrededor de la nariz con receptores que le permiten captar los campos eléctricos de sus presas.

Actividades

1. Lean el siguiente texto y resuelvan la actividad.

> En una tarde de primavera, Santiago está jugando en la plaza con otros niños. Al rato de estar corriendo, Santiago le dice a su mamá que quiere sacarse el buzo y sigue a un perrito que pasa por delante de él. El niño consigue acariciar al perro y le dice a su mamá que desea tener uno igual. De repente, un señor anuncia que vende helados y los chicos, al escucharlo, corren para comprar uno. El Sol se está ocultando y la mamá le dice a Santiago que se ponga el buzo y se despida de sus amigos hasta otro día.

a. Indiquen qué tipos de receptores se ponen en funcionamiento en Santiago en cada una de las situaciones presentadas en el texto, teniendo en cuenta las dos clasificaciones de la página anterior.

Donald Griffin

Donald Griffin (1915-2003) fue un biólogo estadounidense que estudió en Harvard y luego fue profesor de esa universidad. Es considerado el padre de la etología cognitiva, es decir, el estudio de los comportamientos, aprendizajes y razonamientos de los animales.

En 1940, Donald Griffin, un estudiante de Harvard, describió la "ecolocación" en su libro *Escuchando en la oscuridad*. Lo anterior fue un descubrimiento épico y casi mágico de la Biología. Este hallazgo comenzó hace 150 años al otro lado del mundo, cuando un científico italiano colocó un murciélago y un búho en una habitación oscura y encontró que el murciélago volaba con precisión, mientras que el búho chocaba contra las paredes. El experimento causó interés al zoólogo suizo Charles Jurine, que observó que al cubrir los oídos a los murciélagos, estos perdían su "mágica" habilidad de maniobrar en la oscuridad. Jurine concluyó que de alguna misteriosa manera, los murciélagos veían utilizando el oído.

Estas ideas fueron abandonadas durante un siglo, hasta que Griffin observó en una cueva oscura que cientos de murciélagos tenían la habilidad de volar a gran velocidad sin chocar unos con otros, o contra las paredes. Griffin consiguió un aparato desarrollado por el profesor George Washington, el cual podía recibir sonidos de insectos de alta frecuencia con rangos mayores a los audibles por los humanos. Griffin descubrió que los murciélagos emiten sonidos ultrasónicos, los cuales rebotan con los objetos y son posteriormente recibidos por las grandes orejas de los murciélagos. El retraso del sonido y el ángulo entre las orejas les permite crear una imagen precisa del objeto en su cerebro.

Desde 1940 y hasta el año de su retiro en 1986, Griffin continuó realizando experimentos para confirmar que los murciélagos no ven en la oscuridad mágicamente, sino que utilizan esta asombrosa capacidad de ver con el oído. Hoy, cualquier madre puede ver a su hijo dentro de su vientre igual que un murciélago ve en la oscuridad, utilizando la ecolocación ultrasónica, para ver donde los demás solo vemos oscuridad y donde solo escuchamos silencio. Una maravilla tecnológica más, cortesía de los murciélagos.

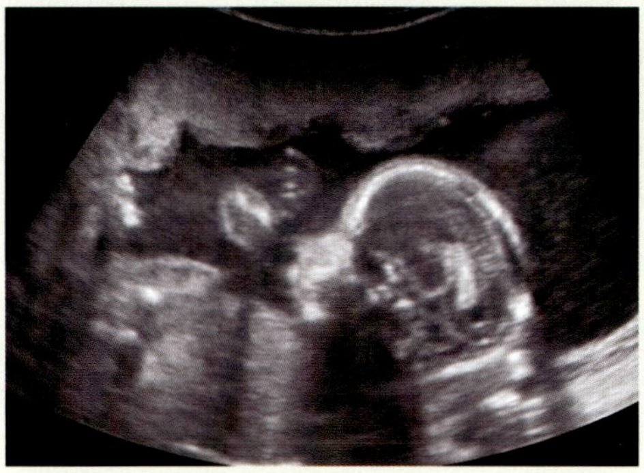

Ecografía prenatal en la que se observa al feto.

https://ecologiafun.wordpress.com/2011/02/25/escuchar-en-la-obscuridad-la-habilidad-magica-de-los-murcielagos/. (Adaptación).

Actividades

1. En 1793, el científico italiano Lazzaro Spallanzani capturó y cegó a un grupo de murciélagos y comprobó que podían desplazarse y conseguir alimento sin dificultades. Entonces, obturó los canales auditivos de otro grupo de murciélagos y se asombró al ver cómo se chocaban contra los obstáculos, totalmente desorientados.

a. Expliquen los resultados de Spallanzani a partir de los descubrimientos de Griffin.

Los anfibios, al igual que los reptiles, son ejemplos de vertebrados poiquilotermos.

Relación entre estímulos y receptores en los animales

Según su evolución, frente a un mismo estímulo, los animales poseen determinadas estructuras de recepción que les permiten buscar alimento, encontrar pareja y reproducirse, defenderse de sus depredadores y comunicarse con sus pares.

Percepción de la temperatura

Los seres vivos solo pueden vivir dentro de un rango determinado de temperatura ya que, de otra manera, comienzan a sufrir dificultades para mantener sus funciones vitales.

Algunos animales varían su temperatura corporal según la temperatura ambiente, como los invertebrados y, dentro de los vertebrados, los peces, anfibios y reptiles. Los organismos que tienen esta capacidad se llaman **heterotermos** o **poiquilotermos**. Otros, en cambio, mantienen su temperatura constante, independientemente de las variaciones de la temperatura del ambiente; es el caso de las aves y los mamíferos. Los organismos que mantienen su temperatura corporal constante se llaman **homeotermos**.

Los animales poseen una gran diversidad de mecanismos para detectar cambios en la temperatura.

Por ejemplo, los mosquitos que chupan sangre o las garrapatas que buscan huéspedes de sangre caliente poseen termorreceptores en la epidermis* para guiarse en la búsqueda. Las serpientes, como la cascabel y el crótalo, poseen a cada lado de la cabeza, entre los ojos y la nariz, las **fosetas faciales**. Dentro de las fosetas desemboca un conjunto de terminaciones nerviosas libres termorreceptoras. Estas, al captar el calor que generan los cuerpos de posibles presas, facilitan su captura.

Glosario

epidermis: capa más externa de la piel que está en permanente renovación.

Percepción de la temperatura en los seres humanos

En los seres humanos, los receptores del calor y del frío se localizan en la piel.

Algunos termorreceptores son **terminaciones nerviosas libres** que se sitúan en la dermis, debajo de la epidermis. Estos receptores también responden a estímulos de dolor y tacto. Otras terminaciones nerviosas están rodeadas de varias capas de tejido conjuntivo y reciben el nombre de **corpúsculos**.

Los corpúsculos que captan calor se llaman **corpúsculos de Ruffini**, son cilíndricos y poseen en su interior una fibra nerviosa ramificada que termina en un botón.

Hay aproximadamente 30.000 de estos corpúsculos y se ubican, en su mayoría, concentrados en las palmas de las manos y las plantas de los pies.

Los corpúsculos que captan frío se llaman **corpúsculos de Krause**, son esféricos o alargados, y la fibra nerviosa también es muy ramificada. Existen 250.000 de estos corpúsculos. Se localizan sobre todo en la lengua y en los órganos sexuales.

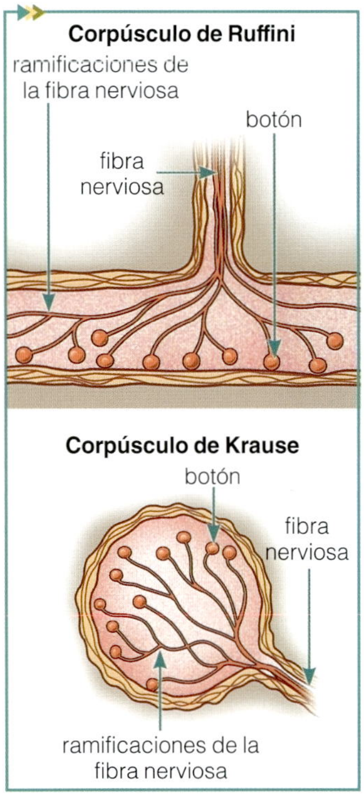

La piel tiene receptores especializados en la captación de señales mecánicas y de variación de temperatura.

Percepción del tacto y el movimiento

El sentido del tacto permite que los animales conozcan el lugar donde habitan, los objetos que los rodean y sus características, y eviten peligros. La percepción del movimiento proporciona a los animales el conocimiento de la posición del cuerpo y del equilibrio.

Muchas células se alteran si sus membranas plasmáticas se arrugan o se estiran. En los invertebrados hay receptores superficiales que perciben la gravedad y las vibraciones. Una de estas estructuras receptoras se llama **estatocisto**. Es un saco tapizado con células filamentosas sensoriales. Dentro de este saco se halla un **estatolito**, estructura semejante a una piedrita calcárea. Cuando el animal se mueve, el estatolito cambia su posición y se desplaza de una célula del estatocisto a otra. Los filamentos de las células sensoriales detectan estos cambios y envían la información relacionada con la posición del organismo y la gravedad al resto del tejido, como ocurre en los calamares.

Otras estructuras mecanorreceptoras muy comunes entre los invertebrados son los **pelos**, **cilios** o **cerdas sensoriales** en la superficie de su cuerpo. Pueden captar estímulos táctiles, sonoros y de movimientos de agua y aire. Son células epiteliales receptoras que, en general, poseen uno o varios cilios inmóviles. Existen algunas esponjas de mar que poseen estructuras similares a tentáculos, que le permiten detectar vibraciones en el agua y defenderse o atrapar una presa.

Los insectos poseen **células pilosas mecanorreceptoras**. Un grupo de estas células se encuentra en un segmento de las patas, y sirven para el tacto y para captar vibraciones del suelo.

En los vertebrados hay estructuras mecanorreceptoras más desarrolladas. Un ejemplo de estas estructuras son unos órganos llamados **neuromastos**, que se ubican en las líneas o canales laterales de los peces. Los neuromastos están compuestos por un conjunto de células sensoriales que poseen cilios embebidos en una sustancia gelatinosa. Al moverse esa sustancia, los cilios son activados y la información se envía al sistema nervioso. Detectan corrientes de agua; son órganos táctiles y le informan al pez sobre su movimiento.

Muchos mamíferos, como los felinos, los perros, las focas y los conejos, poseen bigotes, llamados **vibrisas**, que son pelos especiales que usan para el tacto. Los topos son casi ciegos y poseen **pelos táctiles** en el extremo de la cola y en los bigotes de la cara. Por medio de ellos pueden saber dónde hay comida, cómo es la forma de su nido y detectar algún peligro inminente.

Detalle de un neuromasto

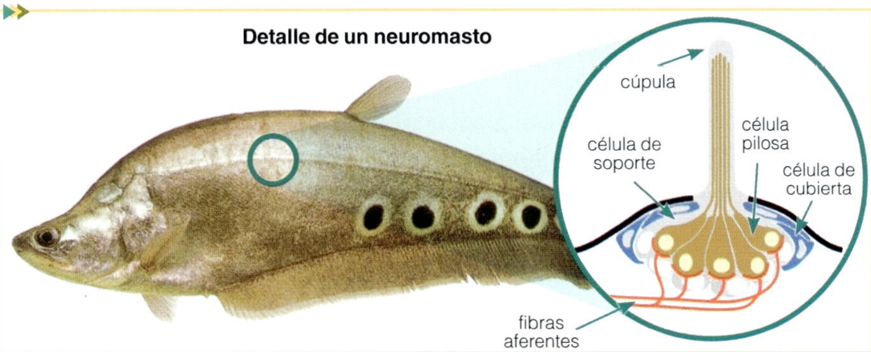

Curiosidades

Las moscas poseen células esparcidas en su cuerpo que captan las variaciones de presión del aire que se encuentra encima de ellas. ¿Ahora se explican por qué no pueden atrapar una mosca con la mano?

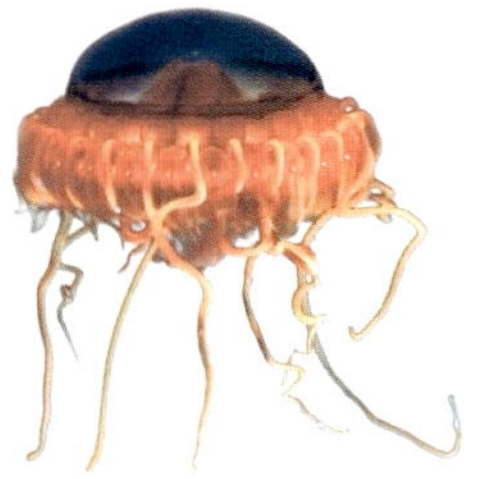

Corte trasnversal de un estatocisto

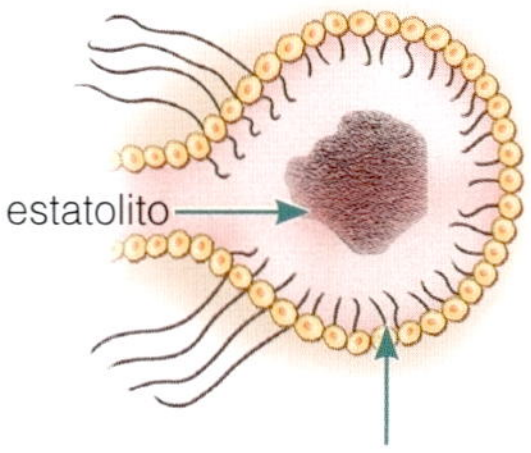

En las medusas, los estatocitos están concentrados en los tentáculos.

Actividades

1. Existen dos tipos de percepción táctil con las manos: la estática, que nos permite distinguir la temperatura, el peso y la consistencia de un objeto, y la dinámica, en la que movemos las manos para saber la textura, la forma o la dureza del objeto. Pongan a prueba los dos tipos de percepción táctil: elijan tres objetos y tápenle los ojos a un compañero para que trate de descubrir qué objetos son.

Glosario

músculos estriados: son los músculos que se controlan voluntariamente, por ejemplo los que ejercen los movimientos de las extremidades.

Percepción del tacto y el movimiento en los seres humanos

Los mecanorreceptores captan estímulos de tacto y movimiento. Están diseminados por todo el organismo. En la piel, están los receptores del tacto, como los **discos de Merkel**, que perciben el tacto de manera constante. Se encuentran también en los labios y las mucosas anal y oral. Los **corpúsculos de Meissner**, fibras nerviosas espiraladas, se localizan en gran cantidad en los dedos de manos y pies, y en los labios. Perciben el tacto fino y ligero.

Los **corpúsculos de Pacini** responden a cambios de presión o vibraciones. Se concentran en los dedos de las manos y los pies.

Los **propioceptores**, un tipo de mecanorreceptores, captan la orientación y dirección del movimiento de las partes del cuerpo. Se ubican en las articulaciones, tendones y músculos estriados*.

Curiosidades

En la yema de los dedos hay 12 receptores por centímetro cuadrado y en la piel de la espalda hay uno o ningún sensor en la misma superficie.

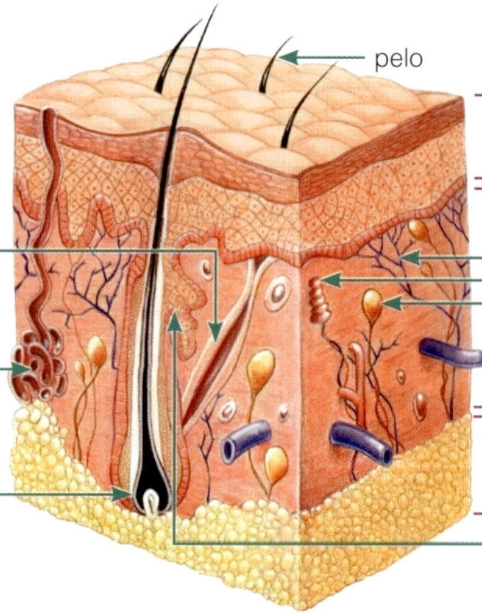

Percepción del sonido

Los animales necesitan emitir y percibir sonidos, ya que así pueden comunicarse con sus pares, conseguir pareja y detectar la presencia de posibles enemigos.

Los insectos poseen el **órgano timpánico** en la base de las antenas. En algunos, como los mosquitos, este órgano desempeña una función auditiva. Les permite percibir el zumbido que producen las hembras con las alas, y entonces los machos hacen vibrar las antenas a la misma frecuencia. Además, algunos insectos también tienen **tímpanos**, membranas finas situadas en las patas, tórax o abdomen. Los órganos timpánicos vibran en respuesta a diferentes presiones de distintas ondas sonoras, y esta vibración se transmite a células receptoras vecinas.

En el grupo de los reptiles, en especial en las serpientes, las vibraciones sonoras llegan al oído a través del esqueleto, que las recoge del suelo.

Los mamíferos tienen el oído externo más desarrollado que otros animales. La abertura del oído está rodeada por el pabellón de la oreja, que lo protege y mejora la captación de las ondas sonoras. Es común ver que mientras beben o comen, algunos animales como los ciervos y los caballos giran el pabellón de las orejas para escuchar si se aproxima algún enemigo y así pueden huir a tiempo.

Cómo se comunican las mariposas

La capacidad auditiva de algunas mariposas nocturnas es mayor que la del oído humano. Por ejemplo, pueden comunicarse mediante la emisión de ultrasonidos, como los murciélagos.

Actividades

1. Las vibrisas o bigotes de los gatos no son los únicos pelos sensibles que tienen. ¿Dónde poseen los gatos otros pelos como las vibrisas y para qué los usan?

Percepción del sonido en los seres humanos

Los seres humanos percibimos el sonido a través del **oído**, que contiene mecanorreceptores que captan las ondas sonoras, la gravedad y el movimiento.

Consta de tres porciones: oído externo, oído medio y oído interno.

El **oído externo** está compuesto por el **pabellón auricular**, que es un repliegue de la piel, y el **conducto auditivo externo**, que es un tubo que llega hasta el tímpano.

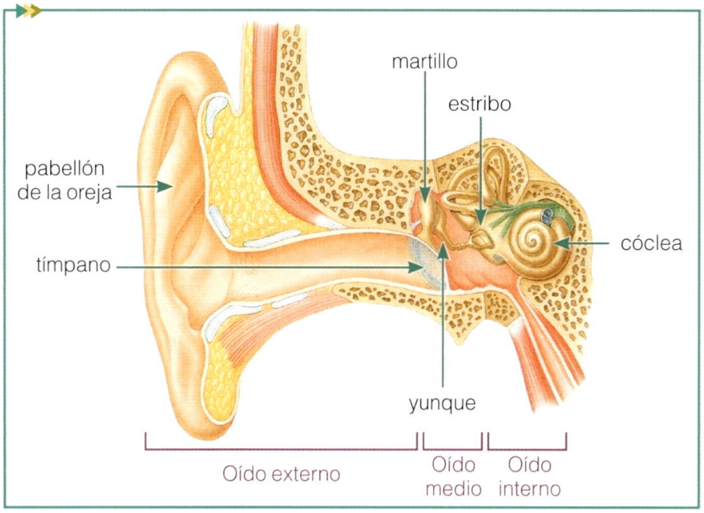

Este conducto posee pelos y glándulas ceruminosas (que secretan cera). Ambos sirven para proteger el oído del ingreso de partículas extrañas.

El **oído medio** está formado por la **caja del tímpano**, que limita hacia el exterior con la **membrana timpánica** y hacia el interior con dos membranas: la **ventana oval** y la **ventana redonda**. La caja del tímpano se comunica con la faringe por un conducto llamado **trompa auditiva**, a través del cual se equilibran la presión del oído medio y la presión atmosférica.

Dentro de la caja del tímpano hay una cadena de tres huesitos llamados **martillo**, **yunque** y **estribo**. Se ubican desde el tímpano hasta la ventana oval y su función es transmitir hasta el oído interno las ondas sonoras que llegan al tímpano.

El **oído interno** está formado por estructuras óseas que recubren otras membranosas, por donde circula un líquido denominado **endolinfa**. Entre ambos tipos de estructuras hay otro líquido llamado **perilinfa**. El oído interno cumple dos funciones: equilibrio y audición.

El **sistema vestibular** cumple la función del equilibrio. Está comunicado con la **ventana oval** y compuesto por dos dilataciones: el **utrículo** y el **sáculo**. De este último se originan tres **canales semicirculares**, cada uno de ellos dispuesto en las tres direcciones del espacio, y que terminan en el utrículo. Por dentro del aparato vestibular circula endolinfa. Las células que conforman estas estructuras poseen pelos y, sobre ellos, cristales de carbonato de calcio llamados **otolitos**. Al inclinar la cabeza, los otolitos generan una presión sobre los pelos de las células; esto provoca la reacción de volver a la posición normal.

El **sistema coclear** cumple la función de la audición. Consta de la cóclea*, que tiene forma espiralada. La cóclea se enrolla alrededor de un eje llamado **columela**.

En la cóclea hay tres conductos llenos de líquido y separados por membranas.

Los conductos son el **vestibular**, el **timpánico** y el **coclear**. Las membranas que los delimitan son la **membrana basilar** y la **membrana tectorial**. Dentro del conducto coclear y sobre la membrana basilar se encuentra el **órgano espiral**, compuesto por mecanorreceptores, también llamados **fonorreceptores**. Estos son células ciliadas que captan los movimientos del fluido (endolinfa), que generan las ondas sonoras al entrar en el caracol por la ventana oval. Al ser estimuladas, las células sensoriales producen impulsos nerviosos, que son transportados hasta el área de la audición en el cerebro para producir la sensación de audición.

Glosario

cóclea: "caracol", en latín.

Percepción de la luz

La percepción de la luz según los diversos tipos de organismos es muy variada, pero todos utilizan **fotorreceptores**. Para cumplir su función, estas células sensoriales poseen moléculas con color llamadas **fotopigmentos**. Los fotopigmentos absorben la luz, que les produce un cambio químico que provoca un potencial de receptor.

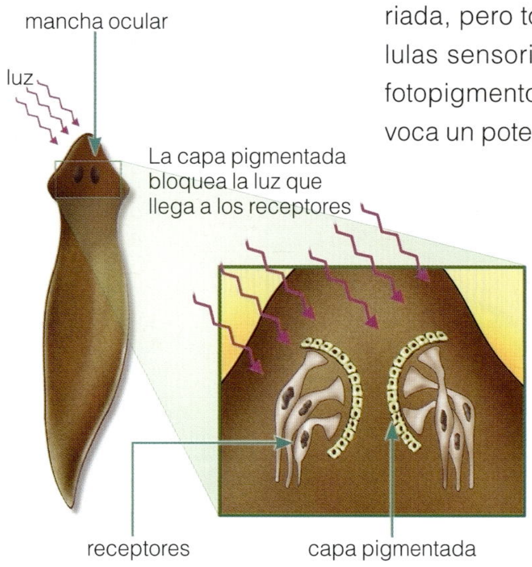

Las manchas oculares son los ojos más primitivos del reino animal. Solo permiten reconocer luz y sombra.

En algunos organismos unicelulares, así como en las medusas y en los gusanos planos, es común encontrar las llamadas **manchas oculares**. Son fotorreceptores delimitados por una capa pigmentada. La zona pigmentada impide que la luz llegue a los fotorreceptores.

Esto les permite conocer la dirección de donde provienen la luz y la sombra.

Las manchas oculares tienen, principalmente, funciones de defensa, ya que al detectar una sombra que puede ser un depredador, el animal huye y busca un lugar oscuro.

Los moluscos bivalvos poseen receptores para detectar los cambios en la luz. Por ejemplo, la vieira puede tener más de cien **ojos complejos** ubicados entre los tentáculos, pero que solo discriminan luces y sombras. Otros moluscos, como los pulpos y calamares, poseen los ojos más evolucionados entre los invertebrados y más grandes entre los animales en general. La estructura es parecida a la del ojo humano, aunque no puede determinar la profundidad de la imagen. Esto lo resuelve moviendo la cabeza; de esa manera, percibe la distancia que lo separa de un objeto.

Los cefalópodos, como los pulpos y los calamares, poseen ojos evolucionados.

Entre los anélidos, gusanos segmentados por anillos, la lombriz de tierra no tiene manchas oculares ni ojos, porque son animales que viven bajo la tierra casi todo el tiempo. Pero poseen **células fotosensibles**, sobre todo en los anillos anteriores y posteriores.

Los insectos tienen un tipo particular de ojos. Son compuestos, es decir que están conformados por varias unidades llamadas **omatidios**. Si bien tienen estructuras más complejas que las manchas oculares, funcionan de forma parecida con la diferencia de que, al ser muchas unidades, se obtiene una imagen borrosa. Este tipo de ojos permite detectar muy bien los movimientos; por lo tanto, les permite a estos animales escapar de los depredadores o, por el contrario, atrapar presas.

Las mariposas y las abejas pueden captar colores, incluso el ultravioleta, color que los seres humanos no podemos percibir. Las libélulas cazan en el aire y, para poder hacerlo, sus ojos compuestos son de gran ayuda. Si vemos la cabeza de una libélula, allí los ojos ocupan casi todo el espacio disponible y les permiten tener una visión panorámica. Cada ojo está conformado por más de 1.000 omatidios. Cuantos más omatidios posee un ojo compuesto, mejor es la calidad de la visión.

Los arácnidos tienen cuatro pares de ojos simples.

Las arañas tienen ocho ojos simples. Los dos pares que se localizan más atrás vigilan que ningún predador se acerque por detrás, y con los dos pares de adelante enfocan y atrapan a sus presas.

Percepción de la luz en los vertebrados

Las células fotorreceptoras de los vertebrados son de dos tipos: las que captan los colores, llamadas **conos**, y las que no perciben colores pero permiten ver en condiciones donde hay poca luz, denominadas **bastones**. Los conos captan distintas longitudes de onda de la luz. Hay conos que pueden captar la longitud de onda para la luz roja, otros para la luz verde y otros para la luz azul. Según el tipo de cono y cómo el cerebro del animal combine los colores será la visión que tengan de ellos. La visión de los vertebrados puede ser:

- **Monocromática**: solo perciben las imágenes en blanco y negro. Poseen pocos conos. Un ejemplo son los tiburones.
- **Dicromática**: es la visión más común, sobre todo en los mamíferos. Tienen dos tipos de conos. Es el caso de los gatos, los perros, las vacas y los caballos.
- **Tricromática**: así percibimos las imágenes los humanos y los primates. Tenemos los tres tipos de conos.
- **Tetracromática**: este es el caso de los animales que poseen los tres tipos de conos y además otros que captan el ultravioleta, como muchas especies de aves, reptiles y peces.

Los animales con hábitos nocturnos poseen menos conos y mayor cantidad de bastones. Estas células captan la poca luz que hay disponible durante la noche; los bastones le brindan una visión nocturna óptima para desarrollar sus actividades. Estos animales, por lo general, se distinguen por tener ojos grandes con relación al tamaño del cráneo.

Los vertebrados terrestres desarrollaron estructuras de protección del ojo para la vida en la tierra: los **párpados** y el **aparato lacrimal**. Estas estructuras protegen el globo ocular de la desecación y del ingreso de partículas extrañas que lo puedan dañar. En los anfibios, como las ranas y los sapos, el párpado superior suele ser opaco y fijo, y el inferior es transparente y móvil. Los reptiles y las aves, además de los párpados superiores e inferiores, poseen la **membrana nictitante**, un pliegue que corre en sentido lateral desde el ángulo interno del ojo hacia el externo. Los párpados de los mamíferos presentan pelos y glándulas.

El aparato lacrimal está integrado por las glándulas lacrimales, que producen lágrimas, y los conductos lacrimales, por donde sale el exceso de líquido. Las lágrimas mantienen húmedos los tejidos que están en contacto con el aire y favorecen el deslizamiento del párpado.

Las aves poseen los ojos orientados hacia adelante, lo que les permite volar de forma segura y, en el caso de las aves rapaces, avistar posibles presas.

La posición de los ojos en los animales los ayuda a detectar cualquier movimiento de un posible depredador que se acerca.

Actividades

1. ¿Para qué les parece importante en los animales la visión cromática, es decir, en colores?

2. Observen las fotos e indiquen a qué tipo de visión corresponde cada una.

a

b

c

d

Percepción de la luz en los seres humanos

En los seres humanos, la percepción de la luz y la capacidad de la visión se localizan en los ojos. Nuestros **ojos** son llamados **ojos en cámara**, ya que funcionan de forma muy similar a las cámaras fotográficas.

El ojo está rodeado por varias capas. La más externa es una membrana protectora en la que se diferencian dos zonas: una anterior, llamada **córnea**, que es transparente y permite el ingreso de la luz, y una posterior, la **esclerótica**, que es blanca, resistente e impide el paso de la luz.

Por debajo de la esclerótica se encuentra, en la zona posterior del ojo, la **coroides**, una región muy pigmentada que absorbe luz. A su vez, está muy vascularizada; por lo tanto, también cumple funciones de nutrición.

La porción anterior de esta capa se modifica para formar el **cuerpo ciliar**, un tejido circular con fibras musculares que sostiene al cristalino y permite su acomodamiento para enfocar los objetos; el **iris** está unido al cuerpo ciliar y también es circular. El iris tiene células pigmentadas que le dan color, y músculos que permiten graduar la apertura o cierre de un orificio que tiene en su centro, llamado **pupila**, para dejar entrar más o menos luz en el interior del ojo.

Por detrás de la córnea existe una cámara anterior ocupada por un líquido, el **humor acuoso**. El **cristalino** es una estructura transparente, con apariencia de pelota aplastada, ubicada detrás de la pupila. Tiene un músculo circular que lo rodea y que le permite modificar su forma para poder enfocar los objetos. Detrás del cristalino, en la cámara posterior, se encuentra el **humor vítreo**, que mantiene la forma del ojo.

La capa más interna está conformada por la **retina**, donde están los fotorreceptores y las células nerviosas. De acuerdo con su forma, hay dos tipos de fotorreceptores: **conos** y **bastones**.

Los conos permiten la visión en color y los bastones, la visión en blanco y negro, propiedad que es importante para poder ver en situaciones con poca luz. Hay una zona de la retina llamada **fóvea**, que es donde la imagen alcanza su mayor definición. Existe otra región de la retina, que no posee fotorreceptores, denominada **papila óptica** o punto ciego, donde confluyen las fibras nerviosas y los vasos sanguíneos que forman el **nervio óptico**. En la retina se forma una imagen real pero invertida. Los impulsos nerviosos que esta imagen provoca viajan hasta el área de la visión en el cerebro y allí, a través de mecanismos complejos, se produce el enderezamiento de la imagen y se percibe la sensación de ver.

Curiosidades

La retina de cada ojo contiene aproximadamente 125 millones de fotorreceptores.

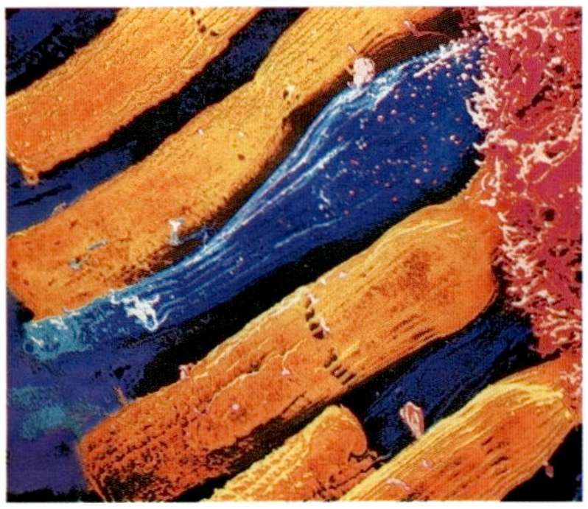

Conos y bastones observados a través de un microscopio electrónico de barrido.

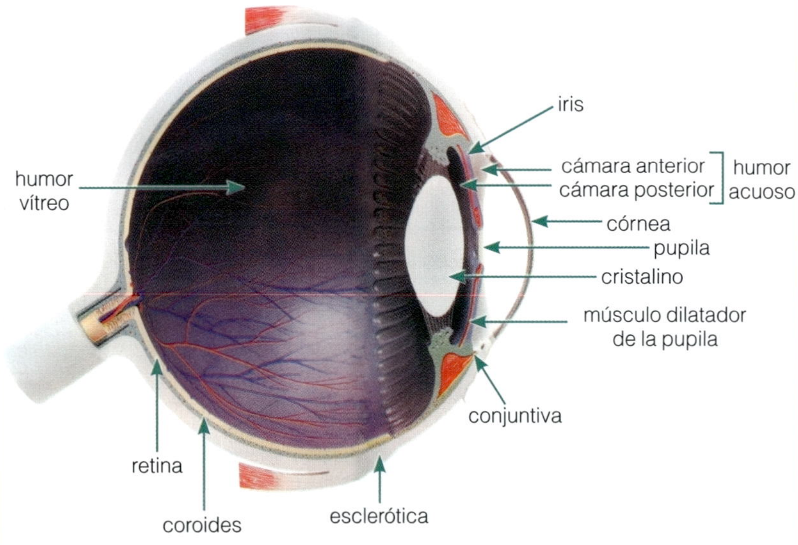

La formación de las imágenes

Los objetos reflejan parte de la luz que incide sobre ellos. Por eso la luz reflejada puede ingresar en nuestros ojos. En su recorrido, la luz atraviesa la córnea, el humor acuoso, el iris por la pupila, el cristalino y el humor vítreo, hasta llegar a la retina. Para ver con nitidez un objeto cercano o lejano, el ojo debe enfocar la imagen justo en la retina. Este fenómeno se puede producir porque el cristalino está rodeado y sostenido por músculos que reducen o aumentan su curvatura. Por ejemplo, mientras leen esta página del libro, el cristalino aumenta su curvatura, porque se contraen los músculos que lo rodean. En cambio, cuando observamos objetos lejanos, el cristalino se estira y reduce su curvatura, porque los músculos se relajan.

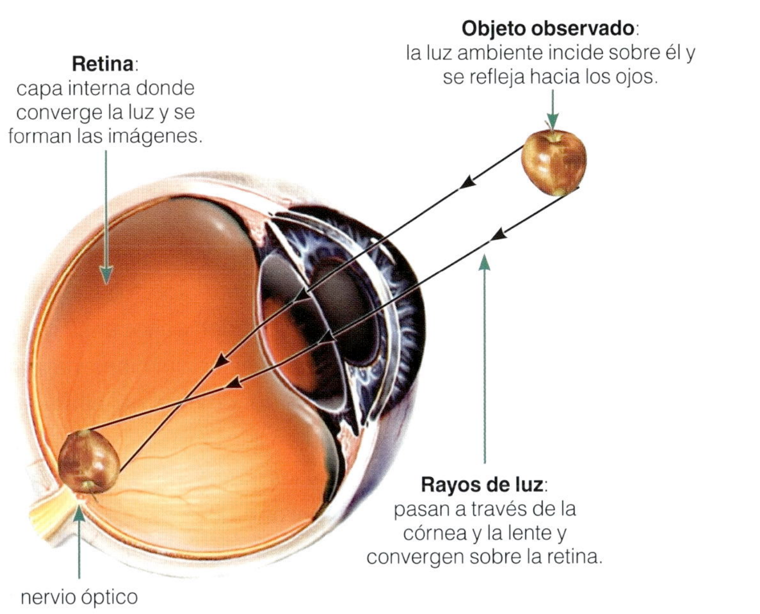

La imagen que se forma en la retina está invertida con respecto al objeto original; el centro integrador interpretará la imagen y le restituirá la posición original.

Los esquemas gráficos

Estos esquemas incluyen una o varias imágenes de las cuales salen flechas con nombres de partes o con breves explicaciones. Pueden usarlos para repasar un tema o como guía para una exposición oral.

Actividades experimentales

Fisiología de la visión

En esta actividad podrán comprobar algunas de las características del funcionamiento del sentido de la visión.

1. Observen y anoten lo que sucede cuando iluminan los ojos de un compañero. Expliquen por qué ocurre lo observado.

2. Coloquen la siguiente imagen a unos 15 cm de distancia de uno de sus compañeros. Este deberá taparse un ojo y mirar fijamente el disco. Acerquen el dibujo despacio hasta que la cruz desaparezca. ¿Por qué hay un punto en el que no puede ver la cruz?

Percepción de estímulos químicos

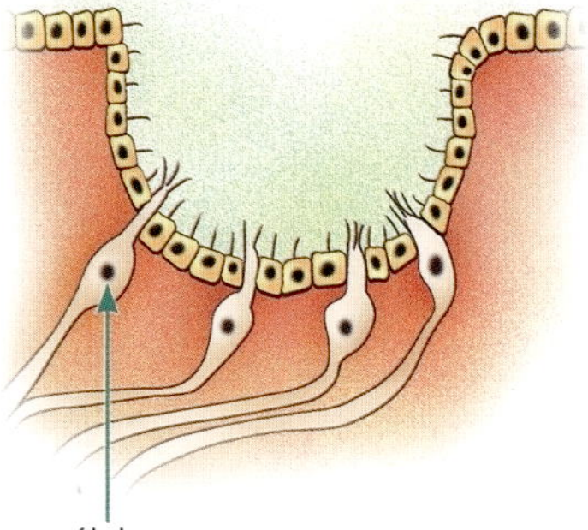

Las fositas quimiorreceptoras pueden estar ubicadas en distintas regiones del cuerpo.

La percepción del **gusto** y el **olfato** les permite a los organismos localizar el alimento, seleccionar el hábitat, reconocer a otros individuos de la misma especie o de otra, y escoger la pareja adecuada.

La forma de la molécula del estímulo químico debe ser afín a la célula receptora para desencadenar un potencial de receptor. Por esta razón, el quimiorreceptor reacciona de manera específica ante cada sustancia.

En los invertebrados, las células quimiorreceptoras pueden estar dispersas por todo el tegumento o estar localizadas en una zona llamada **fosita quimiorreceptora**.

Muchos insectos poseen células quimiorreceptoras dispuestas en diferentes estructuras de la cabeza; algunos tienen células gustativas alrededor del aparato bucal. En las abejas, una pieza de su aparato bucal posee **sedas sensoriales** que les permiten percibir el gusto. Las vinchucas detectan dióxido de carbono, producto de la respiración de otros animales, por medio de **pelos quimiorreceptores** de las antenas, y así consiguen hospedador. Las moscas tienen **pelos gustativos** con quimiorreceptores en la cabeza para captar diferentes gustos. La mosca azul puede percibir el gusto del azúcar sin tocarla, algo imposible para el ser humano.

Los insectos tienen su cuerpo cubierto de pelos sensoriales.

En los vertebrados, los órganos del gusto y el olfato se encuentran más diferenciados. En los peces y algunos anfibios, los receptores gustativos están en el epitelio*, es decir que antes de ingerirlos ya pueden conocer su gusto.

En los vertebrados aeroterrestres, las sustancias químicas viajan a través del aire. Si se trata de olores, son captados por receptores del olfato en la cavidad nasal; los receptores del gusto se ubican en la cavidad oral, principalmente en la lengua. Entre los reptiles, los lagartos y las víboras tienen un órgano especial para captar olores, llamado **órgano vomeronasal**, localizado en el paladar. Es por este motivo que estos animales sacan tanto la lengua: con ella captan partículas suspendidas en el aire y, al volver a introducirla en la boca, las ponen en contacto con el órgano vomeronasal, que percibe los olores. Esto les permite localizar posibles presas.

En cuanto a los mamíferos aeroterrestres carnívoros, el olfato es un sentido fundamental para ubicar a sus presas, para escoger pareja o para marcar territorio. Para realizar estas actividades con éxito, cumplen un papel fundamental unas sustancias llamadas **feromonas**, que se encuentran en la materia fecal o en la orina, y que desencadenan reacciones en otros animales.

Glosario

epitelio: tejido que proporciona protección a todo el individuo, incluidos los órganos internos.

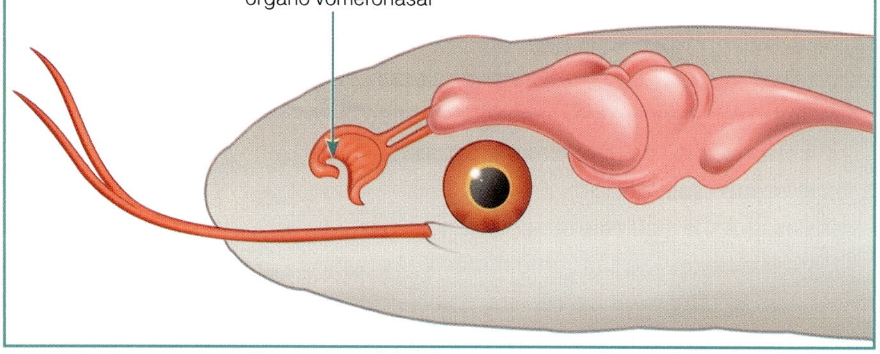

El órgano vomeronasal de las serpientes, culebras y lagartos les facilita la búsqueda de pareja y de presas ocultas.

Percepción de estímulos químicos en los seres humanos

En la especie humana, la percepción de las sustancias químicas disueltas en el aire se localiza dentro de la **cavidad nasal** y constituye el sentido del **olfato**. La percepción de sustancias químicas disueltas en el agua se halla en la lengua y constituye el sentido del **gusto**.

En la zona superior de la cavidad nasal se ubica el **área olfatoria**; en ella se encuentran los **quimiorreceptores olfatorios**. Son células nerviosas que poseen cilias orientadas hacia la cavidad nasal y que están embebidas en moco, el cual permite que las moléculas olorosas se disuelvan. Estas células poseen receptores que se unen a moléculas olorosas específicas. Esto provoca la transmisión de impulsos nerviosos que llegan hasta el área del olfato en el cerebro, llamada **bulbo olfatorio**, y así se percibe la sensación del olor.

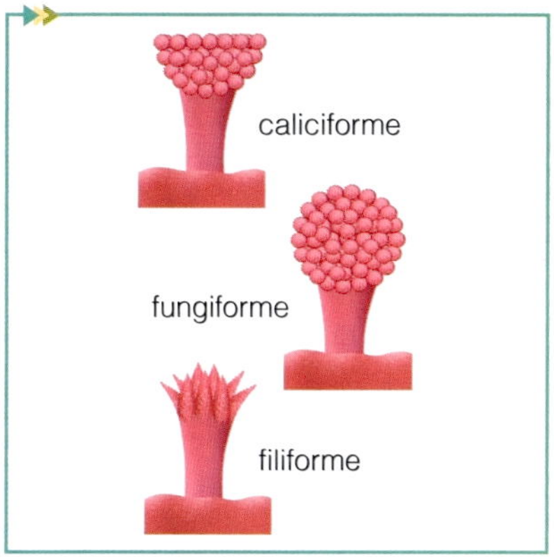

Tipos de papilas gustativas.

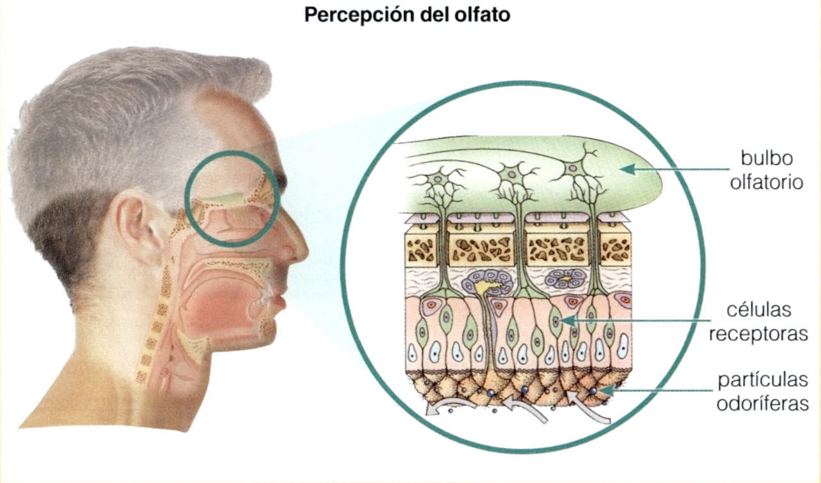

Percepción del olfato

Los receptores del gusto están en la **lengua**. Los receptores, junto con células de sostén, se agrupan para formar los **botones gustativos**, que a su vez se disponen en **papilas gustativas**. Hay tres tipos de papilas, que reciben su nombre por la forma que tienen: las papilas **caliciformes** tienen forma de cáliz y están dispuestas en la V lingual, en la región posterior de la lengua; las **fungiformes** tienen forma de hongo y están delante de las calciformes, distribuidas por toda la lengua, al igual que las **filiformes** (en forma de hilo).

Las moléculas disueltas en la saliva se unen a los receptores ubicados en las papilas. Algunas de estas moléculas son eliminadas al aire y se difunden hacia los receptores del olfato. Esto explica por qué cuando estamos resfriados no percibimos el gusto de lo que comemos. Los receptores gustativos transmiten la información a células nerviosas y, a través de ellas, dicha información llega al área del gusto en el cerebro, donde se transforma en la sensación del gusto.

Hay cinco sabores básicos: dulce, salado, amargo, ácido y umami. Los dos primeros son captados en la punta de la lengua, el amargo en la zona posterior y el ácido en los costados. El sabor umami se percibe en toda la lengua y es el sabor de la carne.

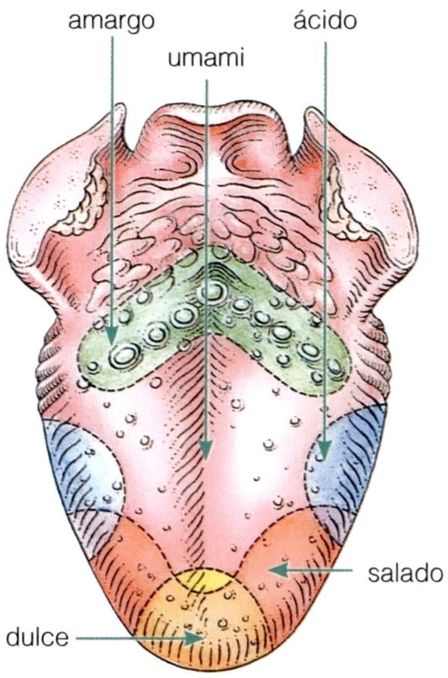

La lengua permite reconocer 5 gustos. La determinación de los sabores se debe a la combinación del sentido del gusto con el sentido del olfato.

Actividades

1. Indiquen en qué región de la lengua se reconocen los sabores de los siguientes alimentos.
   a. Dulce de leche.
   b. Aceitunas en salmuera.
   c. Jugo de limón.
   d. Maníes.

¿Cómo se vive sin olfato?

Aunque pueda parecer que el olfato es un sentido con poca relevancia en nuestras vidas, lo cierto es que nos valemos de él para realizar muchas actividades cotidianas. Un equipo de investigadores de la Universidad de Dresde ha estudiado cómo la **anosmia**, o pérdida del olfato, afecta la vida de las personas.

Aproximadamente una quinta parte de la población tiene el sentido del olfato alterado, pero muy pocas personas se quejan por ello. El trabajo, publicado en la revista *PLoS ONE*, concluye que aunque la capacidad para oler no es imprescindible para sobrevivir, la pérdida o disminución del olfato genera una mayor inseguridad en las relaciones sociales e incrementa el riesgo de sufrir accidentes domésticos y de padecer depresión.

Los investigadores realizaron una encuesta extensa en la que compararon los hábitos y el comportamiento social de personas con el sentido del olfato intacto con aquellas que sufren de anosmia congénita aislada. Encontraron que las personas sin olfato no tienen gustos culinarios diferentes, a pesar de no poder sentirse atraídos por el olor de un alimento. Por otro lado, los afectados de anosmia desarrollan estrategias para evitar los accidentes domésticos: no pueden dejar nunca el fuego encendido en la cocina sin estar presentes, ya que no pueden percibir el olor a quemado; y para saber si la leche está cortada se la tienen que dar a oler a otra persona.

Más inseguridad en las relaciones sociales

En el campo de las relaciones, los afectados por anosmia presentan una vida social similar a la del resto de la población, forman pareja a la misma edad y tienen el mismo número promedio de hijos. Sin embargo, cuando entran en contacto con personas a las que conocen poco, manifiestan más inseguridad. Este comportamiento se explica porque el olfato nos ofrece información sobre otras personas, y este canal de comunicación es muy importante en los primeros encuentros. Esto podría explicar que las personas anósmicas tengan aproximadamente la mitad de relaciones sexuales que el resto, aunque dicho resultado también podría deberse a que, al carecer de olfato, estas personas tengan un menor interés en el sexo.

Por último, parece que las personas con anosmia tienen más tendencia a sufrir síntomas de depresión. Estudios recientes han encontrado una disminución del tamaño del bulbo olfatorio en pacientes con esta enfermedad, por lo que ambas afecciones podrían estar relacionadas a nivel fisiológico.

http://www.muyinteresante.es/salud/preguntas-respuestas/icomo-se-vive-sin-olfato. (Adaptación).

Actividades

1. ¿En qué afecta a los seres humanos la falta del sentido del olfato, es decir, la anosmia?

2. Registren cada uno de los olores que detectan en un día. ¿Qué medidas tendrían que tomar, si tuvieran anosmia?

Relación entre estímulo y respuesta en los vegetales

Los vegetales, como todos los seres vivos, también tienen la capacidad de responder a estímulos. No pueden trasladarse, pero sí pueden generar movimientos de sus órganos a través de su crecimiento.

El movimiento o cambio de dirección de un órgano es el resultado del cambio en muchas células. La mayoría de las respuestas en los vegetales son lentas, pero efectivas. Los vegetales no solo pueden responder ante diferentes estímulos, sino que pueden anticiparse a ellos. En esto tienen mucho protagonismo las **hormonas vegetales**.

Los movimientos que evidencian una relación entre el estímulo y la dirección del movimiento se denominan **tropismos**. Si el movimiento es en dirección al estímulo, el tropismo es **positivo**; si es en dirección contraria, el tropismo es **negativo**.

Ante un estímulo lumínico, la mayoría de las partes de un vegetal, como el tallo y las hojas, responden dirigiéndose hacia él, es decir, tienen **fototropismo positivo**. La raíz, en cambio, tiene **fototropismo negativo**.

Como los animales, los vegetales también poseen fotorreceptores para captar la luz. Una vez que el pigmento percibe el estímulo lumínico, se modifica su molécula y se inicia una serie de reacciones en las que suelen estar involucradas las hormonas. El ápice del tallo debe captar de dónde proviene la luz para poder sobrevivir, sobre todo en las plantas jóvenes. Si la luz proviene de un lateral del vegetal, una hormona llamada **auxina** migra hacia el lado oscuro del tallo y estimula el alargamiento de las células de esa zona. De esta manera, el tallo se curva hacia la luz.

Ante el estímulo de la gravedad terrestre, las raíces poseen **geotropismo** o **gravitropismo positivo**, ya que crecen hacia el centro de la Tierra; en cambio, los tallos tienen **geotropismo negativo**, porque crecen en la dirección opuesta. Los receptores de la gravedad se llaman **estatolitos**. Estos se ubican en la zona inferior de células especializadas del tallo y la raíz. Si se varía la posición de una planta, los estatolitos captan de dónde proviene la gravedad y se vuelven a ordenar en la región inferior de las células. Esto activa a la auxina, que se comporta igual que en el fototropismo, y se produce la curvatura de la raíz hacia el centro de la Tierra.

Cuando el estímulo es la humedad, las células de las raíces captan la concentración de vapor de agua, y el crecimiento de estas células produce el acercamiento hacia el agua. Las raíces poseen **hidrotropismo positivo**.

Cuando el estímulo es el contacto, la respuesta se llama **tigmotropismo**. Hay tallos, raíces aéreas y zarcilllos* que poseen **tigmotropismo positivo**.

Los movimientos en los que no hay relación entre el estímulo y la dirección del movimiento se denominan **nastias**. Hay flores que se abren o se cierran como reacción ante los cambios de temperatura, **termonastia**, como el tulipán, o con las variaciones en la intensidad de la luz, **fotonastia**, como algunos cactus. La **tigmonastia** se da en las plantas insectívoras: ante el contacto con un insecto, sus hojas modificadas se cierran en cuestión de segundos. La **sismonastia** se observa en hojas, estambres y estigmas de plantas sensibles a ciertas vibraciones o golpes, como la mimosa: si se toca una de sus hojas, esta se pliega.

Estímulo	Nombre del tropismo
Luz	Fototropismo
Fuerza de la gravedad	Geotropismo
Agua	Hidrotropismo
Contacto	Tigmotropismo

Tipos de tropismos.

Mapas conceptuales

La organización de la información en mapas conceptuales puede ser beneficiosa cuando hay que estudiar muchos conceptos nuevos.

Glosario

zarcillo: órgano, en general filiforme, que poseen las plantas trepadoras para poder fijarse a un objeto que les sirve de sostén.

Diferentes tipos de respuestas

Los estímulos desencadenan diferentes tipos de **respuestas** en los seres vivos. Hasta ahora, hemos visto respuestas que se traducen en movimientos: son respuestas **motoras**. En los animales, son los músculos los que ejercen la acción; en los vegetales, los movimientos pueden deberse a los tropismos y las nastias. Otro tipo de respuestas son las **secretoras**, en las que un estímulo hace que una glándula secrete una sustancia, por ejemplo, una hormona. En este caso, las glándulas son los órganos que ejercen la acción de la respuesta. Cuando un bebé succiona el pezón de la madre para alimentarse, causa el estímulo para que la glándula mamaria produzca más leche. Los vegetales poseen conjuntos de células que reaccionan con la secreción de sustancias como la resina, el néctar o el látex. Por último, los animales poseen respuestas **inmunológicas**, causadas por la entrada al organismo de un agente extraño, como un virus o una bacteria. Las que efectúan la acción son las células que destruyen al agente extraño.

Respuesta de huida

Ante un estímulo que puede significar la puesta en peligro de la vida de un animal, este puede responder escapando para protegerse. Se desencadena un conjunto de reacciones en el organismo que lo preparan para actuar, en general son conductas reflejas*. Los invertebrados, como algunos calamares y pulpos, cuando se ven amenazados huyen expulsando un chorro de tinta para desorientar al depredador. En los herbívoros que viven en manada, como los ciervos o las cebras, mientras la mayoría del grupo se alimenta, otros integrantes vigilan los alrededores y, ante la presencia de un posible depredador, dan la señal de alerta y toda la manada huye.

Glosario

reflejo: es una respuesta de tipo involuntaria ante un estímulo.

Respuestas instintivas versus respuestas aprendidas

Hay conductas que se realizan de forma **instintiva**. Esto quiere decir que son conductas **innatas**, respuestas espontáneas que el individuo trae de manera hereditaria y que realiza durante toda la vida de igual modo.

Además de respuestas instintivas, los animales poseen respuestas **aprendidas**. Son conductas que se adquieren a lo largo de la vida del animal a través de las experiencias, y son respuestas que puede modificar en cualquier momento. Por ejemplo, las aves que se alimentan de insectos aprenden a elegir, ya que, después de comer algunos que tienen feo gusto, los eliminan de su menú. Los animales carnívoros aprenden la técnica de cómo atrapar una presa observando a sus padres. Los seres humanos también tenemos respuestas instintivas, como el llanto de los bebés ante el estímulo del hambre y respuestas aprendidas, como aprender a hablar mediante la imitación de los sonidos que emiten las personas que los rodean.

Cuanto más evolucionado sea el animal, más opciones de respuestas tendrá. Las respuestas, tanto instintivas como aprendidas, son la combinación de factores genéticos y ambientales.

Al rato de nacer, los patitos siguen a su mamá; es una respuesta instintiva.

El papel de las señales en los comportamientos

Los comportamientos que desarrolla un ser vivo se inician a partir de una **señal** que representa un estímulo interno o externo. Las señales pueden ser muy diversas y útiles para la comunicación e interacción entre los individuos de la misma especie, como la reproducción, la marcación del territorio, la búsqueda de pareja y la protección de las crías. También son muy útiles entre especies diferentes, como la defensa de las presas ante un depredador. Estos comportamientos sirven para la perpetuación de la especie y para la supervivencia de los individuos.

Los lobos aúllan para alertar al resto de la manada que se avecina algún peligro, para saber dónde se encuentran el resto de los integrantes o para comunicarse con los individuos de otras manadas.

La comunicación entre sistemas biológicos

La comunicación entre los sistemas biológicos se produce a través de diferentes tipos de señales. Los pichones de las aves emiten sonidos específicos para llamar a sus padres, que salen a buscar alimento. Estas son señales **auditivas**. Otro ejemplo de señal auditiva es la que emite un individuo que alerta sobre una amenaza al resto de los integrantes de un grupo. Las **feromonas** son hormonas que secretan muchos animales, por ejemplo, para indicar a los animales de sexo opuesto que el individuo está listo para la reproducción. Estas son señales **químicas**. Otro ejemplo de señales químicas es la conducta de muchos mamíferos de marcar su territorio con la orina. Hay señales **visuales**, como determinados movimientos corporales que realizan algunos machos para conquistar a las hembras. En otros casos, hay animales que poseen colores llamativos que hacen que los depredadores los reconozcan como individuos peligrosos. Por último, las señales **táctiles**, que se dan cuando padres e hijos juegan, o cuando los progenitores limpian y acicalan a sus hijos.

Los animales emiten y reciben señales táctiles cuando juegan.

Algunas ranas tienen colores llamativos que avisan a sus depredadores que no son la mejor opción de alimento.

Para conocer más

Ackerman, D., *Una historia natural de los sentidos*, Barcelona, Anagrama, 1992.

De Haro Vera, A., *Introducción a la etología*, Barcelona, Omega, 1983.

Hart, S., *El lenguaje de los animales*, Barcelona, Omega, 1997.

Actividades

1. Escriban en la carpeta diferentes ejemplos de cada tipo de señal.
2. Armen una lista con las respuestas instintivas y las aprendidas en los seres humanos.
3. ¿Qué situaciones de la vida cotidiana les generan respuestas de huida?

Jean Henri Fabre: mensajes secretos de amor

Un día de finales del siglo XIX, Jean Henri Fabre, un naturalista francés que había realizado estudios sobre una polilla imperial en su laboratorio, se sorprendió cuando su hijo se acercó corriendo a él y le dijo:

"Ven a ver las polillas, son tan grandes como un pájaro. Tu cuarto está lleno de ellas". Y era verdad: el laboratorio estaba lleno de polillas macho que volaban alrededor de la jaula que contenía a la hembra.

De alguna manera, la hembra había llamado la atención de este ejército de admiradores. Hasta entonces, la manera en que las polillas macho encuentran a las hembras había sido un gran misterio para los científicos. En ese momento, Fabre comenzó a pensar que la respuesta estaba en los olores.

Recién 80 años después, los químicos probaron esta hipótesis e identificaron el olor. La sustancia en cuestión fue encontrada en tan pequeñas cantidades que fue necesario recoger las secreciones de medio millón de polillas para reunir 12 miligramos.

Los científicos descubrieron que la hembra levanta su abdomen para exhibir un par de glándulas y liberar una sustancia conocida como **feromona**. Después, agita las alas para dispersarla en el aire; además, suelta una nube de olor, conocida como pluma de feromonas, que se dispersa en el aire.

El destino de la feromona

La mariposa de la seda macho tiene un sentido del olfato excepcional. Sus antenas emplumadas están cubiertas por receptores olfatorios, cada uno de los cuales consiste en un pelo hueco que contiene dos terminaciones nerviosas inmersas en un líquido. Los olores entran en los pelos a través de los poros que tienen en la superficie y después pasan por un pequeño tubo para entrar en contacto con una célula receptora de feromonas.

Una mariposa de la seda tiene unos 60.000 pelos sensibles en sus antenas, y tres cuartas partes del total son sensibles a una sola sustancia: el bombicol, la feromona liberada por las hembras que buscan pareja.

El soplo más leve de una sustancia alerta a cualquier macho que se encuentre en un radio de 5 km. Las antenas del macho son tan sensibles a la sustancia, que él puede detectar una sola molécula de esta. Aun así, no saldrá en busca de la hembra hasta que la señal sea lo suficientemente fuerte.

El macho, que vuela en zigzag, compara las concentraciones que capta cada antena. Si siente que la feromona aumenta en cierta dirección, se dirigirá hacia allá.

"Secretos del mundo animal", Selecciones del *Reader's Digest*, México, 1995. (Adaptación).

Actividades

1. ¿Qué es una feromona?
2. Busquen en enciclopedias o en Internet ejemplos de otros animales que poseen feromonas y escriban para qué las emplean.

El arte científico: ilusiones ópticas

Muchos libros de divulgación de la ciencia explotan el tema de las ilusiones ópticas, y la Psicología y las neurociencias estudian por qué se producen. Los científicos han diseñado una infinidad de pruebas que demuestran varias pautas comunes en la percepción humana: imaginamos que hay líneas que unen puntos y estas líneas no existen. Creemos ver rectas no paralelas cuando realmente lo son. Nos parece que una recta es más larga que otra y no es cierto. Y, como estos, centenares de ejemplos. En la mayoría de las ilusiones, es el entorno de la figura lo que las genera.

Muchos artistas han utilizado diversas técnicas para hacer ver a los espectadores cosas que no hay, o para dificultarle la visión de cosas que sí están. En estos casos, la contemplación de un cuadro se convierte en la resolución de un rompecabezas más o menos difícil. **Giuseppe Arcimboldo** (1527-1593) fue el primero que explotó estas ideas, en docenas de conocidos cuadros que representan figuras humanas mediante la combinación de elementos naturales o utensilios diversos.

Giuseppe Arcimboldo, *Primavera* (1573).

El pintor español **Salvador Dalí** realizó varias obras caracterizadas por la ocultación de un cuadro dentro de otro. Por ejemplo, en el cuadro *Voltaire* (1940), las figuras centrales del arco central representan fielmente el conocido busto del filósofo.

La pintora californiana **Bev Doolittle** compuso muchos cuadros con esta técnica, para reivindicar la conservación de la naturaleza. En su pintura *The forest has eyes*, bajo la apariencia de un paisaje en que un jinete atraviesa un bosque, la artista ha escondido las caras inquietantes de una docena o más de indígenas americanos.

http://www.investigacionyciencia.es/blogs/fisica-y-quimica/24/posts/el-arte-cientfico-que-me-gusta-3-ilusiones-pticas-10454 23/05/2012. (Adaptación).

Salvador Dalí, *Voltaire* (1940).

Bev Doolittle, *The forest has eyes* (1984).

Actividades

1. Observen las siguientes imágenes que corresponden a conocidas ilusiones ópticas.

a

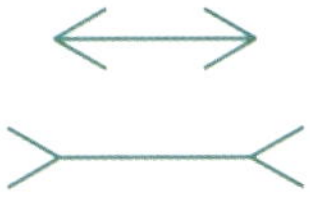

b

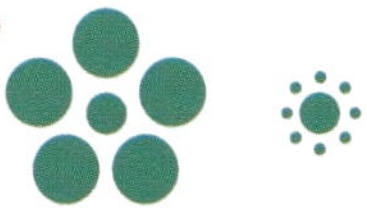

a. ¿Una de las dos líneas es más larga? Mídanlas para comprobarlo.

b. ¿Alguno de los dos círculos centrales es más grande que el otro? Compruébenlo.

1. Marquen con X la opción correcta.

a. La luz es captada por:
- Propioceptores. ☐
- Exterorreceptores. ☐
- Interorreceptores. ☐

b. ¿Qué receptor capta el frío?
- Fotorreceptor. ☐
- Quimiorreceptor. ☐
- Termorreceptor. ☐
- Mecanorreceptor. ☐
- Nociceptor. ☐

c. En los invertebrados el estatocisto permite captar:
- Cambios en la temperatura. ☐
- Olores. ☐
- Movimiento. ☐

d. La visión más común en los mamíferos es:
- Monocromática. ☐
- Dicromática. ☐
- Tricromática. ☐
- Tetracromática. ☐

e. Si un animal posee mayor número de bastones que de conos, tendrá:
- Hábitos nocturnos. ☐
- Hábitos diurnos. ☐

f. Los fotorreceptores se encuentran en:
- La cóclea. ☐
- La pupila. ☐
- La retina. ☐

g. El órgano vomeronasal de algunos reptiles capta:
- Olores. ☐
- Sonidos. ☐
- Sabores. ☐

2. Unan con flechas según corresponda.

Fototropismo positivo ▸	◂ hojas
Fototropismo negativo ▸	◂ raíces
Geotropismo positivo ▸	◂ tallos
Geotropismo negativo ▸	

3. Expliquen las siguientes afirmaciones.

a. Cuando ingresamos en un lugar cerrado y sentimos el perfume de una persona, a los pocos segundos ya no lo percibimos más.

b. Cuando estamos resfriados, no sentimos el sabor de las comidas.

c. Para tomar un medicamento desagradable, conviene taparse las fosas nasales.

d. La trompa auditiva se abre al bostezar, al deglutir y al ascender en un avión.

e. La audición es una forma de mecanorrecepción.

f. A pesar de tener solo cinco receptores del gusto, somos capaces de distinguir cientos de sabores.

4. Indiquen cuál es el estímulo y el tipo de receptor que interviene en cada situación.

a. Buscar una linterna cuando se corta la luz.

b. Cuando recibimos un golpe.

c. Al escuchar música con auriculares.

d. Al meternos en una pileta con agua fría.

e. Cuando comemos un chocolate.

f. Al sentarnos a comer.

5. Inventen y describan una situación donde reciban estimulación la mayor cantidad de tipos de receptores sensoriales.

6. Observen las imágenes y describan cómo capta cada organismo los diferentes estímulos.

7. Busquen información sobre las siguientes enfermedades o defectos de la visión: daltonismo, presbicia, miopía, hipermetropía y astigmatismo.

a. Describan en qué consiste cada una de las afecciones antes mencionadas.

La comunicación celular

2

Contenidos

- > Mecanismos de respuesta en el nivel celular
- > Respuestas celulares al ambiente
- > La percepción en el nivel celular
- > La membrana celular y los receptores de membrana
- > Especificidad señal-receptor: modelo llave-cerradura
- > Comunicación entre células

Hoy sabemos que los organismos están formados por células, pero llegar a esa conclusión tomó mucho tiempo. Incluso con el uso de microscopios se tardó en llegar a identificar las células como unidades que forman a todos los seres vivos debido, sobre todo, a su diversidad. Recién en 1838, el alemán Matthias J. Schleiden estableció que todas las plantas están formadas por unidades llamadas *células*. Su compatriota Theodor Schwann extendió ese concepto a los animales y a todos los seres vivos.

Por supuesto que las investigaciones continuaron y hoy se conoce mucho más de sus estructuras y funciones. Una simple célula se ha convertido, a través de los años, en un mundo que, si bien es imperceptible a los ojos, nos aporta muchas respuestas y genera innumerables preguntas.

EN ESTE CAPÍTULO...

Se trata la comunicación de las células y sus relaciones con el medio que las rodea y con otras células. También se estudia cómo incorporan y eliminan sustancias, y qué estructuras poseen para captar sustancias o determinadas señales específicas. Además, se analizan cuáles son los mecanismos de comunicación entre las células.

Contenido digital adicional

www.tintaf.com.ar/BIO3C2

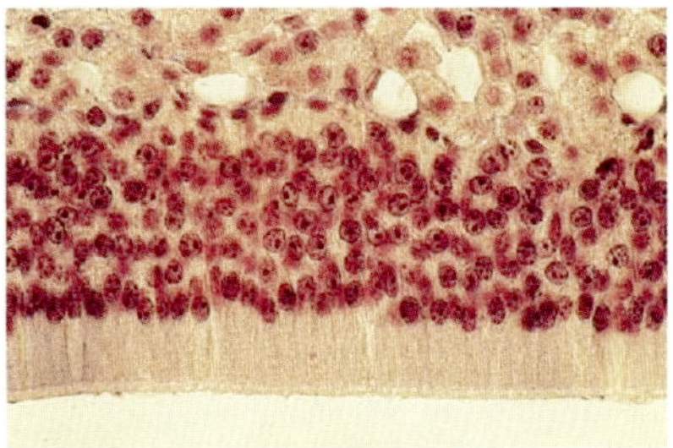

Microfotografía de células epiteliales (MO* 200×).

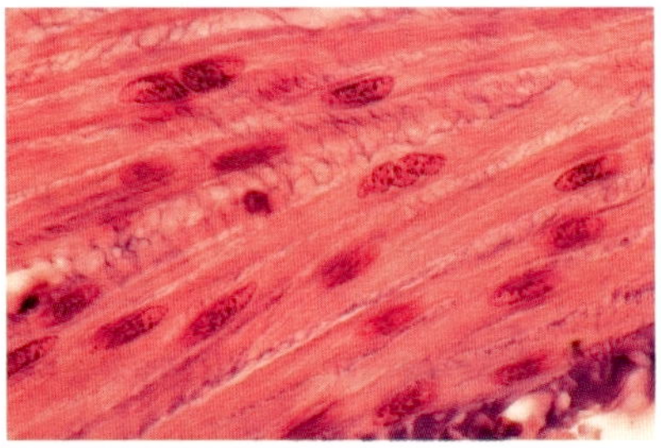

Microfotografía de células musculares (MO 600×).

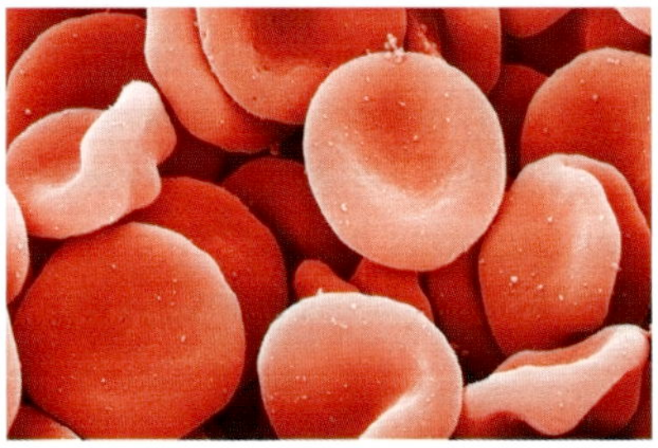

Microfotografía de glóbulos rojos (MEB*).

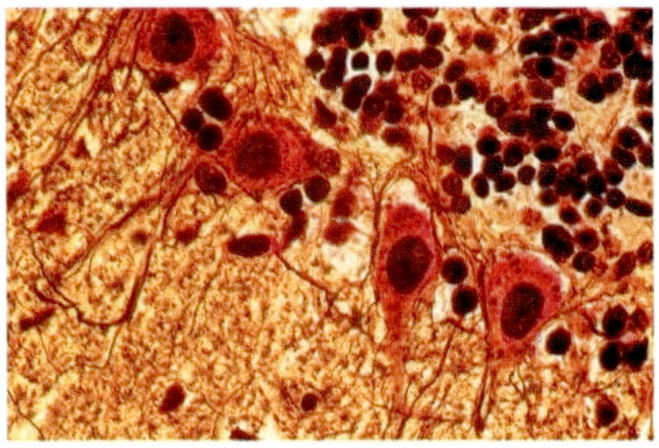

Microfotografía de células nerviosas (MO 600×).

La forma y el tamaño de las células

Todos los seres vivos están formados por células. Cada **célula** es una unidad morfológica y funcional, es decir que conforma la mínima parte del cuerpo de un ser vivo, y en ella se cumplen las funciones que le aportan materia y energía para su funcionamiento.

Los seres vivos formados por una sola célula se llaman **unicelulares** y los que están formados por más de una célula se llaman **pluricelulares**.

Las células están limitadas por una **membrana** que separa el medio interno del medio externo. En el interior se encuentra el **citoplasma**, un medio interno acuoso en forma de gel que forma la mayor parte del volumen celular y en el que están inmersas las **organelas** y el **material genético**.

Las células que tienen el material genético libre en el citoplasma son **células procariotas**; las que lo tienen dentro del núcleo celular son **células eucariotas**.

Todos los seres vivos, excepto las bacterias, están formados por células eucariotas.

Las células pueden tener **diversas formas**; solo en el cuerpo humano hay más de 200 tipos celulares. La forma de una célula se relaciona con la función que desempeña. Por ejemplo, las células contráctiles suelen ser alargadas, como las fibras musculares. Las neuronas son células con prolongaciones finas que captan estímulos y transmiten el impulso nervioso, mientras que las células con microvellosidades o con pliegues, como las del intestino, aumentan la superficie de contacto y favorecen el intercambio de sustancias.

Las células también pueden tener **diversos tamaños**. Mientras que una célula procariota como la bacteria *Escherichia coli* mide 3 μm (micrones) de diámetro, una célula eucariota puede tener entre 2 y más de 200 μm de diámetro.

La mayoría de las células procariotas son mucho más pequeñas que las eucariotas.

El tamaño condiciona la velocidad con la que entran y salen sustancias de la célula. Este factor influye en el metabolismo celular* y, por lo tanto, en la velocidad de crecimiento. En general, la velocidad del crecimiento es inversamente proporcional al tamaño celular.

Las células pequeñas tienen más superficie disponible respecto de su propio volumen que las células grandes. Como la velocidad con la que se realiza el transporte es mayor cuanto mayor es la relación superficie/volumen de una célula, en presencia de iguales recursos las células pequeñas tienen más velocidad de transporte y eso hace que puedan desarrollarse con mayor rapidez.

Glosario

MEB: microscopia electrónica de barrido.

metabolismo celular: conjunto de reacciones químicas que efectúan constantemente las células.

MO: microscopia óptica.

Actividades

1. Diseñen, con materiales sencillos, un modelo para explicar la relación entre superficie y volumen que se cumple en las células.

El límite de las células

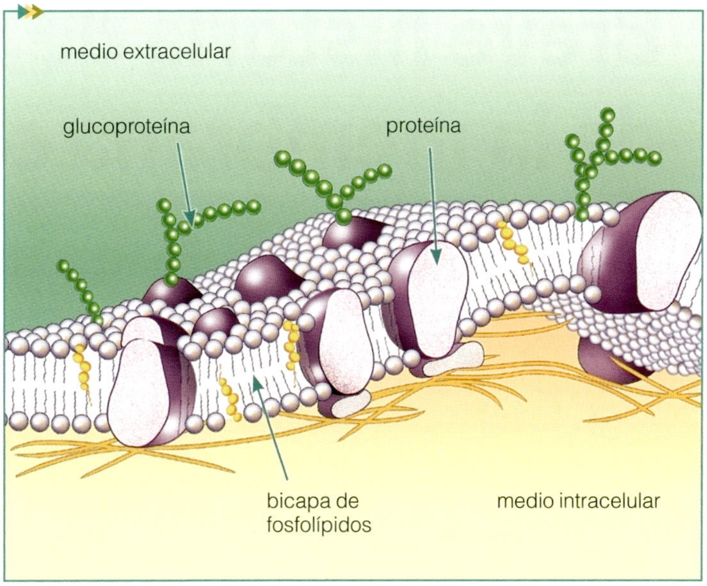

Modelo de mosaico fluido.

Todas las células están delimitadas por una **membrana plasmática**. Hasta hoy, las imágenes obtenidas de la membrana plasmática, aun con el microscopio electrónico, no tienen la nitidez necesaria para describir su organización y explicar los procesos que allí se realizan. Es por esto que algunos científicos han propuesto modelos para comprender un poco más sobre su estructura y dinámica. Seymour Singer y Garth Nicolson presentaron en 1972 un modelo que explicaba la estructura de la membrana plasmática, al que llamaron modelo de **mosaico fluido**. Sin importar el tipo de organismo, la membrana plasmática está compuesta por una doble capa de **fosfolípidos**. Los fosfolípidos son moléculas compuestas por dos partes, una parte hidrofóbica* (colas) y otra parte hidrofílica* (cabezas). Al estar rodeados por soluciones acuosas, los fosfolípidos se acomodan de forma espontánea en dos capas, de manera que las colas hidrofóbicas repelen el agua y quedan en el interior de la bicapa. Las cabezas hidrofílicas, por su afinidad con el agua, se orientan hacia el medio acuoso interno (el citoplasma) o externo (líquidos corporales, o sencillamente agua, en el caso de un microorganismo).

Glosario

hidrofílica: se aplica a toda molécula que tiene afinidad con el agua.

hidrofóbica: se aplica a aquella sustancia que es repelida por el agua o que no se puede mezclar con ella.

Los fosfolípidos pueden moverse libre y rápidamente en la bicapa, por ello se la considera "fluida". Esto último sucede gracias al **colesterol**, que es otro componente lipídico que forma parte de las membranas, sobre todo en las membranas de células animales. En la doble capa de fosfolípidos hay, además, **proteínas** intercaladas. Algunas de estas proteínas atraviesan toda la bicapa fosfolipídica; se las llama **proteínas integrales de membrana**.

En la estructura química de la membrana plasmática no solo intervienen los fosfolípidos y las proteínas, también hay glúcidos en la cara externa de la membrana que, unidos a proteínas, forman **glucoproteínas**, o unidos a los lípidos, componen **glucolípidos**. Esta disposición le confiere a la membrana el aspecto de un mosaico.

Mientras que los lípidos constituyen el material de soporte y barrera de la membrana plasmática, las proteínas y las gluco proteínas intervienen en:

- el transporte de las sustancias que se integran en la célula o salen de ella,
- la captura de estímulos provenientes del medio extracelular,
- la comunicación entre células,
- las reacciones químicas específicas y
- el reconocimiento de moléculas propias y ajenas.

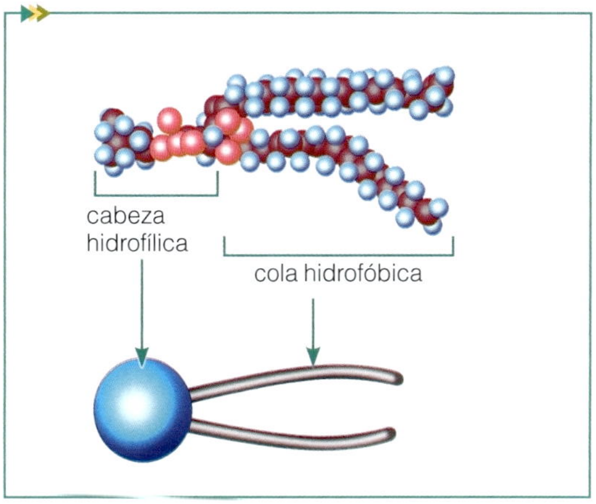

Los fosfolípidos constituyen la unidad estructural de la membrana plasmática.

Curiosidades

Si se pudieran extender las membranas plasmáticas de todas las células de un organismo humano adulto, se podrían "alfombrar" casi seis canchas de fútbol (40.000 m^2).

Breve historia de los modelos de la membrana celular

Muchos procesos o estructuras biológicas son descriptos y estudiados mediante el uso de modelos. [...] Pero como cualquier herramienta, si es mal utilizada, trae más problemas que soluciones. Los modelos son abstracciones y representaciones simplificadas de la realidad, y nunca debe olvidarse esto. Deben ser puestos a prueba constantemente y pueden ser reformados o reemplazados a la luz de nuevos descubrimientos.

Repasaremos brevemente la historia de los modelos que describieron la estructura de la membrana celular. [...]

Los primeros indicios de que la membrana celular estaba compuesta por lípidos datan de principios del siglo XX y provinieron de la similitud en la forma de las gotas de aceite en un medio acuoso y la forma de tipos celulares. En 1899 y 1901, dos investigadores, Hans Meyer y Ernst Overton, descubrieron de forma independiente que cuanto más hidrofóbica era una sustancia anestésica, mayor efecto producía. Ellos interpretaron esto proponiendo que la membrana celular estaría compuesta por lípidos y solo las sustancias que podían ingresar a la célula podían actuar sobre ella. [...]

En 1925, Evert Gorter y Francois Grendel comprobaron que la membrana celular poseía dos capas de lípidos. El experimento que realizaron fue muy simple pero, por sobre todo, ingenioso. Utilizando glóbulos rojos, primero estimaron la superficie de la membrana y luego la de los componentes desagregados, y observaron que en este último caso era el doble. Estos resultados eran compatibles con la presencia de una doble capa de lípidos.

Diez años después, James Danielli y Hugh Davson corrigieron este modelo cuando descubrieron que también existían proteínas globulares asociadas a ambas capas de la membrana. Según estos investigadores, las proteínas formaban capas que recubrían a los lípidos. Fue así como apareció el modelo de "sándwich" para la membrana: los "panes" serían las proteínas y el "jamón", los lípidos.

Pasaron 37 años más, muy enriquecedores para la biología debido a la gran cantidad de descubrimientos, para que Garth Nicolson y Seymour Jonathan Singer propusieran en 1972 el nuevo modelo llamado "modelo de mosaico fluido".

Garth Nicolson.

Cabe destacar que el modelo de sándwich no era del todo erróneo y, por sobre todo, sirvió como estímulo a las investigaciones que luego lo reemplazaron.

Según el modelo actual de mosaico fluido, las proteínas están asociadas a ambas caras e incluso pueden atravesar la bicapa de lípidos, pero no la recubren completamente. Además, propone que la membrana es una estructura que se mueve y posee fluidez. Los lípidos de ambas capas se mueven lateralmente e incluso pueden cambiar de capa. Además, las proteínas no están ancladas y también se mueven asociadas a los lípidos.

Desde 1970 se han hecho descubrimientos que complejizaron aún más el modelo de mosaico fluido, que sigue siendo útil a la hora de explicar procesos y plantear nuevos interrogantes.

http://www.boletinbiologica.com.ar/pdfs/N21/Otero(Apostillas21).pdf. (Adaptación).

Actividades

1. ¿Para qué los científicos utilizan los modelos?
2. Mencionen ejemplos de otros modelos vigentes en las ciencias naturales.
3. Utilicen botones, clips, esferas de telgopor, plastilina o cualquier otro material para armar un modelo que represente la estructura de la membrana plasmática.

El uso del microscopio

Para poder ver células, se debe usar el microscopio. Hay distintos tipos de microscopios, y uno de los más sencillos y de gran alcance es el **microscopio óptico**. Para el uso adecuado de este instrumento, se deben considerar los siguientes aspectos:

- El microscopio debe estar ubicado en un lugar firme.
- Si el microscopio no tiene fuente de luz propia, deberán ubicarlo cerca de una lámpara.
- Encontrarán a uno o ambos lados del microscopio dos perillas de distintos tamaños. La más grande se llama **macrométrico**, y permite realizar movimientos amplios y rápidos. La más pequeña se llama **micrométrico**, y permite realizar movimientos más pequeños y lentos.
- El lugar por donde se observan las muestras se llama **ocular**. Pueden encontrar microscopios con uno o dos oculares.
- Antes de colocar la muestra, deben encender el microscopio (si no posee fuente de luz propia, deberán encender la lámpara).
- Mirando por el ocular, muevan el macrométrico hasta ver un campo de luz llamado **campo óptico** (si el microscopio funciona con un espejo deberán, además, mover el espejo hasta encontrar la posición que les permita ver el campo de luz).
- El objeto que deseen examinar (líquidos, plantas, insectos, células animales o vegetales, etc.) debe colocarse en un **portaobjetos**, que es un vidrio de 1 mm de espesor, y a continuación debe cubrirse con un **cubreobjetos**, una lámina cuadrada de 2 cm de lado y mucho más fina que la anterior.
- Seleccionen siempre la lente de menor aumento; eso les permitirá ver mejor el objeto y encontrar fácilmente la parte que más les interesa observar.
- Coloquen la muestra en la **platina**. Los microscopios tienen encima de la platina un sistema de deslizamiento; asegúrense de que la muestra quede exactamente debajo de la lente u objetivo.
- Observen desde un costado la platina y, moviendo la perilla de enfoque (macrométrico), acerquen la lente al preparado.
- Miren a través del ocular, y suban o bajen las lentes girando el macrométrico y el micrométrico hasta que el objeto entre en foco y su imagen se vuelva nítida y clara.
- Modifiquen el aumento y vean más detalles en sus preparados.
- Registren lo observado usando hojas blancas sin renglones. Deberán dibujar los detalles observados con cada aumento e indicar cuáles fueron los aumentos que les permitieron ver esos detalles.
- Para indicar el aumento usado, deberán multiplicar el aumento del ocular por el de la lente; por ejemplo, si el ocular dice 10× y la lente 20×, el aumento total será de 200×.

Partes del microscopio óptico

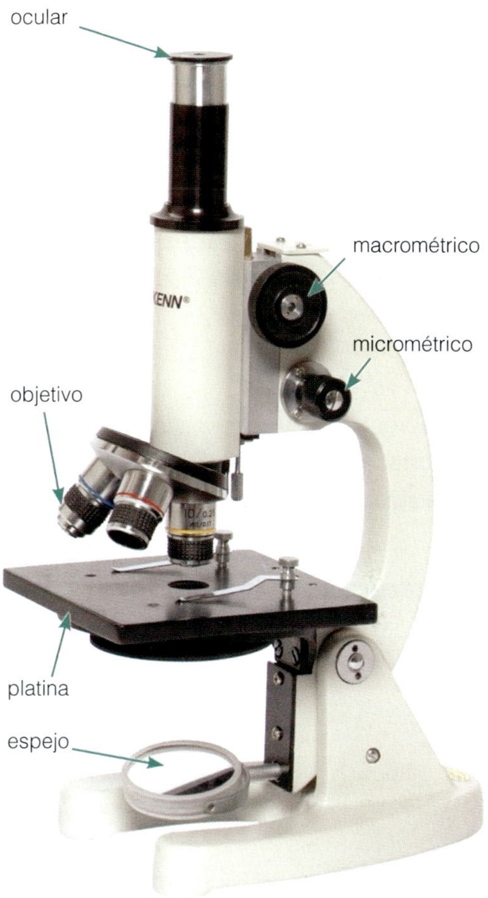

Observación de células vegetales y animales

Preparación de una muestra

Paso 1. Recorten un pedacito de papel, de una revista o de un diario, en el cual haya una letra "e" minúscula.

Paso 2. Coloquen el pedacito de papel sobre un portaobjetos de forma que puedan ver la letra indicada. Luego, apoyen el cubreobjetos sobre el recorte.

Paso 3. Una vez fijo el preparado, ubíquenlo en la platina y asegúrense de sujetarlo por medio de las pinzas.

Paso 4. Enfoquen con el menor aumento y observen.

Paso 5. Observen el preparado con poco aumento y luego con mayor aumento.

Paso 6. Sobre una hoja blanca, dibujen en detalle lo observado con cada aumento. Comparen ambos dibujos.

¿Qué diferencias encuentran?

Observación de hojas de *Elodea* al microscopio óptico

Necesitan:

- un microscopio óptico
- unas hojas de *Elodea*
- un gotero
- servilletas de papel
- cubreobjetos
- portaobjetos
- recipiente con agua

Paso 1. Tomen un portaobjetos, límpienlo con una servilleta de papel y coloquen sobre él una hoja de *Elodea*. Agreguen una gota de agua con el gotero y tápenlo con un cubreobjetos.

Paso 2. Levanten el tubo del microscopio y coloquen el preparado sobre la platina. Bajen el tubo al máximo, tratando de no romper el cubreobjetos.

Paso 3. Levanten el tubo lentamente hasta que aparezca una imagen nítida. Corrijan la iluminación con el espejo, si es necesario.

Paso 4. Dibujen lo que observan en el interior de un círculo que representa el campo microscópico.

Paso 5. Calculen con cuánto aumento están viendo la imagen.

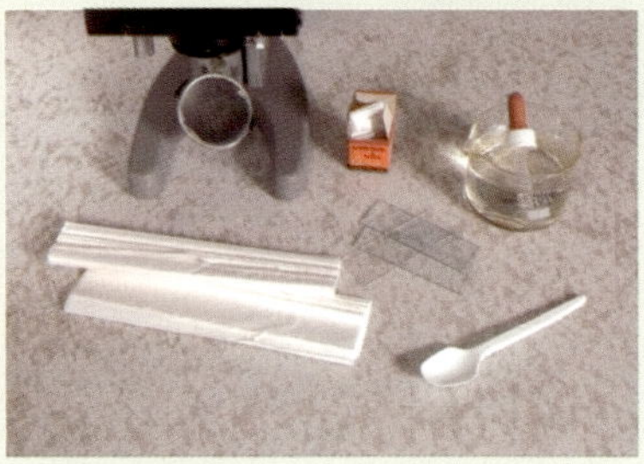

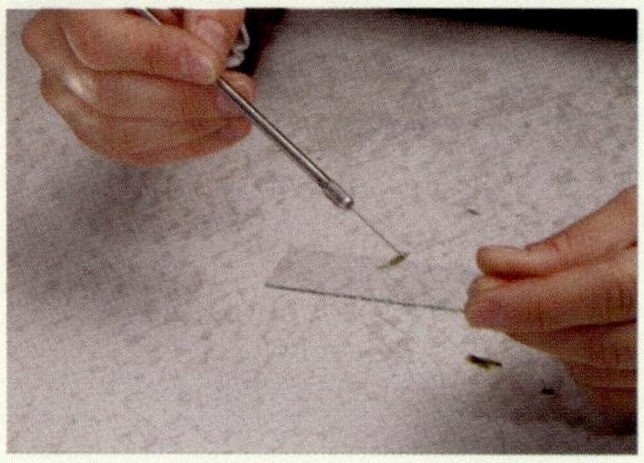

Observación de células bucales

Paso 1. Limpien un portaobjetos y coloquen una gotita de agua en el centro.

Paso 2. Con una cucharita de helado, raspen con suavidad la parte interna de la mejilla y extiendan el material obtenido sobre la gotita de agua, ayudándose con la misma cucharita.

Paso 3. Luego cubran con el cubreobjetos y sigan los pasos de la observación anterior.

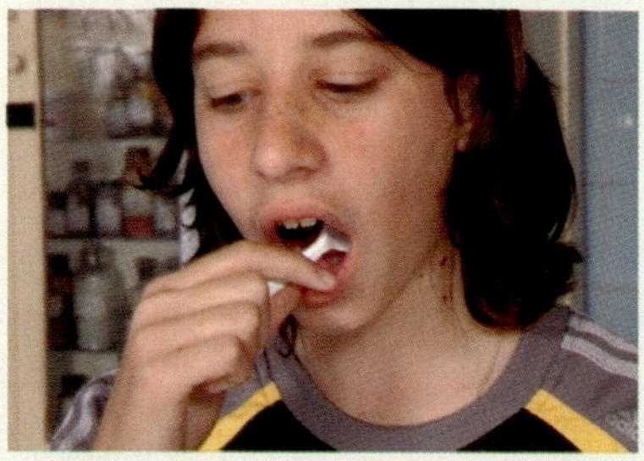

Función de la membrana plasmática

La bicapa fosfolipídica no conforma solo un límite para la célula, sino que constituye una barrera semipermeable. Es decir que es el sitio por donde la célula intercambia materia con el medio que la rodea y así puede adquirir nutrientes del medio extracelular y eliminar desechos. Este intercambio puede ser por **transporte pasivo**, en el cual la célula intercambia materia con el medio sin gastar energía, y por **transporte activo**, en el cual el ingreso y egreso de materiales implica un gasto energético por parte de la célula.

Glosario

solución: mezcla homogénea formada por un solvente y un soluto.

Transporte pasivo

Uno de los factores que determina qué tipo de transporte utiliza la célula es el tamaño de las moléculas que transporta. En general, las moléculas pequeñas atraviesan la membrana mediante **transporte pasivo**.

Los tipos de transporte pasivo son la **difusión simple** y la **difusión facilitada**.

Difusión simple

Si ponemos una cucharada de azúcar en un vaso de agua, las moléculas de sacarosa inicialmente se irán al fondo del vaso y luego se distribuirán de manera uniforme en el líquido, es decir, que se difunden por todo el volumen de agua, para formar una solución*.

Las soluciones tienen al menos dos componentes: un soluto o sustancia disuelta, por ejemplo la sacarosa, y un solvente o medio en el cual la sustancia se disuelve, por ejemplo el agua.

Las moléculas de sacarosa se moverán de manera progresiva desde el fondo del vaso, donde hay mayor concentración de sacarosa, hacia todo el volumen de agua, donde hay menor concentración de sacarosa. Es decir que para que la difusión tenga lugar, la distribución espacial de moléculas no debe ser homogénea, sino que debe existir una diferencia o **gradiente de concentración** entre dos puntos.

Algunas **moléculas pequeñas** e **hidrofóbicas**, como las de oxígeno y las de dióxido de carbono, pueden atravesar los poros de la membrana plasmática sin dificultad, moviéndose desde zonas de mayor concentración hacia otras de menor concentración, es decir, a favor del gradiente de concentración.

Según cómo sea la concentración de un soluto en el citoplasma y en el medio que rodea a la célula, pueden darse tres situaciones:

- que la concentración interna de la célula sea igual a la concentración externa; en ese caso se dice que el medio es **isotónico**;
- que la solución externa sea más concentrada que la interna; en ese caso se dice que el medio es **hipertónico**;
- a la inversa de lo anterior, que la solución externa sea menos concentrada que la interna; en ese caso se dice que el medio es **hipotónico**.

La membrana plasmática es semipermeable y permite el paso de algunas moléculas, siempre a favor del gradiente de concentración. Esto tiende a equilibrar las concentraciones a ambos lados de la membrana. Cuando estas moléculas son de agua, el transporte se llama **ósmosis**.

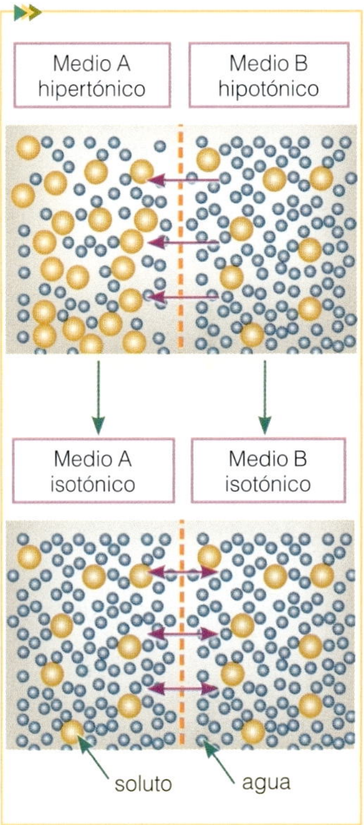

El movimiento de agua a través de la membrana plasmática es un proceso osmótico. El ingreso (y el egreso) del agua a la célula depende de la concentración de solutos que haya en los medios intracelular y extracelular. Si el medio extracelular está más concentrado, ocurre la salida del agua. Por el contrario, si está más diluido, el agua tiende a ingresar en la célula.

¿En qué consiste el proceso de ósmosis?

La ósmosis es un proceso por el cual se transporta agua a través de una membrana semipermeable, como es la membrana plasmática de las células. El agua se traslada de una solución más diluida a otra más concentrada. Este fenómeno físico es importante para el metabolismo celular de los seres vivos.
La siguiente experiencia tiene como objetivo observar los cambios que se generan como producto de la ósmosis.

Necesitan:

- cuatro zanahorias
- dos huevos de gallina
- seis frascos
- agua
- azúcar
- vinagre
- un cuchillo

Proceso de ósmosis en las zanahorias

Paso 1. Coloquen en un frasco una solución de agua con azúcar concentrada; en otro frasco, agua sola, y dejen vacío el tercero.
Paso 2. Coloquen una zanahoria en cada frasco. Dejen los dispositivos y esperen 24 horas.
Paso 3. Saquen las zanahorias de los frascos, observen las diferencias y anoten.

Por otro lado, realizarán lo siguiente con la zanahoria restante:
Paso 4. Con la ayuda de un adulto, ahuequen una zanahoria con el cuchillo. La pared de la zanahoria debe quedar lo más finita posible, pero no la rompan.
Paso 5. Coloquen la zanahoria adentro de un frasco con agua, sin que el agua penetre en el hueco.
Paso 6. Al cabo de dos horas, observen los cambios ocurridos y anoten.

Proceso de ósmosis en el huevo de gallina

Paso 1. Coloquen los dos huevos en dos frascos con vinagre y esperen cinco días. Al sacarlos, ya no tendrán la cáscara y su aspecto será gomoso.
Paso 2. Coloquen uno de los huevos en un frasco vacío. Cúbranlo con una solución de agua con azúcar concentrada. En otro frasco, coloquen el otro huevo y cúbranlo con agua sola.
Paso 3: Luego de dos días, saquen los huevos de los frascos, observen, comparen y anoten los cambios.

1. Resuelvan las siguientes consignas:
a. ¿Qué cambios observaron al sacar cada una de las zanahorias del primer experimento?
b. ¿A qué se debe cada uno de esos cambios?
c. ¿Qué ocurrió con la zanahoria ahuecada? ¿Por qué?
d. ¿Por qué es necesario sumergir los huevos en vinagre?
e. ¿Para qué se removió la cáscara de los huevos, en el paso 1 del experimento correspondiente?
f. Comparen los cambios observados en los dos huevos al sacarlos de la solución acuosa.
g. ¿Qué ocurrió en cada caso? ¿A qué se debe?
h. ¿Qué piensan que pasaría si se realizara el mismo experimento pero con huevos duros? ¿Por qué?

Difusión facilitada

Son pocas las moléculas que pueden atravesar la membrana por procesos de difusión. Los iones*, por ejemplo, son muy pequeños, pero debido a la presencia de una carga eléctrica son muy hidrofílicos, por lo que no pueden atravesar una membrana hidrofóbica y difundirse al interior celular. Esto sucede porque las colas hidrofóbicas de los fosfolípidos que componen las membranas repelen tanto el agua como las sustancias hidrofílicas. Sin embargo, los iones atraviesan la membrana y son capaces de difundir a favor del gradiente de concentración. Como los iones, hay otras **moléculas hidrofílicas** que logran atravesar las membranas y son capaces de difundir a favor del gradiente de concentración por la presencia de proteínas específicas que atraviesan la membrana, es decir que cada proteína transporta una sustancia específica. Este tipo de transporte mediado por proteínas se denomina **difusión facilitada**. Existen dos clases principales de proteínas a través de membranas: las proteínas transportadoras y las proteínas canal. Las **proteínas transportadoras**, también llamadas *carriers*, se unen al soluto específico y sufren una serie de cambios en su forma, que permiten el pasaje del soluto al interior celular. La proteína se une al soluto de un lado de la membrana, cambia de forma y, gracias a ese cambio, libera el soluto del otro lado de la membrana. La glucosa y los aminoácidos ingresan en las células de esta manera. Las **proteínas canal** forman poros que atraviesan la membrana, y por allí ingresa la sustancia que permite el pasaje de iones.

Glosario

ion: partícula con carga eléctrica.

Curiosidades

Las moléculas de lípidos se desplazan a través de la membrana plasmática con una velocidad de 10 μm por segundo.

Transporte celular pasivo

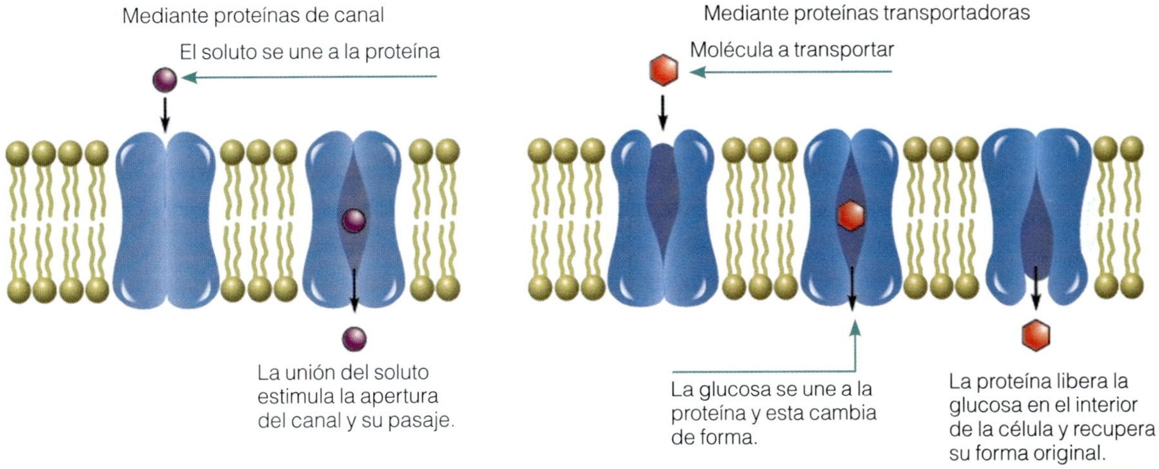

Tanto las proteínas de canal como las transportadoras presentan afinidad muy específica por un tipo de sustancia, de modo que hay entradas específicas para cada soluto.

Actividades

1. El oxígeno y el dióxido de carbono son gases transportados de manera continua por la membrana plasmática de las células humanas: el primero hacia el interior celular, y el segundo, hacia el exterior de la célula. Ambos procesos se realizan sin gasto de energía.
   a. ¿De qué tipo de transporte se trata?
   b. ¿Qué se puede inferir acerca de las concentraciones de estos gases en los medios intracelular y extracelular?
2. Teniendo en cuenta la estructura de la membrana plasmática, expliquen qué características tienen las sustancias que ingresan por difusión facilitada.

Plantas lozanas y marchitas

Si la planta tiene agua suficiente, sus hojas se observan lozanas y erguidas, mientras que si la cantidad de agua es insuficiente, sus hojas se ven marchitas. Estos cambios observables a simple vista son alteraciones que se producen en las células del vegetal.

La siguiente experiencia tiene como objetivo averiguar qué cambios se producen en las células vegetales por modificaciones en la concentración del medio acuoso en el que se encuentran.

Necesitan:

- hojas de *Elodea*
- portaobjetos
- cubreobjetos
- solución salina (disolver media cucharadita de sal de mesa en un vaso de agua)
- un microscopio
- un vaso
- un gotero
- papel absorbente
- agua

Paso 1. Coloquen el extremo de una hoja de una planta de *Elodea* en crecimiento sobre una gota de agua, en un portaobjetos limpio.

Paso 2. Cúbranla con un cubreobjetos y colóquenla en la platina del microscopio.

Paso 3. Observen el preparado con el objetivo de menor aumento. Cambien al de mayor aumento y enfoquen algunas de las células que se encuentran cerca del borde de la hoja.

Paso 4. Acerquen un trocito de papel absorbente a uno de los bordes del cubreobjetos y coloquen una gota de solución salina en el borde opuesto. El papel absorbente hará que el agua salada fluya debajo del cubreobjetos y bañe las células del preparado.

Paso 5. Continúen observando hasta que se produzcan cambios en el contenido de la célula. Ajusten el enfoque con el tornillo micrométrico a medida que ingresa la solución salina.

Paso 6. Realicen dibujos sencillos que muestren las células antes y después de añadir la solución salina.

Paso 7. Retiren la solución salina y reemplácenla por agua. Para ello, usen un nuevo trocito de papel absorbente para que fluyan dos o tres gotas de agua debajo del cubreobjetos, hasta estar seguros de que la mayor parte de la solución salina ha sido removida.

1. Comparen los dibujos de las células antes y después de añadir la solución salina.

2. Relacionen los fenómenos observados con el proceso de ósmosis.

3. Busquen las definiciones de los términos *plasmólisis* y *turgencia*, y relaciónenlos con los fenómenos observados en esta actividad.

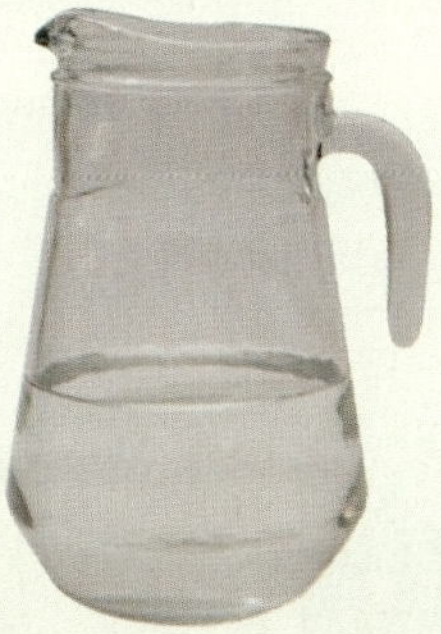

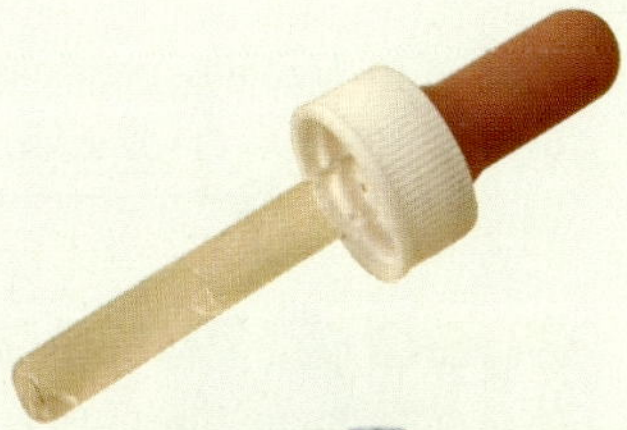

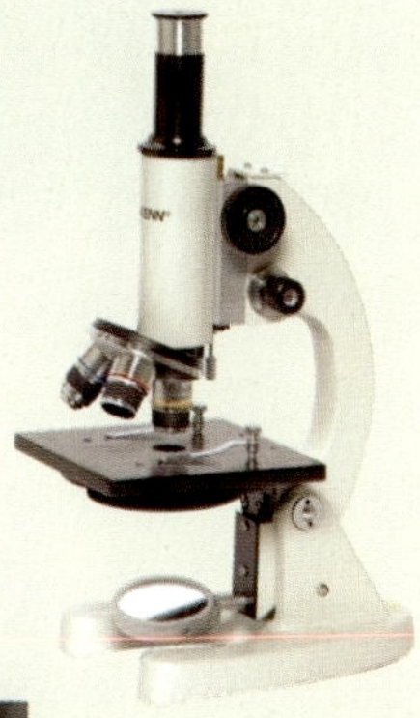

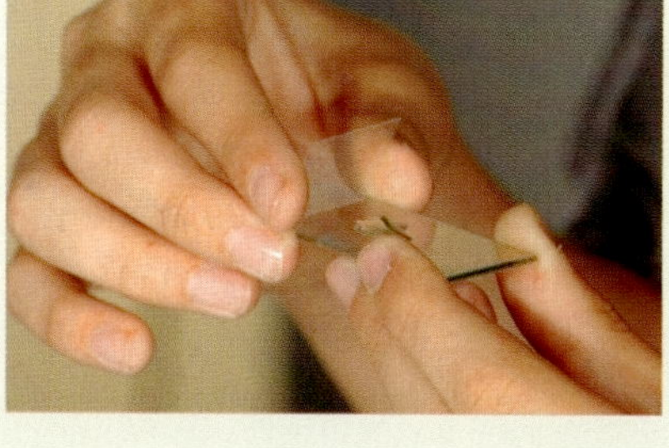

Transporte activo

Las proteínas de membrana hacen mucho más que transportar sustancias a través de la membrana: algunas son capaces de acumular sustancias dentro de la célula aun en contra de un gradiente de concentración; esto ocurre con los iones sodio y potasio. Este tipo de transporte en contra del gradiente de concentración requiere un aporte energético por parte de la célula, por eso se lo llama **transporte activo**.

Este tipo de transporte puede ser a través de **proteínas transportadoras**, semejantes a las de la difusión facilitada, pero que requieren energía, o por **transporte en masa**.

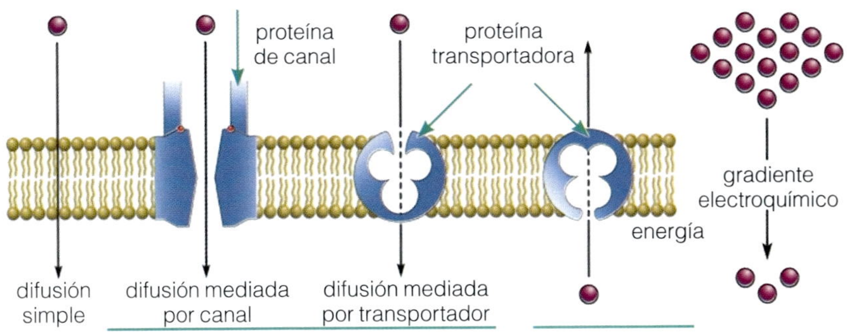

Mientras que la difusión simple y el transporte pasivo mediado por proteínas ocurren en forma espontánea, el transporte activo requiere aporte de energía por parte de la célula.

Transporte en masa

La necesidad de establecer un transporte en contra del gradiente de concentración no es el único caso en el que la célula gasta energía en transporte. Cuando una célula requiere movilizar grandes volúmenes, usa lo que se denomina **transporte en masa**. Este tipo de transporte requiere grandes aportes energéticos por parte de las células. Cuando la célula incorpora sustancias, se llama **endocitosis**; cuando las elimina, se llama **exocitosis**.

En la endocitosis se forman vesículas a partir de la invaginación* de la membrana plasmática y así ingresan en el interior de la célula.

La incorporación de líquidos por endocitosis se llama **pinocitosis**, y la incorporación de partículas sólidas se llama **fagocitosis**.

En la exocitosis, las vesículas provienen del retículo plasmático, un sistema de membranas ubicado en el citoplasma; estas se unen con la membrana y dejan salir las sustancias que contienen.

Glosario

invaginación: pliegue de la membrana plasmática hacia el interior de la célula. Esta morfología logra un aumento de la superficie de intercambio y transporte celular.

Esquema de la endocitosis

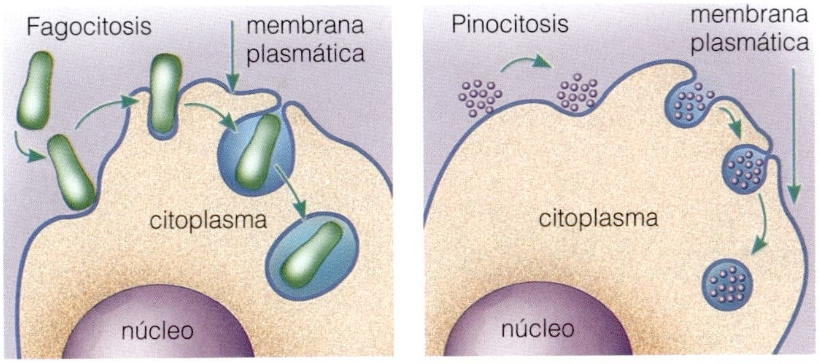

Esquema de la exocitosis

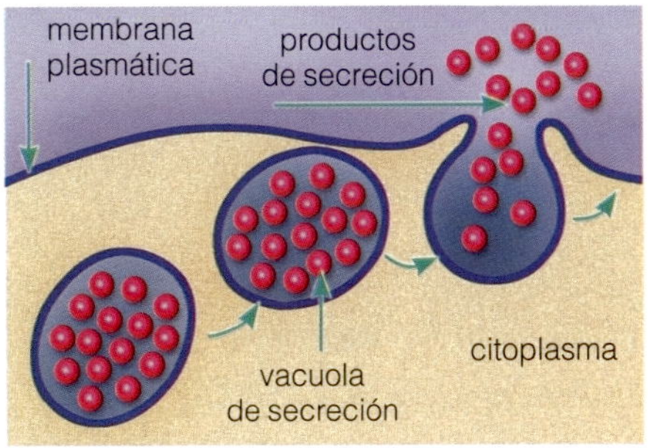

La percepción a nivel celular

Las células, igual que los organismos pluricelulares, poseen la capacidad de percibir estímulos del medio, procesarlos y emitir una respuesta. La encargada de percibirlos es la membrana plasmática que, además de permitir la entrada y salida de sustancias, tiene la función de captar señales del ambiente que la rodea.

Algunas proteínas que la integran son las encargadas de percibir ciertas señales y se llaman **receptores de membrana**. Cuando uno de estos receptores capta un estímulo, se desencadenan en la célula una serie de reacciones que provocan una determinada respuesta. Otras señales pueden ser percibidas por **receptores canal**, que al captar iones se abren y dejan libre un canal por donde transitan los iones. Otros se denominan **receptores unidos a proteína G**. Estos receptores tienen otra proteína adherida del lado interno de la célula y, al unirse la señal al receptor, se desencadena su activación. Por último, están los **receptores enzimáticos** con función enzimática o con una enzima* adherida con dicha función.

Las células también tienen **receptores intracelulares**, que se encuentran en el citoplasma o en el núcleo celular y que solo pueden captar una señal determinada.

Las **señales** son sustancias producidas y secretadas por células que circulan por el organismo hasta llegar a las **células blanco**, células en donde las señales ejercen su acción. Las señales transmiten una determinada información desde la célula secretora hasta la célula blanco. Las señales más comunes son las **hormonas**, sustancias transportadas por la sangre desde las glándulas endocrinas donde se producen hasta las células blanco. Otras señales son los **neurotransmisores**, que transmiten información entre las células del sistema nervioso.

Glosario

enzima: proteína que acelera las reacciones químicas.

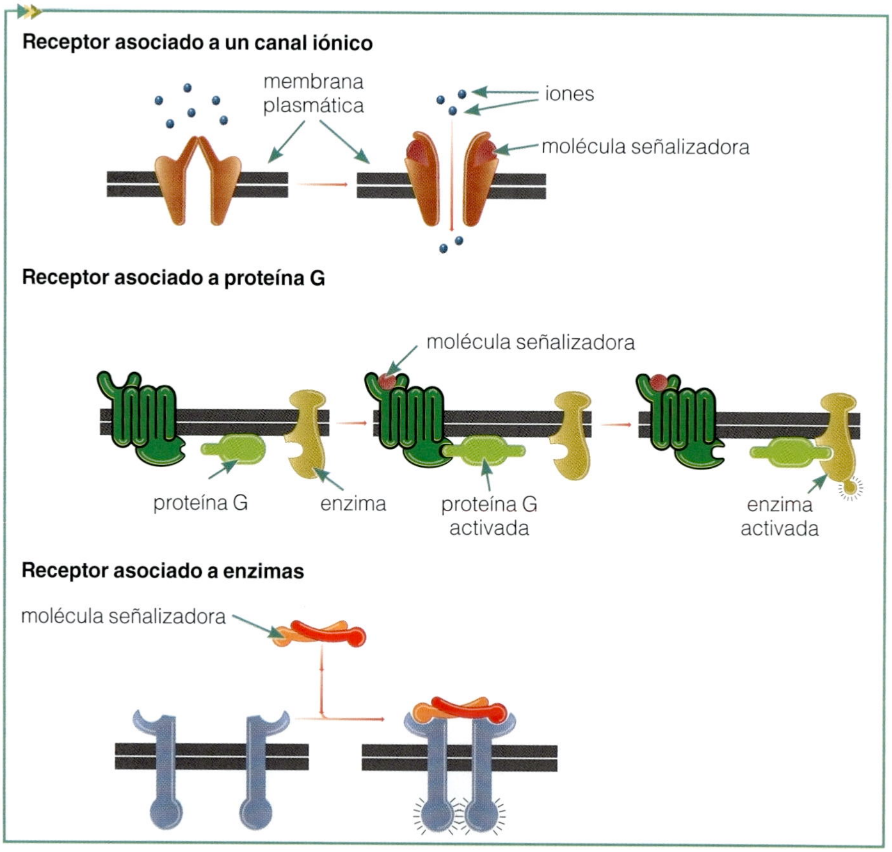

Mecanismo de acción de los tres tipos de receptores de membrana.

Especificidad señal-receptor

Las señales se unen a receptores celulares específicos. Esto significa que los receptores poseen **especificidad**: las señales se unen solo al receptor que tiene la capacidad de reconocerla y provoca una respuesta por parte de la célula.

Así como los científicos presentaron modelos para explicar la estructura de la membrana plasmática, también los usaron para explicar cómo funciona la unión de las señales y los receptores. Por ejemplo, las enzimas, que muchas veces funcionan como receptores, poseen un sitio activo en su conformación: esta zona es la que se une a la señal que se llama **sustrato**.

En 1894, el químico alemán Emil Fischer determinó que las enzimas y el sustrato mantienen especificidad debido a que poseen formas complementarias; por lo tanto, encajan de manera exacta, como ocurre con una llave que solo funciona en una cerradura. Por eso se denominó a este modelo con el nombre de **llave-cerradura**. Si el sustrato sufre algún mínimo cambio, no será reconocido por la enzima receptora.

Varios años más tarde, en 1958, el bioquímico estadounidense Daniel Koshland formuló que el modelo llave-cerradura podía presentar modificaciones. Explicó que la enzima puede cambiar la estructura tridimensional del **sitio activo** cuando el sustrato se encuentra próximo a ella, ajustándose a él por completo. Este modelo se denomina de **ajuste inducido**.

Modelos llave-cerradura y ajuste inducido

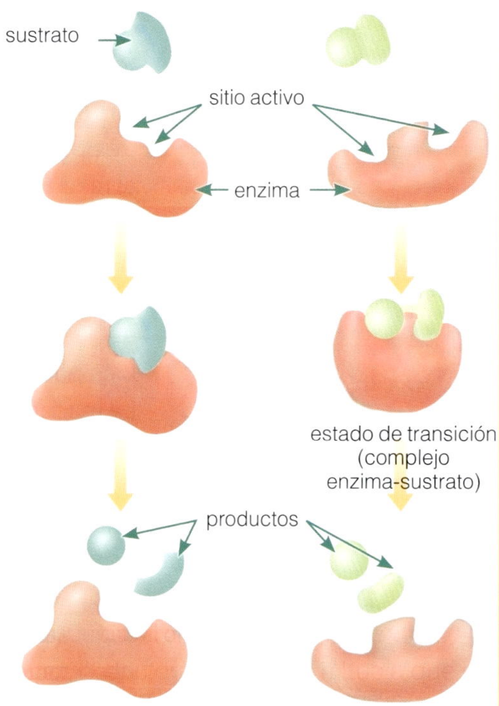

En el modelo de llave-cerradura, la enzima permanece igual cuando se contacta con el sustrato, a diferencia del modelo de ajuste inducido.

Emil Fischer, químico alemán que ganó el Premio Nobel de Química en el año 1902.

Daniel Koshland fue editor de la revista estadounidense *Science* durante diez años.

Actividades

1. Marquen con X las afirmaciones correctas.

a. Los receptores de membrana se encuentran en:
- El citoplasma. ☐
- La membrana plasmática. ☐
- Fuera de la membrana plasmática. ☐

b. Los iones pueden entrar o salir de la célula a través de:
- Los receptores unidos a proteínas G. ☐
- Los receptores enzimáticos. ☐
- Los receptores canal. ☐

c. Las señales que son captadas por receptores intracelulares son:
- Liposolubles. ☐
- Hidrosolubles. ☐
- Insolubles. ☐

d. Las señales pueden ser producidas por:
- Células endocrinas. ☐
- Células blanco. ☐
- Células nerviosas. ☐

e. El modelo de ajuste inducido sostiene que el sitio activo de las enzimas puede ser:
- Una estructura tridimensional fija. ☐
- Una estructura tridimensional modificable. ☐
- Una estructura independiente del sustrato. ☐

Mecanismos de respuesta en el nivel celular

Una vez que las señales son captadas por los receptores, se desencadenan una serie de reacciones en las que el mensaje es traducido dentro de la célula, y esta produce una respuesta. Las respuestas pueden ser muy diferentes, como el movimiento celular, la reproducción celular, la incorporación o eliminación de una sustancia, la realización de un proceso metabólico como la fotosíntesis y la producción de una sustancia, entre muchas más.

Las señales pueden ser estímulos químicos, como sustancias producidas dentro del mismo organismo o que ingresan con la ingesta o medicación. También pueden ser señales de tipo físicas, como la luz, la temperatura o la presión. La respuesta se producirá siempre y cuando la célula tenga un receptor específico para una señal determinada.

Respuestas celulares al ambiente

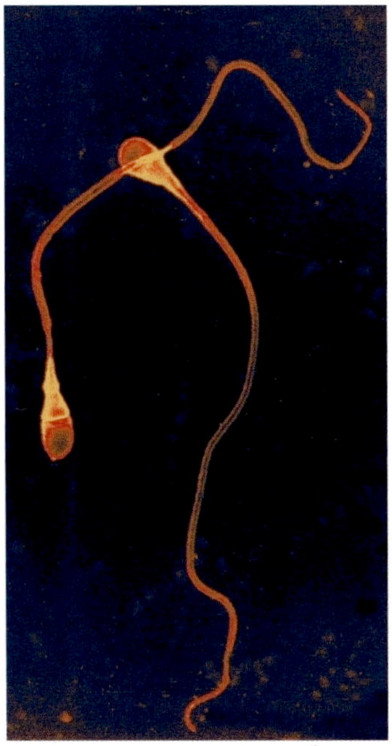

Microfotografía de dos espermatozoides (MEB 1.700×), donde se observan los flagelos.

Una de las respuestas celulares más comunes es el **movimiento**. Ante una señal, las células libres, como las bacterias y organismos unicelulares, pueden desplazarse y acercarse al estímulo (desplazamiento positivo) o alejarse de él (desplazamiento negativo). Las células se valen de ciertos organoides, como los flagelos y las cilias, para poder desplazarse. Tanto las células procariotas como las eucariotas pueden tener flagelos.

El flagelo bacteriano

En algunos casos, las células tienen un solo **flagelo**, pero otras pueden tener más de uno. Los flagelos pueden estar ubicados en los extremos de las células o distribuidos en toda la superficie celular.

En las bacterias, que son organismos procariotas, el flagelo tiene una estructura mucho más sencilla que en los eucariotas. Está constituido por tres elementos de naturaleza proteica: el **filamento**, el **gancho** o segmento curvo y el **cuerpo basal**. El filamento es la parte más visible y tiene forma helicoidal. El segmento curvo sirve de conexión entre el filamento y el cuerpo basal del flagelo. Este último está anclado a la membrana citoplasmática y a la pared celular de la bacteria. Está conformado por un eje central que atraviesa un sistema de anillos y constituye el "motor" del flagelo.

Cada flagelo es una estructura semirrígida, pero capaz de moverse por rotación, como si se tratara de una hélice. Este movimiento no se produce a velocidad constante, sino que la velocidad de rotación aumenta o disminuye según la energía disponible.

El flagelo de los organismos eucariotas

Los flagelos son delgadas prolongaciones celulares móviles constituidas por el citoesqueleto celular. Cada flagelo está constituido por dos partes: una externa, que sobresale de la superficie celular, que está recubierta por la membrana plasmática y contiene un esqueleto interno de microtúbulos* y otras proteínas asociadas, llamada **axonema**; y otra interna, que se denomina **cuerpo basal**, de la que salen **raíces** que participan en la coordinación del movimiento.

Glosario

microtúbulo: filamento proteico hueco y muy delgado.

Cilias

Las **cilias** son elementos libres sobre la superficie celular que se diferencian de los flagelos por ser más cortas. Las cilias cubren la superficie de algunas células, como en el caso de los ciliados o algunas células embrionarias de algunos animales. La estructura de los flagelos y las cilias es idéntica, así como su principal función, que es posibilitar la movilidad en un medio acuoso.

La coordinación del movimiento ciliar tiene una **base hidrodinámica**: el movimiento de una cilia crea en el medio una onda de desplazamiento; esta onda provoca, por excitación externa, el batido de la cilia vecina, la cual entra en resonancia con la onda de movimiento creada por la primera. Si bien las actividades de las dos cilias están ligadas desde el punto de vista hidrodinámico, la forma de interacción entre ellas depende de la viscosidad del medio, la distancia entre las cilias, el largo de las cilias y su posición respecto del plano de batido.

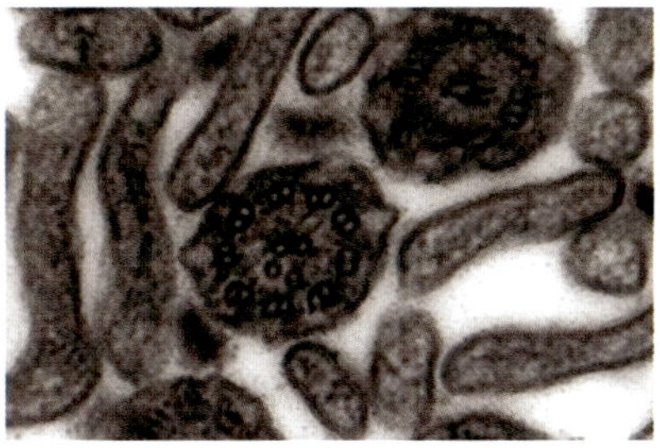

Algunos organismos unicelulares tienen cilias que les permiten desplazarse en medios acuosos.

Movilidad por deslizamiento

Muchas células presentan movimiento aunque carezcan de flagelos. Algunas bacterias se mueven sobre superficies sólidas mediante el **deslizamiento**, un mecanismo bastante más lento que el proporcionado por los flagelos. Este tipo de movimiento se presenta en bacterias bacilares o filamentosas, y requiere el contacto de la bacteria con una superficie sólida. Algunas de las bacterias más conocidas con este movimiento son las cianobacterias filamentosas. Ellas secretan **mucílago**, un polisacárido mucoso, a través de poros en su pared, y se deslizan por tracción sobre la película secretada que está en contacto tanto con la superficie celular como con la superficie sólida sobre la cual se desplaza.

Algunas veces, los mohos mucilaginosos forman masas gelatinosas que se deslizan lentamente por el suelo.

Algunas células eucariotas se desplazan por **movimientos ameboides**. Estos movimientos son bidireccionales, producto de **corrientes citoplasmáticas**.

El movimiento ameboide es típico de amebas (protistas) y hongos mucosos. En ellos, el citoplasma puede cambiar de estado líquido a semisólido, llamados **estado sol** y **estado gel**, respectivamente. El pasaje de un estado a otro implica un gasto energético por parte de la célula. A su vez, se generan corrientes citoplasmáticas dentro de la célula, que causan la formación de seudópodos. Los **seudópodos** son prolongaciones del citoplasma que pueden presentar diversas formas: pueden ser cortos, algunos son muy finos y largos, otros forman redes y otros son rígidos por tener paquetes de microtúbulos en su interior. Los seudópodos no solo cumplen una función motriz en los microorganismos, también participan en la alimentación de muchas células que atrapan organismos más pequeños y los introducen por endocitosis.

Ameba desplazándose con sus seudópodos.

Actividades

1. Busquen ejemplos de seres vivos que tengan células flageladas.
   - a. Indiquen el tipo de célula que los componen y si son organismos unicelulares o pluricelulares.
   - b. Describan la función del flagelo.

Observación de microorganismos en muestras de agua

El objetivo de la experiencia es observar el desplazamiento de algunos microorganismos acuáticos.

Necesitan:

- muestras de agua de algún cuerpo de agua natural (puede ser un río, lago, laguna o una charca, pero no agua de la canilla)
- portaobjetos
- cubreobjetos
- microscopio
- gotero

Paso 1. Limpien un portaobjetos, coloquen una gotita de agua y cubran con el cubreobjetos.

Paso 2. Levanten el tubo del microscopio y coloquen el preparado sobre la platina. Bajen el tubo al máximo, tratando de no romper el cubreobjetos.

Paso 3. Levanten el tubo lentamente hasta que aparezca una imagen nítida. Corrijan la iluminación con el espejo, si es necesario.

Paso 4. Recorran el campo del cubreobjetos, observen y dibujen los organismos que encuentran. Para identificar los organismos observados, pueden ayudarse con la guía de identificación (ver abajo).

Paso 5. Dibujen lo que observan en el interior de un círculo que represente el campo microscopio.

Paso 6. Calculen con cuánto aumento ven la imagen.

Guía de identificación para la observación de muestras de agua

Cuando se observan muestras de agua natural al microscopio, se descubre un mundo oculto hasta ese momento. El observador encontrará diversidad de formas, tamaños y colores, microorganismos productores y consumidores que forman poblaciones y comunidades. Aquí se muestran algunos de los organismos que pueden encontrar.

Euglena sp.

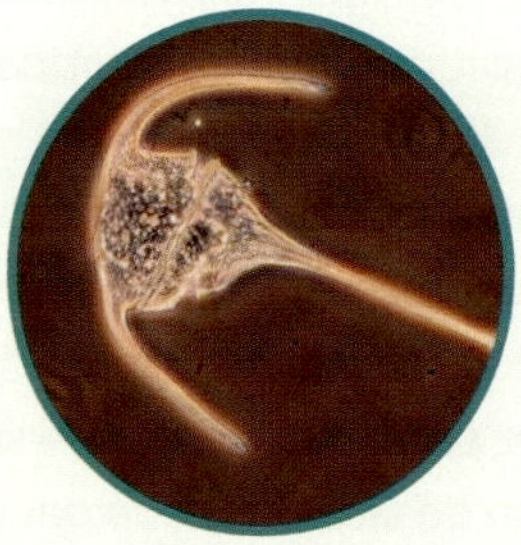

Ceratium sp.

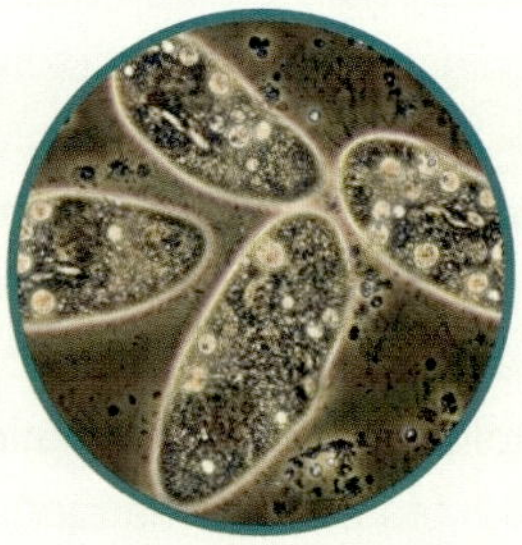

Paramecium sp.

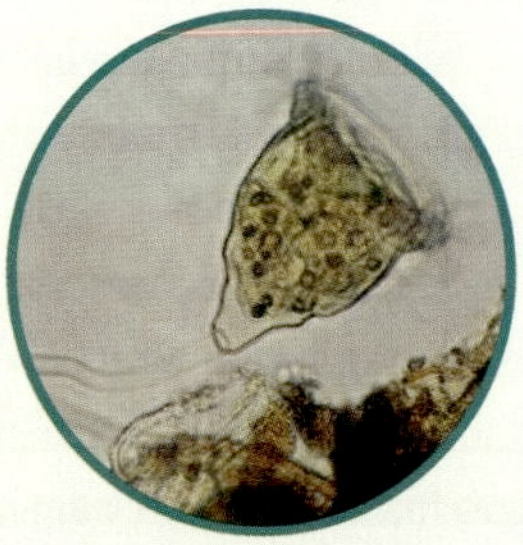

Vorticella sp.

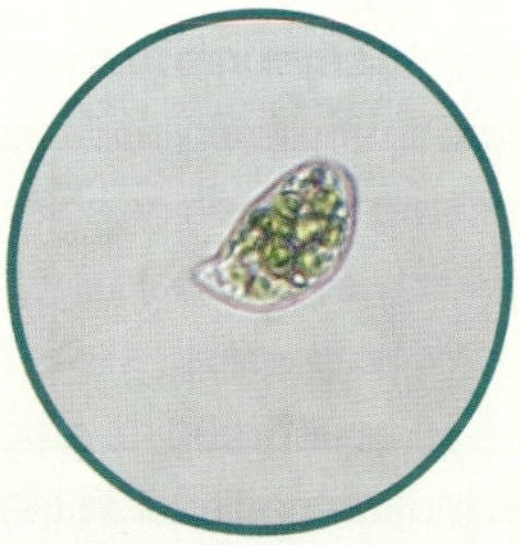

Peranema sp.

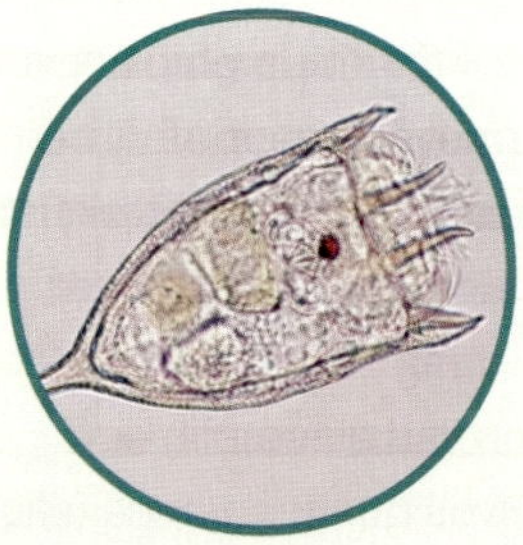

Keratella sp.

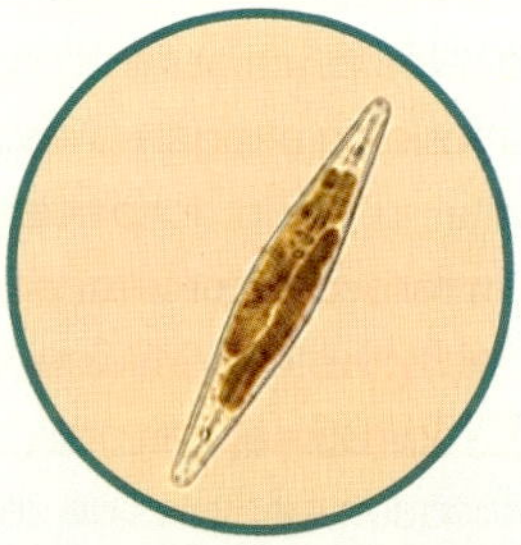

Navicula sp.

Otros tipos de respuestas celulares

Además del movimiento, hay otros tipos de respuestas celulares ante estímulos. Una señal puede provocar que una célula comience a producir y **secretar** una sustancia útil y necesaria para el organismo, como una hormona, una enzima o la leche materna. La sustancia se vierte al medio externo por el proceso de exocitosis. La cantidad de la sustancia fabricada y el momento de la secreción están determinados por la captación de la señal. En general, las células secretoras forman parte de órganos llamados **glándulas**. Si las glándulas vierten sus productos a la sangre, son **endocrinas**, como el páncreas; si las sustancias son secretadas a cavidades o al exterior del cuerpo, son **exocrinas**, como las glándulas salivales.

También hay células vegetales que secretan sustancias como el néctar y aceites.

Otra respuesta es la **contracción** celular producida por las fibrillas que conforman al citoesqueleto, sobre todo de las células musculares. La actina y la miosina son las proteínas que producen la contracción celular.

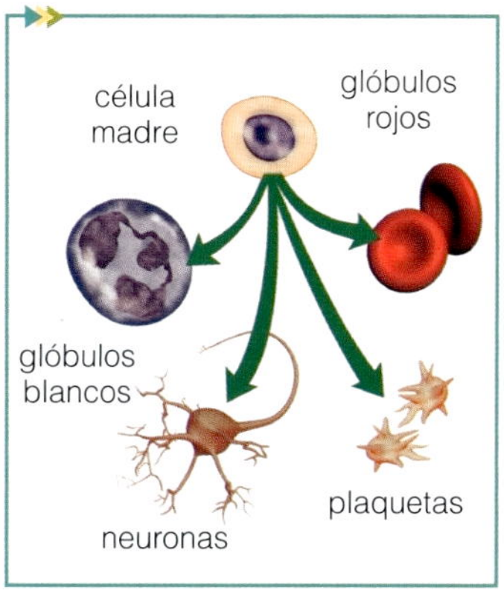

Una célula madre o indiferenciada puede diferenciarse, en forma y función, en varios tipos de células.

También la **proliferación** y la **diferenciación** celulares son procesos que pueden producirse como respuesta a una señal. Tras recibir un determinado estímulo, una célula puede comenzar a dividirse y provocar un crecimiento en el número de células. La diferenciación celular es el resultado de una cadena de señales que activan determinados genes y provocan cambios morfológicos y fisiológicos en las células. Como consecuencia, se convierten en células especializadas para realizar funciones definidas. La respuesta inmunológica es un ejemplo de proliferación y diferenciación de un tipo de glóbulos blancos (defensas del organismo) ante la entrada al cuerpo de un agente extraño.

Por último, otra respuesta que puede ocurrir es la **apoptosis** o **muerte celular programada**. Todas las células responden a un ciclo de vida, que termina con la muerte celular. Pero la muerte celular también puede determinarse a partir de una señal. Este hecho es importante porque de este modo se eliminan las células que están lesionadas o infectadas y, de esta manera, se evita que se multipliquen. Cuando este control no ocurre, las células dañadas siguen reproduciéndose y pueden formar tumores.

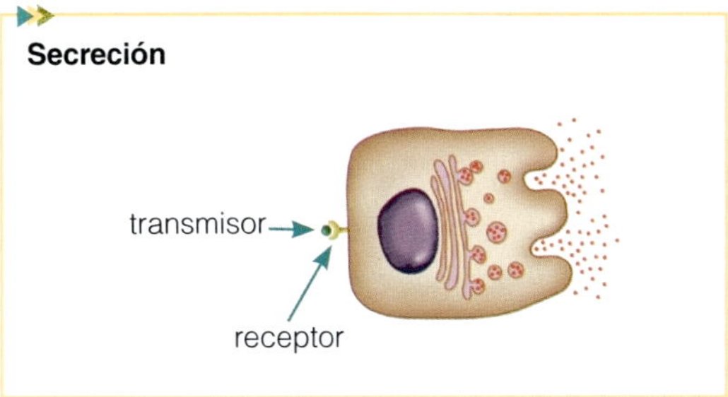

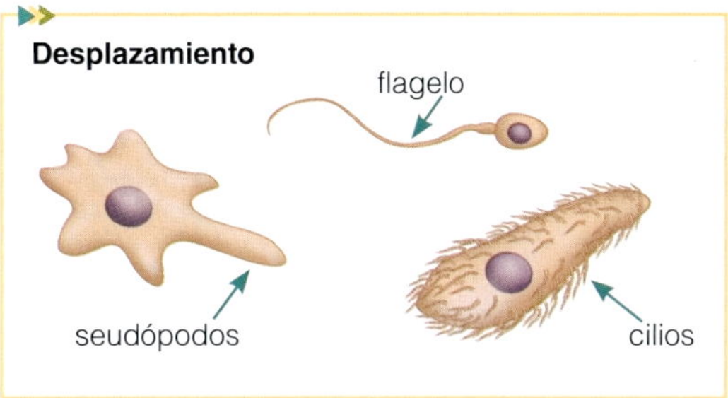

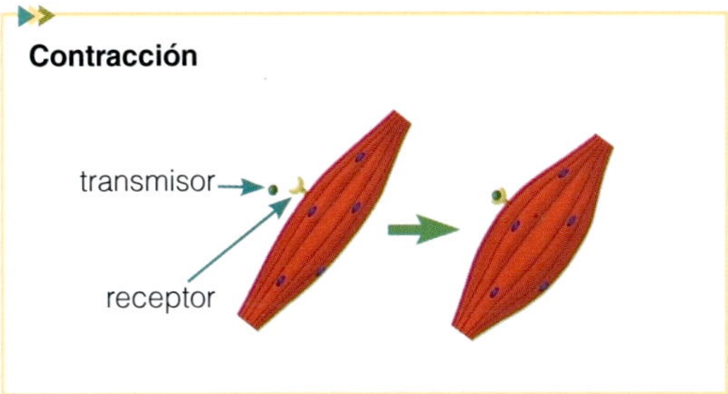

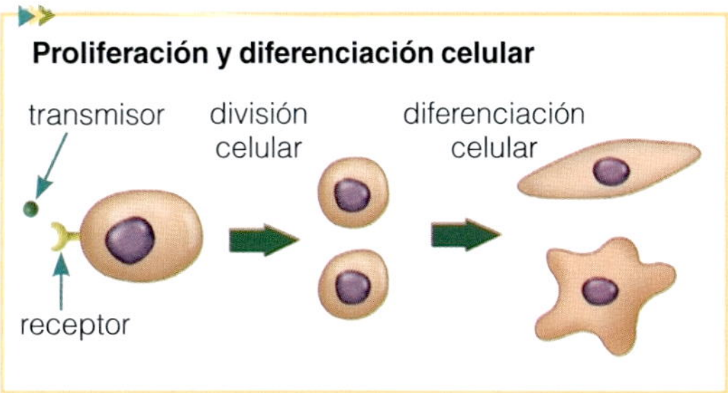

Distintos tipos de respuestas celulares ante diferentes señales.

Comunicación entre células

Las células poseen distintas maneras de comunicarse. Se necesitan una célula emisora, una señal y una célula receptora, para que pueda existir comunicación entre las células.

Las células pueden comunicarse por contacto directo. Existen en las células zonas específicas denominadas **uniones intercelulares**. A través de ellas se intercambian señales, y se favorece la regulación del comportamiento celular y la expresión de los genes.

Las uniones intercelulares

Una gran cantidad de protistas y casi todas las células de hongos y vegetales están rodeadas por paredes celulares.

El ejemplo más común de **pared celular** eucariota es la pared de las células vegetales y las algas verdes. Está compuesta por **celulosa**, un hidrato de carbono complejo, que puede aparecer combinado con sustancias leñosas como la **lignina**, **gomas** o **grasas**. La pared celular de los vegetales les otorga rigidez y forma a las células. Las células de los hongos poseen tres compuestos principales en sus paredes: **celulosa**, otros **glucanos** y **quitina**.

Si bien en el tejido vegetal o de los hongos, cada célula está rodeada por la pared celular, la presencia de puentes citoplasmáticos denominados **plasmodesmos** permite la circulación de agua y solutos entre las células adyacentes. Los plasmodesmos tienen el aspecto de canales delimitados por membranas celulares de células adyacentes que se extienden a través de poros en la pared. Algunas sustancias, como los azúcares, pueden pasar de célula a célula por los plasmodesmos a velocidades mayores de lo que tardarían si atravesaran membranas.

En los animales, las células tienen varios tipos de uniones. Un tipo son las **uniones de anclaje**. Son zonas de la membrana que se unen a zonas de la membrana de la célula vecina o a la matriz extracelular. Este tipo de uniones brinda adhesión a la estructura de los tejidos. Esto les permite soportar tracción mecánica, como en el caso del tejido epitelial; por lo tanto, le otorga resistencia a dicho tejido.

Otro tipo de unión son las **uniones estrechas** u **oclusivas**. Las células se unen de manera tan ceñida que parece que estuvieran soldadas. De esta manera, se imposibilita el paso de gran parte de las moléculas y se forma una barrera casi impermeable.

Un tercer tipo de unión son las **uniones de hendidura** o *gap*. Están conformadas por proteínas de la membrana que se llaman **conexinas** y regulan el paso de iones y de moléculas hidrosolubles. En estas uniones, las membranas no están fusionadas, sino que dejan canales o hendiduras que las células pueden regular en su apertura o cierre.

Confección de fichas

La confección de fichas puede ser un buen recurso para estudiar diversos temas, en particular para aprender los términos específicos de las ciencias naturales.

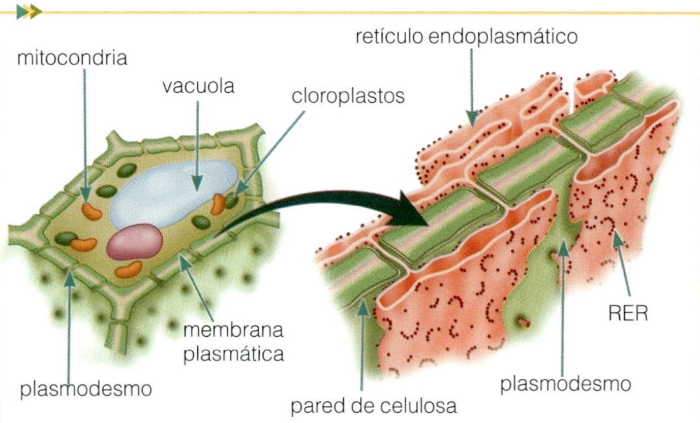

Comunicación de células vegetales a través de plasmodesmos.

Actividades

1. ¿Qué tipo de uniones intercelulares hay en las células vegetales? ¿Y en las animales? Expliquen cada tipo de uniones.

Comunicación celular mediante mensajeros químicos

En los organismos multicelulares, cada célula individual tiene que cumplir sus funciones de acuerdo con los requerimientos del organismo. Así, las células deben comunicarse y para ello pueden generar, transmitir y recibir señales para relacionarse entre sí. Estas señales que permiten que unas células influyan en el comportamiento de otras células de un mismo organismo son fundamentalmente químicas y se denominan **mensajeros químicos**. Los mensajeros constituyen la información que circula por el organismo con el fin de regular sus propias funciones y mantener la estabilidad interna en un ambiente variable.

Existen dos tipos de mensajeros químicos: las hormonas y los neurotransmisores. Mientras que los **neurotransmisores** son moléculas generadas por las neuronas y viajan hasta sitios específicos que suelen estar situados en neuronas vecinas, las **hormonas** son moléculas que se sintetizan en sitios específicos llamados glándulas compuestas por células endocrinas. Estas últimas viajan en los sistemas de circulación hasta los sitios donde actúan, que suele ser un órgano llamado **órgano blanco**. Tanto estos (constituidos por células) como las neuronas del tejido nervioso tienen **receptores** celulares en sus membranas.

Algunas hormonas son capaces de atravesar las membranas celulares de manera que el mensaje químico llega al interior de la célula, pero los neurotransmisores y otras hormonas no son capaces de llegar al interior celular. En esos casos, algún componente de la membrana puede recibir al mensajero, interpretar la señal y transmitirla al interior de la célula.

Existen tres tipos de comunicación celular: la comunicación **autocrina**, en la cual una célula establece una comunicación consigo misma. Este tipo de comunicación suele establecerse en células en activa división, por ejemplo, en el embrión o en las células tumorales. Otro tipo de comunicación es la denominada **endocrina**; en ella, las hormonas viajan en el sistema circulatorio y recorren distancias grandes. En la comunicación **paracrina**, las señales solo actúan en el entorno inmediato de la célula; por ejemplo, en la comunicación sináptica, que es exclusiva del sistema nervioso, las señales (neurotransmisores) solo actúan sobre células adyacentes.

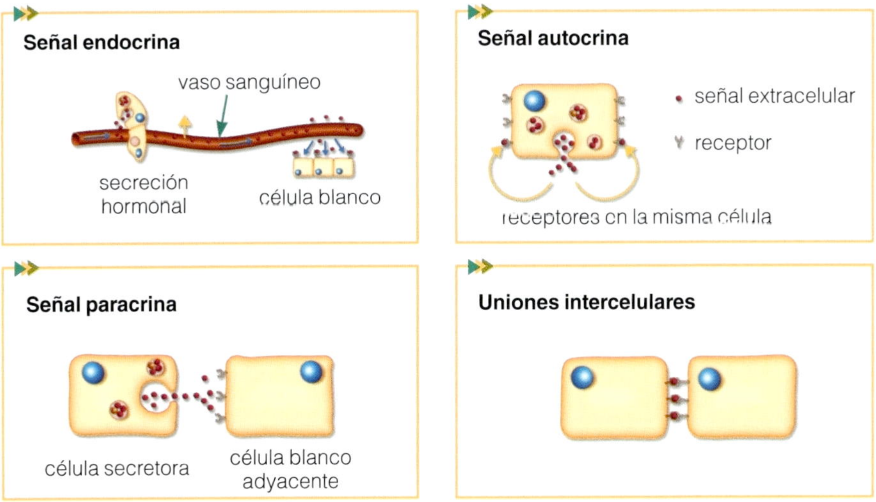

Tipos de comunicación celular.

Curiosidades

Hay mensajeros químicos que hacen que estemos más alegres, como la serotonina, que nos induce al sueño; la noradrenalina, que mantiene al organismo activo, y la dopamina, que estimula la sensación del placer. Si se alteran los niveles de alguno de los mensajeros químicos, aparecen síntomas como desgano, depresión, insomnio o ansiedad.

Para conocer más

Curtis, B., Schnek, Massarini, *Biología*, Buenos Aires, Editorial Médica Panamericana, 2008.

García Sáinz, *Hormonas: Mensajeros químicos y comunicación celular*, México, Fondo de Cultura Económica, 1995.

Respuestas sensoriales en las bacterias: un experimento modelo

Los gradientes de concentración no son solo importantes en la difusión de sustancias hacia dentro, hacia afuera y a través de las células, sino también, en el caso de muchos organismos unicelulares, en el movimiento de la propia célula a través del medio circundante. Las células bacterianas [...] son capaces de nadar hacia una fuente de alimento o alejarse de un compuesto químico nocivo. Llevan esto a cabo al moverse a lo largo de un gradiente de concentración, de una zona de baja concentración de un tipo particular de molécula a una zona de mayor concentración, o viceversa. Estos movimientos dirigidos de la bacteria son muy sensitivos y muy específicos: la bacteria puede percibir solamente ciertas moléculas y puede hacerlo a concentraciones muy bajas. Las capacidades sensoriales se deben a sitios receptores en la membrana celular que detectan a las moléculas en cuestión.

Si uno observa bacterias flageladas nadando libremente, se verán dos tipos de movimientos. Cuando los flagelos están rotando, impulsan a la célula a través del agua del mismo modo que un motor impulsa a un bote. Cuando los flagelos se detienen, la célula da violentos tumbos durante, quizá, una décima de segundo. Luego comienza otra vez el impulso motor y la célula parte en una nueva dirección. Cuando la concentración de compuestos químicos en el agua es uniforme, la célula da varias volteretas, que la hacen cambiar de dirección. En contraste, cuando la célula se mueve a favor de un gradiente ocurren menos tumbos, de modo que continúa durante más tiempo en la misma dirección.

¿Cómo "deciden" las células bacterianas moverse en una dirección determinada? ¿Cómo saben que *hay* un gradiente de concentración? Durante muchos años, la hipótesis más aceptada era que una célula bacteriana podía detectar la diferencia en concentración entre su extremo frontal y su extremo posterior. Sin embargo, cuando Daniel E. Koshland hijo, de la Universidad de California, calculó las concentraciones de moléculas a las cuales podía responder una célula, comenzó a cuestionar este concepto.

[...] La parte crucial del experimento consistió en colocar las bacterias en un medio que contenía una concentración uniforme del aminoácido serina, que es un cebo para la bacteria *Salmonella*.

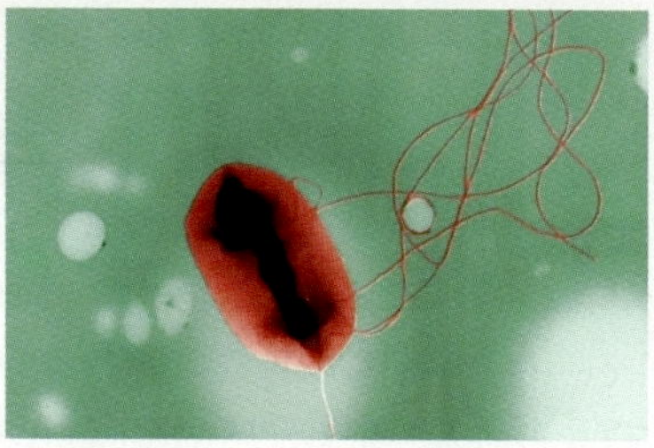

Bacteria con flagelos.

Las células se comportaron como lo hicieron cuando no había ningún cebo. Luego transfirió las células a un medio con una concentración ligeramente superior de serina; hubo un cambio inmediato: durante unos pocos segundos, las células corrieron más y giraron menos. Luego las transfirió a un medio con una concentración más baja de serina; durante unos pocos segundos, ellas giraron más y corrieron menos. En otras palabras, aunque las bacterias en realidad fueron transferidas de una concentración uniforme a otra concentración uniforme, se comportaron como si se estuvieran moviendo en contra o a favor de un gradiente. Koshland había engañado a las bacterias para que revelaran su secreto y, de esta manera, pudo escoger una entre las hipótesis alternativas. Las bacterias estaban analizando diferencias de tiempo, no de espacio. [...]

Curtis, H. y Barnes, S., *Biología*, Buenos Aires, Ed. Médica Panamericana, 1993. (Adaptación).

Actividades

1. ¿Cuál es la señal a la que responden las células bacterianas mencionadas en el texto?
2. ¿Qué provoca cada tipo de movimiento de las bacterias?
3. ¿Cuál era la hipótesis aceptada?
4. ¿Qué logró demostrar Koshland?

Mandalas formados por organismos microscópicos

Resulta difícil creer que la gran tradición de arte creado gracias a las posibilidades de un microscopio, representado por ejemplo en obras como el castillo de arena de Vik Muniz (grabado sobre un solo grano de arena), en el video musical filmado con microscopio de Zammuto y en las nanoflores de cristal que florecen en Harvard, empezó en realidad como un pasatiempo de los primeros científicos victorianos. Inspirándose en estos antiguos biocreativos, el diatomista* Klaus Klemp ha pasado casi una década descubriendo, imitando y mejorando esta forma de arte para crear su impresionante set de mandalas formados por microorganismos.

Las diatomeas que Klemp estudia son algas unicelulares, de las cuales hay cerca de 100.000 especies distintas, con formas y colores diferentes. Las diatomeas son de especial interés para Klemp, y lo fueron para los mencionados victorianos, porque están cubiertas de caparazones cristalinos similares a piedras preciosas que brillan como joyas orgánicas cuando se colocan por debajo de una lente. Klemp organiza sus mandalas de diatomeas utilizando un equipo completamente analógico: un microscopio y un par de pincitas. Los patrones detallados son el resultado de su increíble destreza y paciencia, y de la belleza geométrica natural de las diatomeas.

Según Klemp, estos fascinantes seres unicelulares pueden aparecer casi en cualquier lugar de la naturaleza. "Ya sea el abrevadero de un caballo, una acequia o una alcantarilla, allá donde haya agua vale la pena echar un vistazo", dice en *The Diatomist*, un breve documental dirigido por Matthew Killip. [...]

Glosario

diatomista: estudioso de los microorganismos protistas llamadas diatomeas.

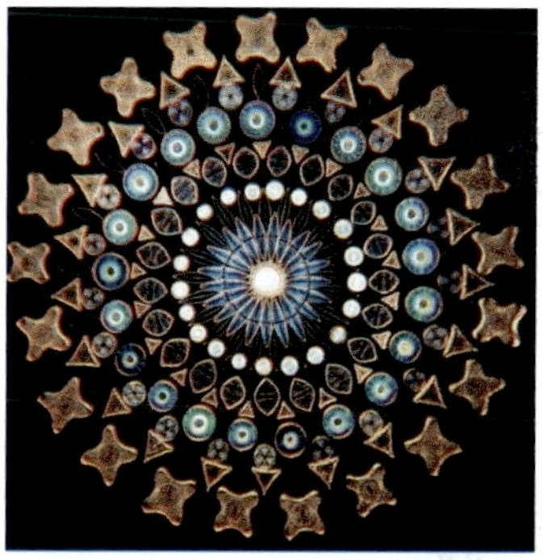

Beckett Mufson, 23/09/2014. (Adaptación).
http://thecreatorsproject.vice.com/es/blog/estos-mandalas-relucientes-no-son-cristales-son-organismos-microscopicos

Actividades

1. Resuelvan las siguientes consignas.

a. ¿Qué son las diatomeas? ¿Qué características tienen? ¿Dónde se encuentran?

b. Busquen y anoten en sus carpetas la biografía de Klaus Klemp.

c. ¿Cómo arma Klemp sus mandalas?

1. Analicen las siguientes situaciones y determinen el tipo de transporte involucrado en cada una. Indiquen el sentido del transporte (hacia dentro o hacia fuera de la célula) y justifiquen su elección.

a. Un átomo pequeño, cargado e hidrofóbico (un ion) se encuentra a ambos lados de la membrana celular a idénticas concentraciones.

b. Un soluto que no atraviesa la membrana por ser hidrofílica se halla más concentrado en el medio acuoso del citoplasma que en el medio extracelular.

c. El sodio se encuentra en alta concentración en el medio extracelular y a baja concentración en el citoplasma. El potasio se encuentra en alta concentración en el citoplasma y a baja concentración en el medio extracelular. La célula mantiene esta diferencia.

d. Proteínas extracelulares están dentro de vesículas en el interior del citoplasma.

e. Una molécula extracelular se une a una proteína de la membrana plasmática. Momentos después, se halla en una vacuola citoplasmática.

2. La Organización Mundial de la Salud establece que, en casos de diarrea que ocasione deshidratación, deben suministrarse sales de rehidratación oral, que se preparan disolviendo el contenido del sobre en agua. La solución que se obtiene es isotónica con respecto al plasma sanguíneo. Teniendo en cuenta lo aprendido sobre el transporte a través de membranas, respondan las siguientes preguntas.

a. ¿Por qué para lograr una rehidratación se administra una solución salina y no simplemente agua?

b. ¿Por qué la solución administrada debe ser isotónica con respecto al plasma?

3. Los siguientes son esquemas que representan glóbulos rojos que se han colocado en tres soluciones salinas de distintas concentraciones. Observen la morfología de los glóbulos e indiquen en qué tipo de medio se encontraban.

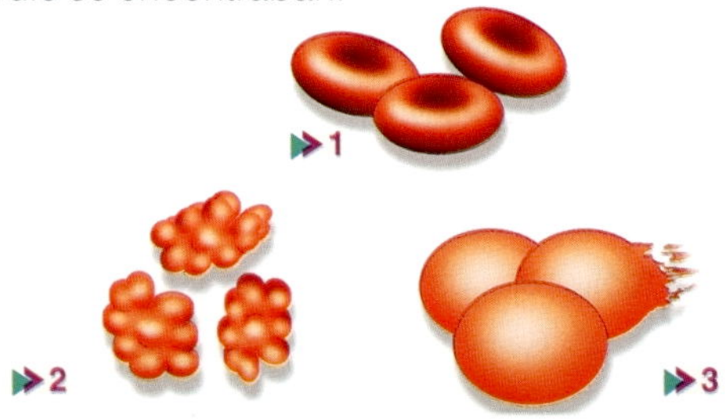

4. Observen las siguientes imágenes e indiquen qué medios utilizan los microorganismos para realizar sus movimientos.

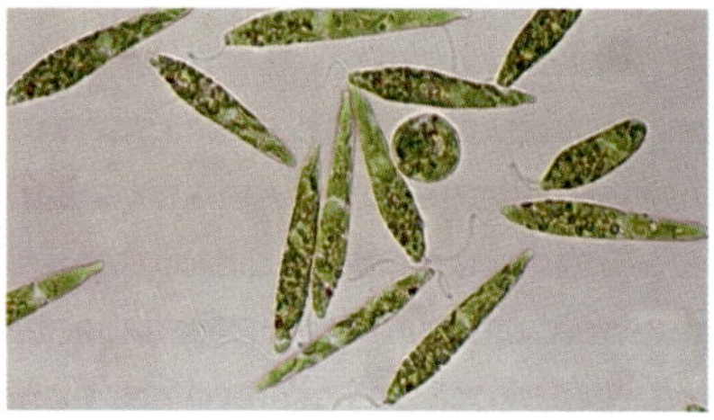

Euglena (protista).

Ameba (protista).

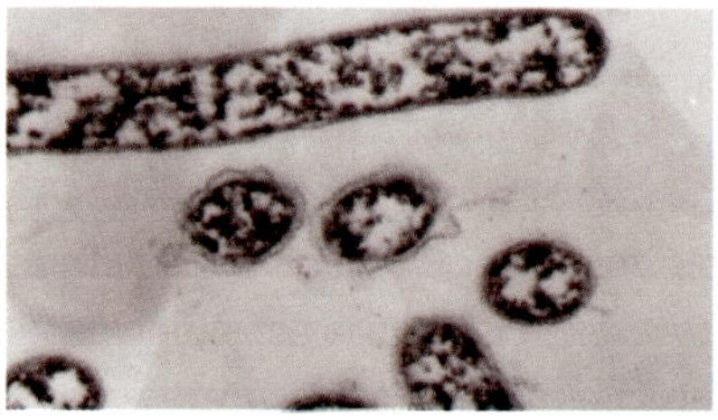

Bacteria.

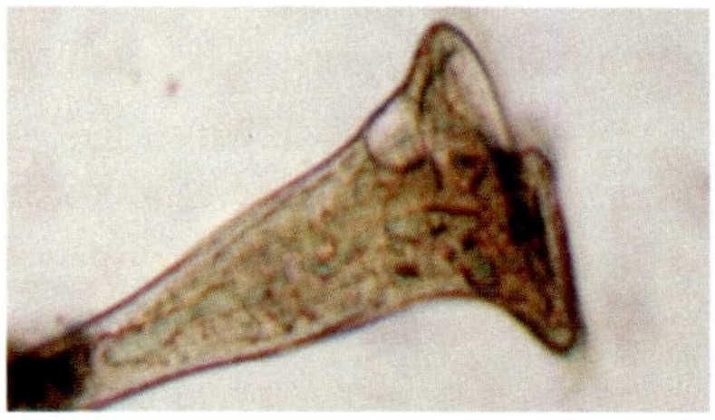

Stentor (protista).

5. Analicen las siguientes situaciones de la vida cotidiana y explíquenlas a partir de lo estudiado en este capítulo.

a. Al preparar una ensalada de frutas y agregarle azúcar, transcurrido cierto tiempo se observa que hay más líquido que al principio.

b. Los buenos asadores saben que para salar la carne, primero hay que esperar que esté bien cocida en su superficie.

c. Para eliminar babosas y caracoles se utiliza sal.

d. Al hervir vegetales en agua salada, estos adquieren sabor salado.

e. El tamaño de las ciruelas en compota es mayor que el de las ciruelas frescas.

Sistema nervioso

3

Contenidos

- Sistema nervioso. Vías aferentes y eferentes
- Sistema nervioso central y periférico
- Órganos efectores: músculos y glándulas
- Neuronas. Propagación del impulso nervioso Sinapsis. Neurotransmisores
- Sistema nervioso voluntario y autónomo (simpático y parasimpático)

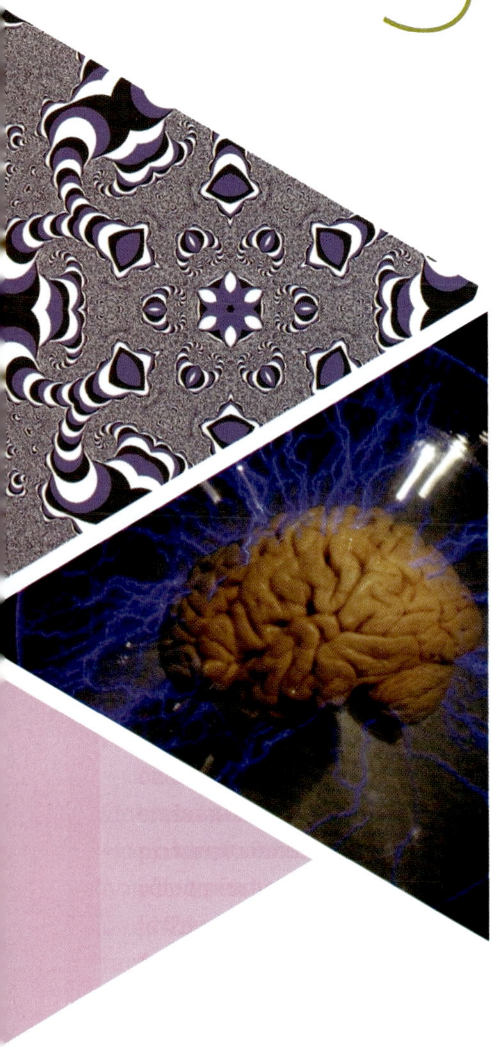

Matías y Marcos participan en un torneo de tenis. Está por empezar el partido y Matías está ansioso, le transpiran las manos y le cuesta concentrarse. A medida que avanza el partido, ambos sienten cómo se aceleran los latidos de sus corazones.

Los espectadores ven cómo los jugadores corren hacia la pelota y se asombran de sus reflejos.

¿Por qué le transpiran las manos a Matías? ¿Cómo captan los espectadores lo que sucede en la cancha? ¿A qué se debe la aceleración de los latidos cardíacos? ¿A qué se refiere el texto cuando habla de los reflejos de los jugadores? ¿Cómo hace el organismo para cumplir con todas estas funciones al mismo tiempo? ¿Cómo las coordina y regula? ¿Qué parte del cuerpo controla las emociones, como la alegría o la frustración?

EN ESTE CAPÍTULO...

Se estudian las estructuras que conforman el sistema nervioso y sus funciones, y las divisiones del sistema nervioso: central, periférico, voluntario y autónomo. Además de los órganos, se estudia la unidad estructural y funcional de este sistema, la neurona, y las diferentes maneras de transmitir el impulso nervioso hasta los órganos efectores.

Contenido digital adicional

www.tintaf.com.ar/BIO3C3

Organización general del sistema nervioso

Un **sistema** es un conjunto de elementos organizado que permite cumplir un objetivo o una función determinada. En Biología, tanto un organismo como un órgano o una célula son ejemplos de sistemas. En el caso de los organismos, están compuestos por sistemas o aparatos, que a su vez están conformados por un conjunto de órganos. Los órganos también se componen de distintos tipos de tejidos, y estos, de células.

Los **sistemas biológicos** son **abiertos** porque interactúan con el ambiente; son **complejos** porque están constituidos por varias partes o subsistemas, y son **coordinados** porque si se altera alguna estructura del sistema, el funcionamiento se ve afectado en su totalidad.

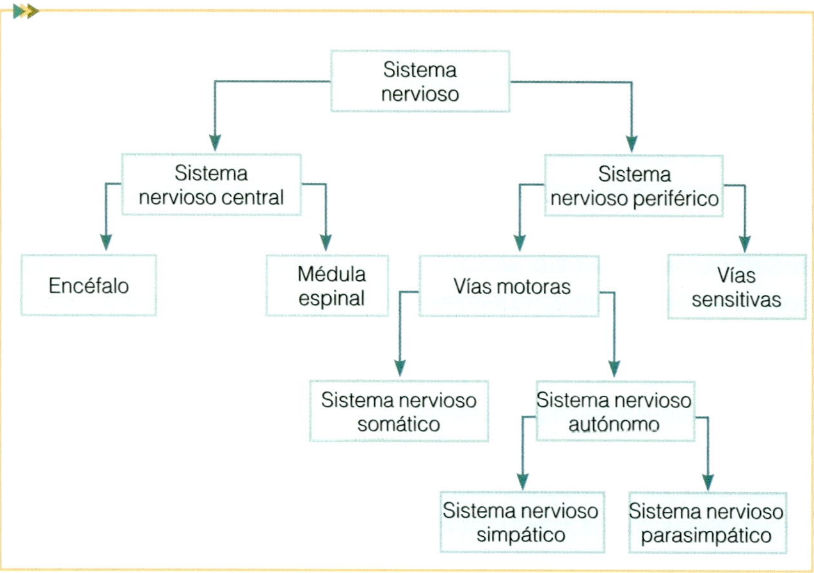

Organización del sistema nervioso.

El sistema nervioso está formado por dos subsistemas. Uno de ellos está dispuesto en un eje central, mientras que el otro, en la periferia. El primero es el **sistema nervioso central**, compuesto por centros nerviosos: el **encéfalo** y la **médula espinal**. La función del sistema nervioso central es recibir información, procesarla, elaborar una respuesta y enviarla a los órganos efectores. El que se encuentra en la periferia es el **sistema nervioso periférico**, que tiene **vías motoras** o **eferentes**, y **vías sensitivas** o **aferentes**, según sea el sentido del impulso nervioso. Las vías sensitivas captan el estímulo y conducen el impulso hacia los centros nerviosos. En cambio, las motoras conducen el impulso nervioso hacia los efectores, que pueden ser músculos o glándulas. Hay dos tipos de vías motoras que corresponden al **sistema nervioso somático** y al **sistema nervioso autónomo**; este, a su vez, está conformado por el **sistema nervioso simpático** y el **sistema nervioso parasimpático**.

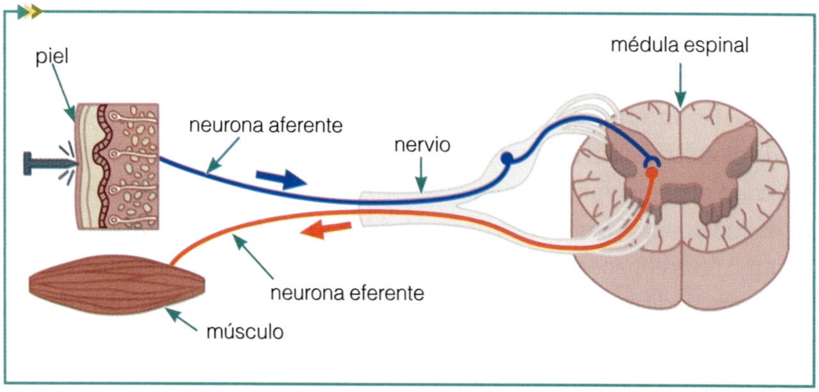

Función de las vías aferentes y eferentes, y su relación con los centros nerviosos.

Actividades

1. Dadas las siguientes actividades, indiquen qué parte del sistema nervioso periférico se ocupa de su ejecución (si es una respuesta) o de su recepción (si es una sensación).

a. Aumento de los latidos cardíacos.

b. Disminución de la frecuencia respiratoria.

c. Saborear un chocolate.

d. Patear una pelota.

e. Estimular los movimientos intestinales.

f. Ver una película.

g. Subir una escalera.

h. Contracción del útero.

Tejido nervioso

El sistema nervioso está formado por **tejido nervioso** y este, a su vez, está compuesto por células especializadas llamadas **neuronas** y por un conjunto de otras células, denominado **neuroglia**.

Las neuronas forman una red que abarca todo el organismo. Entre las neuronas hay un espacio o hendidura sináptica. Estas células poseen un **cuerpo neuronal** y dos tipos de prolongaciones: las **dendritas** y el **axón**.

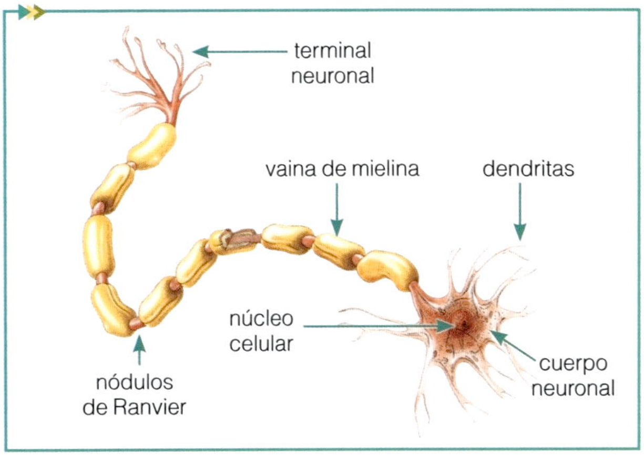

Esquema de una neurona.

La estructura interna del cuerpo de la neurona demuestra la intensa actividad que allí se desarrolla. Presenta las generalidades de todas las células del organismo, como núcleo, nucléolo y aparato de Golgi. En ella se destacan el retículo endoplasmático rugoso (también llamado cuerpos de Nissl), encargado de la síntesis de proteínas, y una gran cantidad de mitocondrias de donde obtiene la energía necesaria para las actividades que la neurona desempeña.

El axón es una prolongación larga que termina en una ramificación: el **telendrón**. En toda su extensión, el axón está envuelto por una proteína llamada **mielina**, que actúa como aislante. La **vaina de mielina** se interrumpe cada tanto; esos puntos sin mielina se llaman **nódulos de Ranvier**. Por fuera de la mielina hay una capa de células denominadas **células de Schwann**.

Hay diversas formas y tamaños de neuronas; entre ellas se distinguen tres tipos: las **unipolares**, en las cuales la dendrita y el axón salen juntos del cuerpo neuronal y luego se separan; las **bipolares**, que poseen una dendrita y un axón; y las **multipolares**, que presentan muchas dendritas y un axón.

La **neuroglia** es un conjunto de células que se ubican en los espacios que hay entre las neuronas. Sus funciones son de sostén de las neuronas, de protección (ya que algunas pueden destruir partículas extrañas) y de nutrición (porque algunas de estas células están conectadas con vasos sanguíneos).

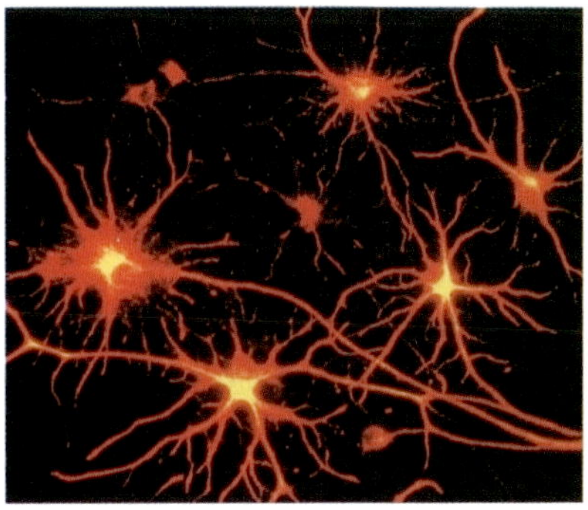
Las neuronas son células de forma generalmente estrellada. Esta forma tiene una estrecha relación con la función que cumplen: captar y transmitir información.

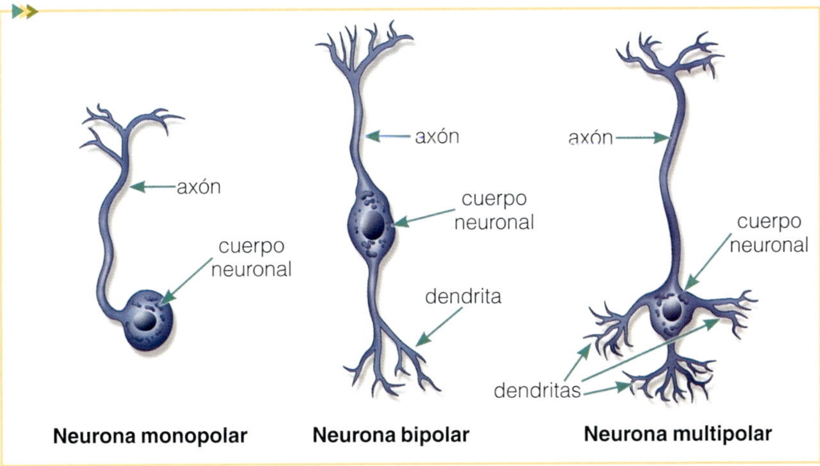

Esquema de los tres tipos de neuronas.

Curiosidades

Hasta hace poco tiempo se creía que nacíamos con una cantidad determinada de neuronas, las cuales no se reproducían. Hoy se sabe que el cerebro posee células madre capaces de originarlas.

Comunicación entre las neuronas

Curiosidades

La velocidad de transmisión del impulso nervioso es de 100 m/s.

¿Cómo se relacionan entre sí los subsistemas que componen el sistema nervioso? ¿Qué elementos se necesitan para posibilitar la comunicación entre las neuronas?

Propagación del impulso nervioso

Las neuronas conducen señales electroquímicas llamadas **impulsos nerviosos**.

La membrana celular de las neuronas está rodeada de cargas eléctricas positivas por fuera y de cargas eléctricas negativas por dentro. Por lo tanto, hay un **potencial eléctrico** entre el exterior y el interior celular. De esta forma, la membrana está **polarizada**. Cuando la neurona se encuentra en este estado, se dice que está en reposo.

Cuando llega un estímulo nervioso a la neurona, la membrana celular se **despolariza**, es decir, penetran cargas positivas en el interior celular y salen las negativas. Esto genera una diferencia de potencial eléctrico. Este proceso se propaga a lo largo de todo el axón y provoca la liberación de sustancias químicas a la hendidura sináptica para iniciar el impulso en la neurona siguiente. Una vez que el impulso nervioso recorrió toda la membrana del axón, la neurona vuelve a su estado de reposo, es decir que salen las cargas positivas al exterior celular y entran las negativas al interior.

El impulso nervioso se transmite de una neurona a otra por sinapsis. La **sinapsis** es la relación entre dos neuronas por contacto o a través de un espacio o hendidura sináptica. Hay dos tipos de sinapsis: la química y la eléctrica.

La propagación del impulso nervioso y "la ola"

La secuencia polarización, despolarización y repolarización de la membrana puede comprenderse mejor si se imagina a los asistentes de un partido de fútbol haciendo "la ola". Ni bien uno de los participantes de la ola se levanta, también lo hace el participante que está a su lado pero, en ese preciso instante, el primero ya se sentó. Teniendo en cuenta esta analogía, la membrana se despolariza (el participante se levanta) y luego se repolariza (el participante se sienta).

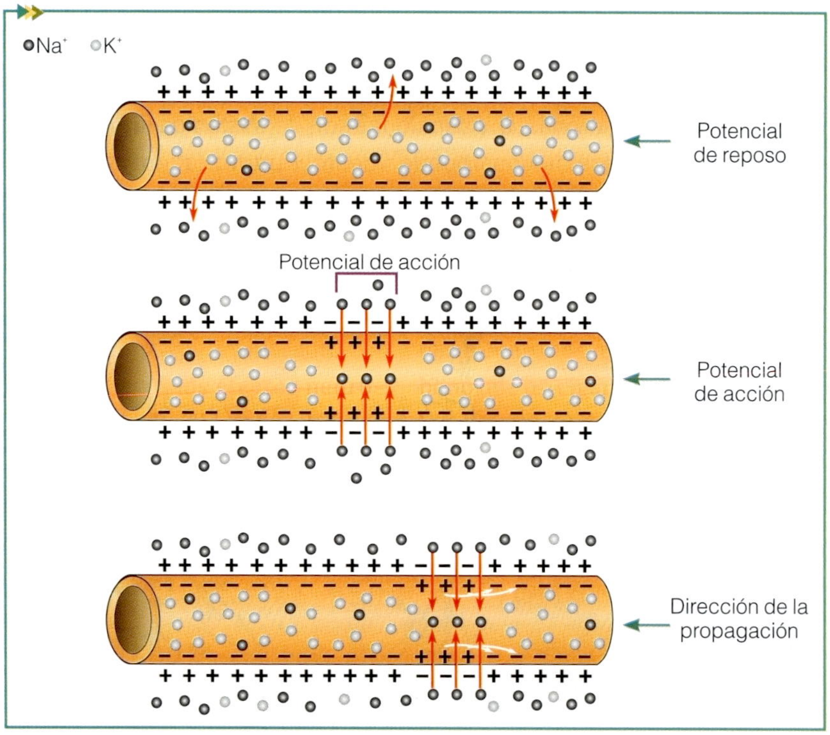

El impulso nervioso se origina y propaga por la membrana plasmática de las neuronas, mediante una bomba de sodio (Na^+) y potasio (K^+).

Sinapsis química

En este tipo de sinapsis intervienen **mediadores químicos** o **neurotransmisores**; estos son proteínas que pueden estimular o inhibir* el impulso nervioso. El espacio donde ocurre la sinapsis se llama **hendidura sináptica** y la transmisión se realiza en una sola dirección. La neurona anterior a la hendidura sináptica se denomina **presináptica** y la posterior a la hendidura es la **postsináptica**.

Los neurotransmisores son elaborados por el cuerpo de la neurona. Cuando llega el impulso nervioso, los mediadores viajan por el axón hasta el telendrón, donde se acumulan dentro de vesículas ubicadas en su extremo. Cuando el impulso llega al telendrón (elemento presináptico), las vesículas liberan los neurotransmisores en la hendidura sináptica. Estos hacen de mediadores hasta las dendritas de la siguiente neurona (postsináptica). Allí, esos neurotransmisores liberados se unen con los receptores de membrana específicos, ubicados en la membrana celular de la neurona postsináptica. Esto desencadena un cambio en la polarización de esta neurona, que hace que el impulso se propague hacia su axón y se inicie un nuevo impulso nervioso.

Una vez que ocurre la sinapsis, los neurotransmisores son separados de los receptores. Esto sucede porque son degradados por enzimas o pueden ser captados nuevamente por el axón. Los neurotransmisores más conocidos son la acetilcolina, la noradrenalina, la dopamina, la serotonina y las endorfinas. Estas sustancias pueden estimular o inhibir la neurona postsináptica.

Sinapsis química

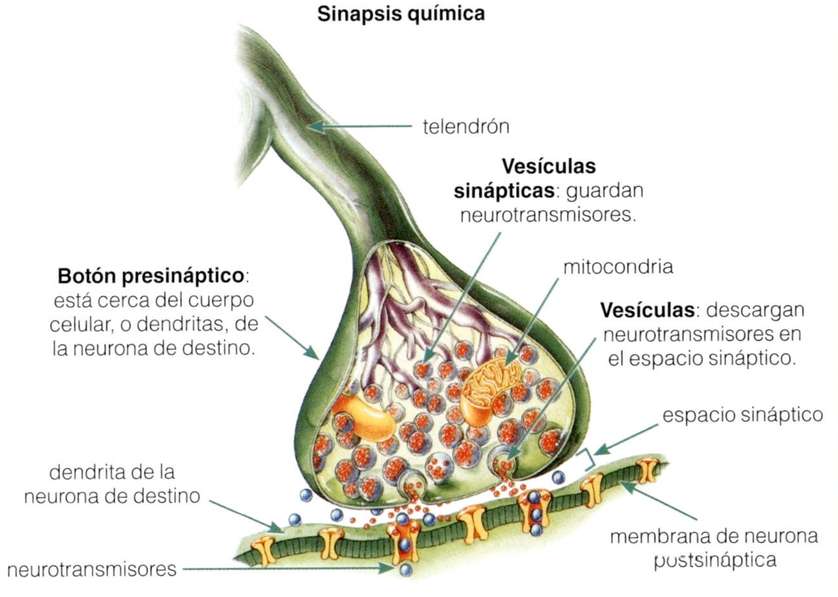

Sinapsis eléctrica

Este tipo de sinapsis ocurre en algunos sitios del cerebro de los mamíferos. En este caso no hay hendidura sináptica, sino que el impulso nervioso se transmite por contacto de una neurona a las neuronas vecinas. Tampoco intervienen neurotransmisores. El impulso se puede dar en ambas direcciones o en una sola.

Glosario

inhibir: disminuir o impedir la actividad de una neurona, una fibra muscular o una célula secretora por la acción de un influjo nervioso o de una hormona.

Actividades

1. Escriban las semejanzas y diferencias entre una señal, un impulso nervioso, una sensación y una respuesta.
2. Expliquen la relación entre el impulso nervioso y la sinapsis.

Otto Loewi

Otto Loewi (1873-1961) recibió el Premio Nobel de Medicina en 1936, compartido con Henry Hallett Dale (1875-1968), por sus contribuciones al conocimiento de la transmisión química de los impulsos nerviosos.

Otto Loewi.

Nació el 3 de junio de 1873 en Fráncfort del Meno, Alemania. Realizó los estudios secundarios en el Gymnasium (nivel secundario) de la ciudad entre 1882 y 1891. Comenzó los de Medicina en 1891 en la Universidad de Múnich y continuó después en la de Estrasburgo, que por entonces formaba parte de Alemania. [...]

Finalizó sus estudios en 1896 y se doctoró con una tesis sobre las técnicas de aislamiento del corazón de la rana. [...]

En 1921, Loewi [...] diseccionó dos corazones de rana, uno conservaba la inervación vagal y el otro estaba desnervado. Los perfundió* con una solución salina o de Ringer. En este estado, los corazones continuaban latiendo varias horas. Estimuló eléctricamente el nervio vago de uno de los corazones y logró un enlentecimiento de los latidos. Después, con el líquido que bañaba al primer corazón, perfundió al segundo. Esto provocó también un enlentecimiento del ritmo cardíaco. Con ello, demostraba que el nervio vago liberaba unas sustancias en el nivel de la sinapsis parasimpática del primer corazón que provocaban una respuesta idéntica en la musculatura del segundo corazón. Llamó a esta sustancia *Vagusstoff* o "sustancia vagal". Más tarde, se comprobó que se trataba de la acetilcolina.

Después, lo que hizo fue estimular los nervios simpáticos y obtuvo el efecto contrario: se aceleraba el ritmo, como cuando se inyectaba adrenalina. Llamó a la sustancia *Acceleranstoff* o "sustancia aceleradora". [...]

Más tarde, se sumó a la serie de experimentos que desarrolló su amigo Henry Dale entre 1929 y 1936, que concluían en que estos fenómenos también se daban en la actividad eferente de los nervios periféricos. [...]

En 1936, le fue otorgado el Premio Nobel. El régimen nazi lo encarceló varios meses. El 28 de septiembre de 1938 tuvo que exiliarse en Londres. Antes, en presencia de hombres de la Gestapo tuvo que transferir el dinero obtenido con el Premio a una cuenta de un banco controlado por los nazis. [...]

Regresó a Viena en 1958 con motivo de la celebración del 4.º Congreso Internacional de Bioquímica, del que fue presidente honorario.

Murió el 25 de diciembre de 1961 en su casa, en Nueva York.

José L. Fresquet, 2009. http://www.historiadelamedicina.org/loewi.html. (Adaptación).

Glosario

perfundir: introducir un líquido, como la sangre, de manera lenta pero continua, en un órgano o en el organismo por vía intravenosa.

Actividades

1. ¿Cómo pueden relacionar los descubrimientos de Otto Loewi con la información de las páginas anteriores?

2. Lean la información de las páginas 68 y 69 e indiquen la función de los sistemas simpático y parasimpático en el corazón.

Cuando el cerebro toma varias copas de más

[...] Diversos estudios han demostrado que el **consumo excesivo de alcohol puede llevar a fallas en el funcionamiento cognitivo y cambios estructurales en el cerebro, algunos permanentes y otros reversibles**.

Pero hay poco consenso sobre las características distintivas de estas fallas, ya que es difícil estimar **cuánto es un consumo moderado de alcohol y cuánto no**.

Otra de las dificultades reside en la **incapacidad de los bebedores de identificar y reportar correctamente cuánto alcohol consumen**. [...] Las neuronas utilizan neurotransmisores, mensajeros químicos que transmiten información, para comunicarse una con otra. El alcohol actúa sobre algunos neurotransmisores como el GABA que, en términos simples, se ocupa de inhibir la acción de ciertas neuronas. El alcohol se combina con los receptores de GABA haciendo que actúe más poderosamente. Entonces, **a medida que uno ingiere alcohol, el compuesto GABA lentifica la actividad neuronal y el cerebro no funciona tan eficazmente como debería**. Además, actúa sobre el glutamato, que es el neurotransmisor excitatorio más importante del cerebro humano y tiene un papel crítico en la memoria y cognición.

Asimismo, el alcohol incrementa la secreción de dopamina en el cerebro, neurotransmisor clave en los centros de recompensa cerebrales. Autopsias realizadas a pacientes con alcoholismo demostraron que hasta el 78% de estas personas presentaban algún grado de patología cerebral.

Como hemos visto, entonces, **tanto la intoxicación aguda como el consumo crónico de alcohol tienen efectos directos sobre nuestras funciones cognitivas**.

Se han identificado diversos procesos cognitivos que son susceptibles a sus efectos, como la velocidad de procesamiento de la información, la atención dividida, la resolución de problemas, las funciones ejecutivas, la memoria de trabajo, el control inhibitorio, la flexibilidad cognitiva y el funcionamiento psicomotor. Entre estas, sobresale una **profunda afectación de las funciones ejecutivas**, las cuales están involucradas en la regulación, planificación y control de diversos procesos cognitivos. Esta disfunción ejecutiva puede observarse en la conducta de una persona alcoholizada: fallas en la flexibilidad cognitiva, en estrategias simplistas de resolución de problemas, un control inhibitorio deficitario (mayor impulsividad), fallas en la teoría de la mente (capacidad de inferir estados mentales de otras personas), y fallas en la planificación y en el procesamiento del humor. Otra consecuencia muy severa del consumo crónico de alcohol es el síndrome de Wernicke-Korsakoff, caracterizado por una profunda amnesia anterógrada (incapacidad de generar nuevos recuerdos) y dificultades en el recuerdo de eventos pasados.

El consumo excesivo y el consumo crónico de alcohol traen consecuencias al organismo.

Conocer sobre estas consecuencias insanas de la ingesta excesiva de alcohol quizás inhiba de cierta poesía bohemia a la vida, pero sin duda le otorga algo más de chances de poder contar el cuento.

Facundo Manes, clarin.com, 02/06/13. (Adaptación).

Actividades

1. Reúnanse en grupos y diseñen una campaña de concientización sobre el consumo y abuso de alcohol. Tengan en cuenta las consecuencias que provoca en el sistema nervioso, las neuronas y la sinapsis.

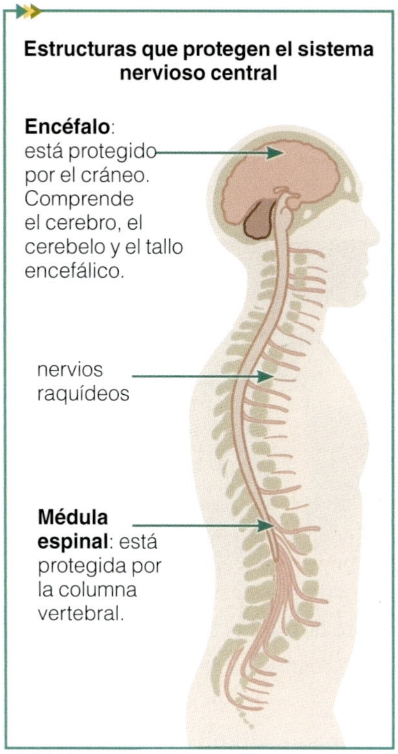

Sistema nervioso central

El tejido nervioso forma los órganos del sistema nervioso central, que está compuesto por la **médula espinal** y el **encéfalo**. La función del sistema nervioso central es recibir información, procesarla, elaborar una respuesta y enviarla a los órganos efectores.

Las estructuras del sistema nervioso central están protegidas por la columna vertebral y los huesos del cráneo, respectivamente, pero también contribuyen con esta función las **meninges** y el **líquido cefalorraquídeo**.

Las meninges son tres membranas que envuelven todo el sistema nervioso central. La más externa, la **duramadre**, está en contacto con los huesos. Es gruesa y resistente, por lo tanto no se expande. Luego se encuentra la **aracnoides**, más delgada que la anterior, compuesta por una doble hoja: una adherida a la duramadre y, la otra, a la membrana más interna, llamada **piamadre**. La piamadre está adherida a los centros nerviosos que recubre. Presenta gran cantidad de vasos sanguíneos, por lo cual se deduce que, además, cumple la función de nutrición de dichos centros. Entre la aracnoides y la piamadre hay un espacio ocupado por el líquido cefalorraquídeo. Este es un fluido incoloro y transparente, compuesto por agua y sales que circula permanentemente por el espacio antes mencionado y por el conducto del epéndimo.

Estructuras del sistema nervioso central

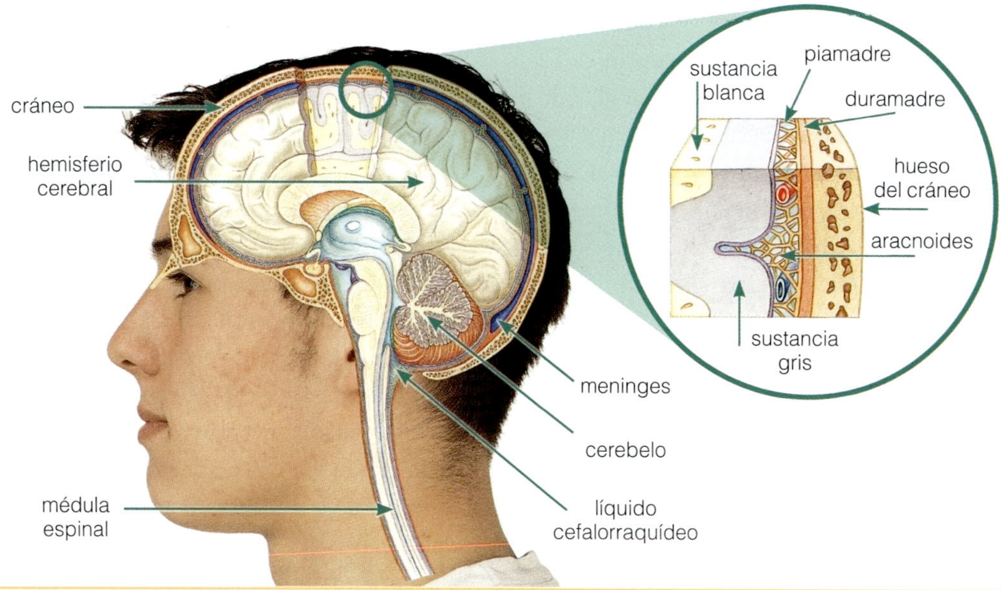

Actividades

1. ¿Cuáles son las estructuras que protegen el sistema nervioso central?
2. Busquen en enciclopedias e Internet y respondan las siguientes preguntas.
   a. ¿Qué es la meningitis?
   b. ¿Cuáles son sus causas?
   c. ¿Cuáles son sus síntomas y cómo se trata?

La médula espinal

La **médula espinal** es un cordón blanco y largo que se extiende por el conducto raquídeo, desde la base del encéfalo hasta la zona lumbar. Está protegida por la columna vertebral. La médula espinal está compuesta por sustancia gris y sustancia blanca. La **sustancia gris** está formada por los cuerpos de las neuronas mientras que **la blanca**, por fibras neuronales.

La sustancia gris está en el interior y la sustancia blanca está por fuera. La sustancia gris tiene forma de letra H, con dos prolongaciones o astas anteriores gruesas de las que parten las raíces motoras de los nervios raquídeos, y dos prolongaciones o astas posteriores delgadas a las que llegan las raíces sensitivas de los nervios raquídeos.

La médula espinal cumple dos funciones. Es un centro nervioso que puede elaborar respuestas sin depender del encéfalo. Además, es un órgano conductor de impulsos nerviosos, tanto de los provenientes del encéfalo hacia el sistema nervioso periférico, como de los que proceden del sistema nervioso periférico hacia el encéfalo.

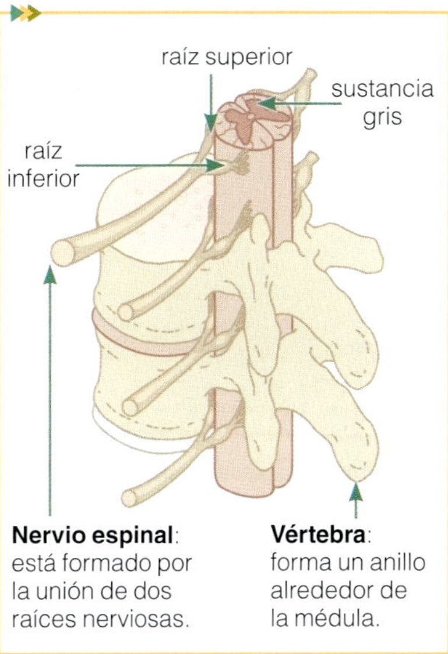

Relación de la médula espinal con la columna vertebral.

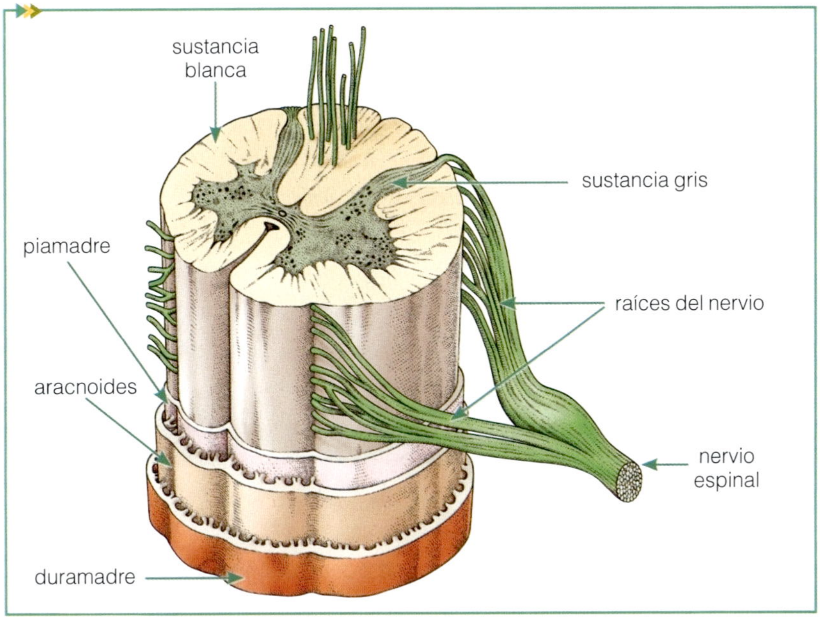

La médula espinal es la conductora de impulsos desde el encéfalo y hacia él, y es además el centro de los movimientos reflejos. De ella nacen 31 pares de nervios espinales que la conectan con el cuerpo.

La médula en funcionamiento

La médula participa en la ejecución de conductas involuntarias. Cuando alguna zona del organismo recibe un estímulo, este es captado por las dendritas de una neurona sensitiva, que lo transmite a la médula. El cuerpo de estas células se encuentra en un ganglio próximo a la médula. El axón de las neuronas sensitivas ingresa en la médula por el asta posterior, donde se elabora la respuesta. Allí hace sinapsis con las dendritas de una neurona motora. El cuerpo de la neurona motora se encuentra en la médula. La respuesta es transmitida por el axón de la neurona motora, que sale del asta anterior hasta el efector, que puede ser un músculo. Este recorrido que realiza el impulso nervioso se llama **arco reflejo**.

Planificar y organizar

Para que los momentos de estudio sean más provechosos es importante la organización y planificación de horarios y de contenidos, empezando por lo que más les cuesta a lo que les resulta más fácil.

Reflejo de prensión

Reflejo tónico del cuello

Reflejo de marcha

Reflejo de gateo

Algunos reflejos que presentan los bebés.

Arco reflejo

El arco reflejo en el que solo intervienen una neurona sensitiva y una motora es un **arco reflejo simple**.

Cuando dentro de la médula participan otras neuronas, llamadas *de asociación*, que comunican las neuronas motoras con las sensitivas, el arco reflejo es **compuesto**.

Al mismo tiempo, la información es conducida por otras neuronas hasta el cerebro, donde se toma conciencia de la situación.

Este tipo de respuestas elaboradas por la médula generan un **acto reflejo**, que es una acción (movimiento o secreción) rápida e involuntaria ante un estímulo.

La **neurona sensitiva** capta una señal y esta se propaga hacia la médula espinal. En este órgano hace una sinapsis con una **neurona motora** (arco reflejo simple) o con una o más **neuronas de asociación** (arco reflejo compuesto) que, a su vez, establecen sinapsis con una neurona motora. Así se completa el arco reflejo, que lleva la respuesta adecuada hacia los efectores.

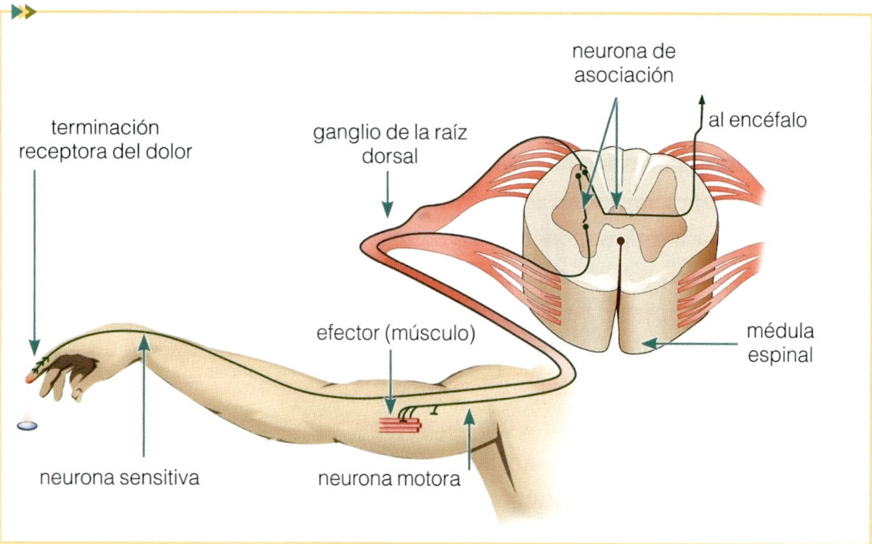

Actividades experimentales

Los reflejos

Se pueden diferenciar dos tipos de reflejos: los innatos y los condicionados. Los **innatos** son determinados por la información genética del individuo. Por ejemplo, el reflejo de succión al nacer, el reflejo de la tos, del estornudo y otros.
Los **condicionados** necesitan un aprendizaje previo, como caminar.
La siguiente experiencia tiene como objetivo observar algunos reflejos innatos en una persona.

▸ Reflejo pupilar

Paso 1. Tapen el ojo derecho de un compañero.

Paso 2. Oscurezcan el ambiente e iluminen el ojo izquierdo.

Paso 3. Indiquen qué ocurre con la pupila.

Paso 4. Indiquen qué ocurre al iluminar la pupila derecha.

▸ Reflejo plantar

Paso 1. Apoyen la rodilla sobre una silla dejando suspendido el pie.

Paso 2. Toquen suavemente con un lápiz la planta del pie e indiquen cuál es la reacción.

1. Describan en cada uno de los casos qué tipo de reflejo es.

2. ¿Qué diferencia hay entre el acto reflejo y el arco reflejo?

El encéfalo

El **encéfalo** está formado por el cerebro, el cerebelo y el tallo encefálico. Está ubicado en la cavidad craneana, protegido por los huesos del cráneo.

El cerebro

El **cerebro** ocupa casi toda la cavidad craneana. Está dividido en dos mitades o **hemisferios**, separadas por una hendidura o **cisura interhemisférica**. La cisura queda interrumpida por una estructura llamada **cuerpo calloso**, que posibilita la comunicación entre los hemisferios. La cara externa del cerebro no es lisa, sino que presenta surcos* que delimitan **circunvoluciones***, y surcos que determinan lóbulos en cada hemisferio. Los surcos más profundos son: el **surco lateral**, o de Silvio; el **surco central**, o de Rolando, y el **surco perpendicular externo**. Los lóbulos que quedan determinados en cada hemisferio son: el **lóbulo frontal**, el **lóbulo parietal**, el **lóbulo temporal** y el **lóbulo occipital**.

El cerebro presenta exteriormente la **corteza cerebral**, una fina capa de **sustancia gris** formada por los cuerpos neuronales, que se encuentra muy replegada sobre sí misma. Por debajo de la corteza cerebral está la **sustancia blanca**, compuesta por fibras neuronales, las cuales establecen conexiones entre diferentes zonas de la corteza cerebral y comunican el cerebro con otros centros nerviosos.

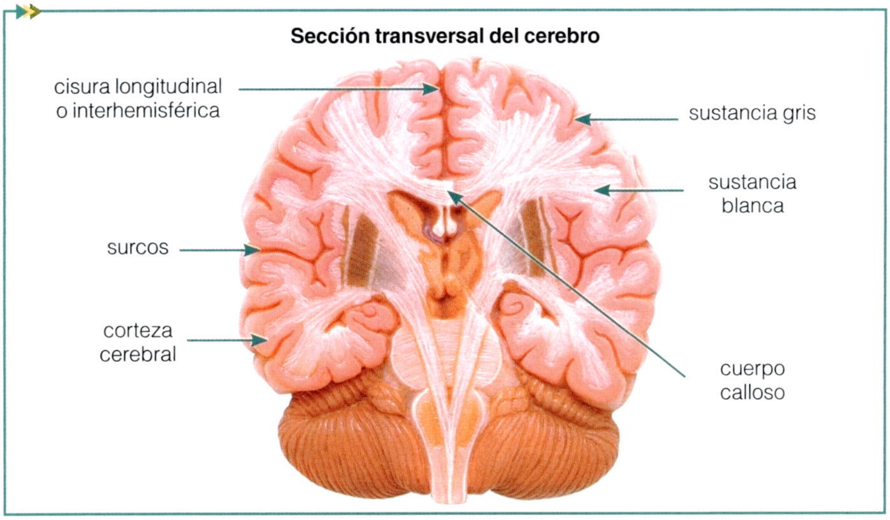

Las funciones cerebrales se localizan en distintas áreas de la corteza cerebral. El **área motora** controla los movimientos del organismo y en el **área sensitiva** se transforman los estímulos captados en sensaciones, como temperatura y dolor.

Además existen otras **áreas** relacionadas con los sentidos, como las de la **visión**, el **olfato**, el **gusto**, el **tacto** y el **oído**.

Las **áreas** más significativas del cerebro humano son la del **habla**, que comprende la lectura, la escritura y la expresión oral, y el área de la **memoria** y el **aprendizaje**, que permite adquirir conocimientos y procedimientos. La corteza cerebral es una gran zona de almacenamiento de recuerdos, un lugar donde los datos pueden reunirse y conservarse por días, meses o años, hasta que se necesiten en el futuro.

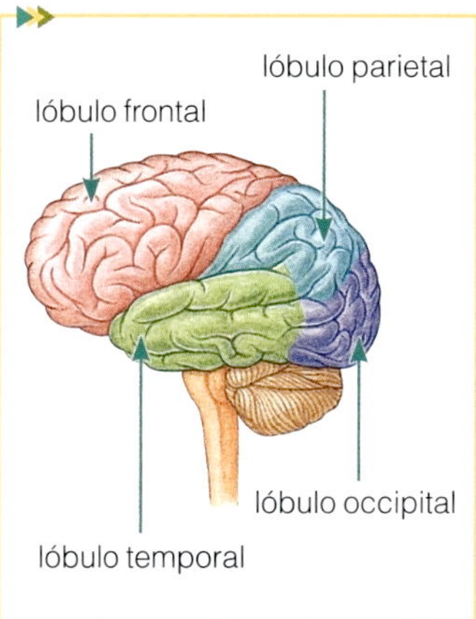

Lóbulos del cerebro.

Glosario

circunvolución cerebral: repliegue de la corteza cerebral.

surco: cisura o hendidura muy fina.

Actividades

1. Busquen información en enciclopedias o en Internet para explicar qué ventajas tiene un cerebro plegado, como el de los seres humanos, en relación con otras especies que tienen la superficie del cerebro lisa.

El cerebelo

El **cerebelo** está ubicado debajo y detrás del cerebro. Está compuesto por dos lóbulos que presentan surcos. La sustancia gris se encuentra por fuera, y por dentro posee sustancia blanca: la misma disposición que en el cerebro.

El cerebelo controla la **coordinación** de los movimientos voluntarios y el tono muscular para mantener el **equilibrio** del cuerpo. El exceso de alcohol afecta el funcionamiento del cerebelo; por lo tanto, en esos casos se perciben dificultades motrices.

Las cosquillas y el cerebelo

A la mayoría de las personas, las cosquillas les causan risa. Si las cosquillas se hacen de forma repentina y por sorpresa, la risa se incrementa.

La respuesta se encuentra en el cerebelo, que está involucrado en el control de los movimientos. El cerebelo puede predecir las sensaciones de nuestros propios movimientos, pero no el de otras personas. Por eso, cuando nos hacemos cosquillas, no nos reímos de la misma manera que si nos las hicieran otros.

El tallo encefálico

Se encuentra en la base del encéfalo y es la continuación de la médula espinal. Se pueden diferenciar dos estructuras: el **bulbo raquídeo** y la **protuberancia**.

En el tallo encefálico, la sustancia gris se encuentra en el interior, rodeada de sustancia blanca.

La protuberancia anular está entre el bulbo raquídeo y el encéfalo. El bulbo raquídeo está entre la médula espinal y la protuberancia. En esta región hay agrupaciones de neuronas que controlan **funciones vitales**, como los movimientos respiratorios y cardíacos. Participa en la ejecución de **reflejos involuntarios** como toser, vomitar y deglutir.

En la zona del bulbo raquídeo se produce un entrecruzamiento de las fibras nerviosas que se dirigen al encéfalo y salen de él, lo que determina que el hemisferio derecho del cerebro comande la mitad izquierda del cuerpo, y viceversa.

Autoevaluación

Luego de estudiar, pueden realizar una autoevaluación para saber qué contenidos deben reforzar y cuáles están más afianzados.

Sección transversal del cerebro

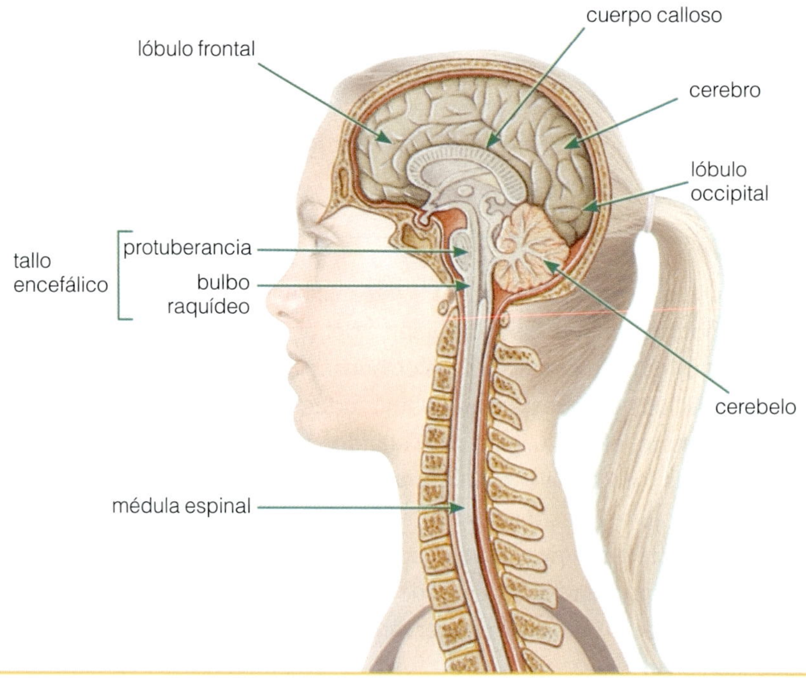

Ubicación del cerebelo, el tallo encefálico y la médula espinal con respecto al cerebro.

Actividades experimentales

Disección del sistema nervioso central vacuno

Esta experiencia tiene como objetivo observar y reconocer las estructuras del sistema nervioso central de la vaca.

Necesitan:

- encéfalo y médula espinal de una vaca
- bandeja
- bisturí, hoja de afeitar o trincheta
- guantes de goma o látex
- pinza de disección

Paso 1. Coloquen el encéfalo en el congelador o *freezer* hasta que se congele. Este procedimiento asegura la firmeza de los tejidos antes de cortarlos.

Paso 2. Apoyen el encéfalo sobre la base. Obsérvenlo y comparen su aspecto externo con el de un encéfalo humano, guiándose con las ilustraciones de este capítulo.

Paso 3. Pónganse los guantes de látex o goma y toquen los sesos. Reconozcan el cerebro, el tallo encefálico y parte de la médula espinal. ¿Cómo son su textura y su consistencia?

Paso 4. En el cerebro identifiquen surcos, circunvoluciones y lóbulos.

Paso 5. Busquen restos de meninges, sobre todo en el cerebro. Luego, con ayuda de la pinza, retiren una parte de ellas.

a. ¿Qué aspecto tiene?

b. ¿Qué ocurre en dicho órgano cuando se retira la meninge?

Paso 6. Dibujen el material con las referencias correspondientes.

Paso 7. Observen los hemisferios cerebrales, reconozcan la cisura que los separa y la presencia del cuerpo calloso.

Paso 8. Con el bisturí, separen el cerebro y el cerebelo del tronco encefálico.

Paso 9. Realicen un corte transversal del cerebro y del cerebelo, e identifiquen la sustancia gris y la sustancia blanca.

Paso 10. Identifiquen las estructuras que forman el tronco encefálico: el bulbo raquídeo y la protuberancia.

Paso 11. Realicen un corte transversal de la médula espinal e identifiquen la materia gris y la materia blanca.

1. A partir de las observaciones realizadas, respondan las siguientes preguntas.

a. ¿Dónde se ubica cada tipo de sustancia en el cerebro, el cerebelo y la médula espinal?

b. ¿Qué semejanzas y qué diferencias encuentran entre estos órganos?

c. ¿Qué características comparte nuestro cerebro con el de una vaca?

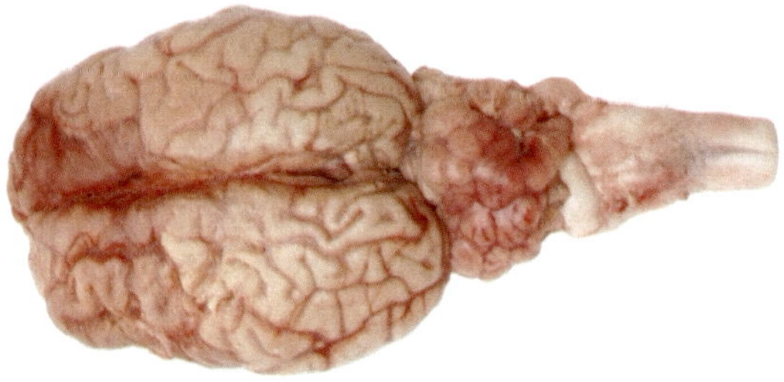

Vista superior del encéfalo completo y comienzo de la médula espinal de una vaca.

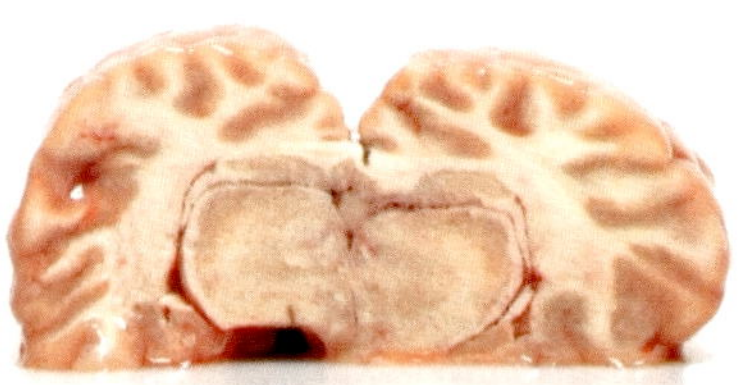

Corte transversal del encéfalo de una vaca.

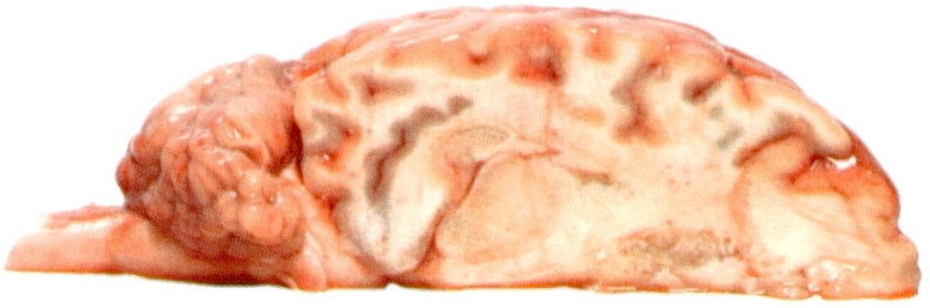

Corte longitudinal del encéfalo de una vaca.

Diez cosas que deberías saber sobre tu cerebro

1. Si colocáramos todas las **neuronas** de un cerebro adulto (**100.000 millones) en fila india**, ocuparían aproximadamente **1.000 kilómetros**.

2. El cerebro humano pesa **1.400 gramos**, y casi el **25% de las calorías** que consumimos a diario van destinadas a "alimentarlo". El cerebro de la jirafa pesa aproximadamente la mitad, 680 gramos; 420 gramos el de un chimpancé; 6.000 gramos el de un elefante; y solo 7,6 gramos el de una ardilla.

3. Mientras estamos despiertos, nuestro cerebro consume una cantidad de **electricidad** equivalente a la que se necesitaría para encender una bombilla de bajo voltaje (**25 vatios**).

4. Para **reconocer una cara**, tu cerebro se fija primero en los ojos de la persona que tienes delante, y después en la forma de la boca y la nariz, según demostró un estudio reciente realizado en la Universidad de Barcelona.

5. Existe una proteína llamada **RGS-14** que **incrementa hasta 1.500 veces la memoria visual**. Aunque de momento esto solo se ha comprobado en ratas, podría convertirse en una gran aliada para estudiantes de cualquier edad.

6. La **esperanza de vida de una neurona del sentido del olfato es de solo sesenta días**. Transcurrido ese tiempo, se ve irremediablemente reemplazada por otra nueva. Sin embargo, a pesar de este reciclaje continuo, nuestra memoria para los olores es inmejorable. Aún más, **el olfato es el sentido con mayor capacidad de despertar recuerdos dormidos**.

7. La clave de los **prejuicios** también está en nuestro cerebro. Mahzarin Banaji y su compañero Jason Mitchell, de la Universidad de Harvard, compararon hace unos años la actividad neuronal de distintos sujetos mientras pensaban en **personas de diferente e igual ideología política** y detectaron que se activan áreas cerebrales distintas. Mientras pensar en las personas que nos son afines pone en marcha el área ventral de la corteza medial prefrontal, la zona dorsal se activa cuando pensamos en quienes tienen opiniones distintas de las nuestras.

El ejercicio físico favorece la formación de neuronas.

8. Llevar una **dieta mediterránea**, es decir con mucho aceite de oliva, cereales integrales, pescado y fruta, podría **proteger al cerebro de sufrir lesiones** que están relacionadas con pequeños infartos cerebrales, según ha demostrado recientemente Nikolaos Scarmeas, de la Universidad de Columbia (EE.UU.). Scarmeas también ha comprobado que esta dieta reduce el riesgo de enfermedad de Alzheimer.

9. El científico **Henry Markram**, director del *Blue Brain Project* (BBP), asegura que podremos construir una **réplica artificial del cerebro humano en un plazo de 10 años**. Además de ayudarnos a comprender los mecanismos del cerebro, el proyecto podría aportas pistas nuevas para entender mejor los trastornos mentales y desarrollar nuevos tratamientos.

10. El cerebro adulto genera neuronas durante toda la vida. El proceso se conoce como **neurogénesis**, y ocurre principalmente en el **hipocampo**, una región cerebral vinculada a la memoria y el aprendizaje. Hacer **ejercicio físico aeróbico**, por ejemplo practicar *footing*, estimula la neurogénesis.

http://www.muyinteresante.es/ciencia/articulo/diez-cosas-que-deberias-saber-sobre-tu-cerebro

Actividades

1. Piensen en cinco acciones beneficiosas y cinco perjudiciales para su cerebro.

Alois Alzheimer

Alois Alzheimer (1864-1915) fue un médico alemán que reconoció como una patología distintiva la pérdida de memoria progresiva que afligía a una cantidad muy pequeña de personas de entre 40 y 50 años de edad.

Alois Alzheimer.

En 1883, Alois Alzheimer comienza la carrera de Medicina en la Universidad de Berlín, Alemania, y empieza a ejercer la profesión en 1888. A los pocos meses, comienza a trabajar en el Instituto para Enfermos Mentales y Epilépticos de Fráncfort. Allí conoce a su colega y luego amigo personal, Franz Nissl.

Durante sus 27 años de carrera participó en muchísimos congresos y reuniones científicas. Centró sus investigaciones en enfermedades como la arterioesclerosis, la parálisis general progresiva, el alcoholismo, la epilepsia, los tipos de demencia y la psicosis. En todas sus investigaciones, estudió las bases anatómicas e histológicas de las enfermedades mentales.

En 1906, Alzheimer publicó la primera descripción de lo que hoy llamamos enfermedad de Alzheimer. Este trabajo estaba basado en el seguimiento de una paciente de 51 años. Describió los siguientes síntomas: pérdida de la memoria, desconocimiento de personas de su entorno, desorientación, a veces incomprensión de lo que se le dice. La paciente muere luego de algunos años, con atrofia de la corteza cerebral. Alois amplió ese trabajo con otras investigaciones en 1911 y 1913. Un colega y amigo fue el primero en llamar "enfermedad de Alzheimer" a la **demencia senil**.

En la década de 1970 se sabía que muchos casos de "senilidad" en personas ancianas, de las cuales hasta ese momento se suponía que eran una consecuencia inevitable de la edad, correspondían en realidad a la misma enfermedad identificada primero por Alzheimer. Los cambios biológicos característicos de la enfermedad de Alzheimer se muestran de manera más evidente en los estudios de autopsias de tejido cerebral. El hallazgo constante son tres anormalidades: acumulaciones de filamentos proteicos enredados y retorcidos dentro de los cuerpos celulares de las neuronas, terminaciones axónicas degeneradas asociadas a proteínas conocidas como amiloides, y acumulaciones de estas mismas proteínas en las paredes de los vasos sanguíneos cerebrales.

Aunque estas anormalidades se encuentran en varias regiones de la corteza cerebral, son más evidentes en las estructuras relacionadas con la memoria.

Aún se ignora si las anormalidades observadas en la enfermedad son su causa o su consecuencia, aunque hay evidencias que permiten afirmar que hay un factor hereditario en la aparición de la enfermedad.

Actividades

1. Investiguen: a más de un siglo de su descubrimiento, ¿tiene cura el mal de Alzheimer?
2. Averigüen cuáles son los tratamientos para paliar esta enfermedad.

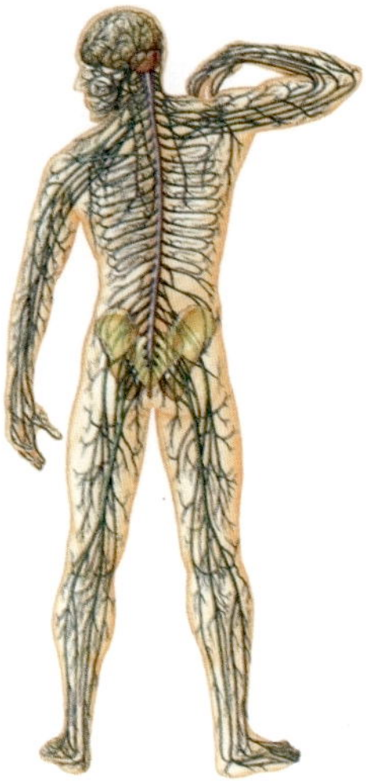

En el organismo hay 31 pares de nervios raquídeos, que relacionan la médula espinal con el resto del cuerpo.
Todos los nervios raquídeos son mixtos. De la médula se desprenden dos raíces por cada nervio: una anterior, motora, y una posterior, sensitiva, que posee a poca distancia un ganglio raquídeo.

En el organismo hay 12 pares de nervios craneales que comunican el encéfalo con la cabeza y el cuello. Estos nervios se identifican por un nombre propio y un número romano, del I al XII.

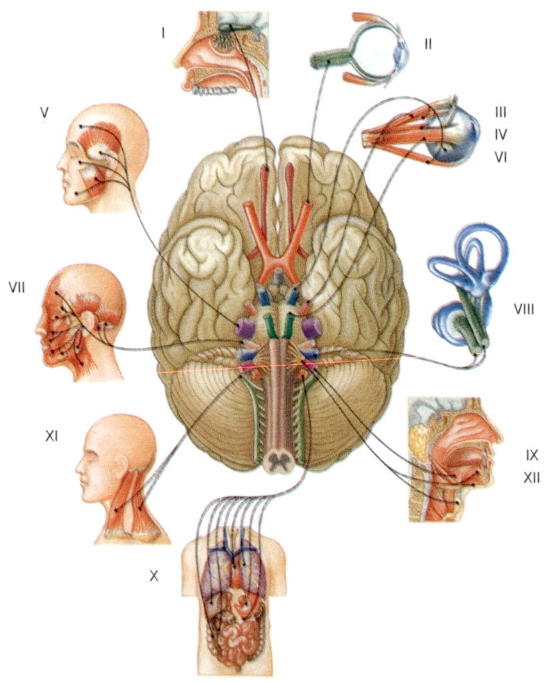

Sistema nervioso periférico

El sistema nervioso periférico está por fuera del sistema nervioso central. Está formado por nervios y ganglios. Los **ganglios** son agrupaciones de neuronas.

Los **nervios** comunican un centro nervioso con la periferia del individuo. Están compuestos por conjuntos de **fibras nerviosas**. Cada fibra nerviosa está protegida por el **endoneuro**. Las fibras, dentro de los nervios, se agrupan en haces; el tejido que los rodea se denomina **perineuro**. Los haces de fibras se agrupan formando los nervios. El tejido que los envuelve es el **epineuro**.

Estructura de los nervios

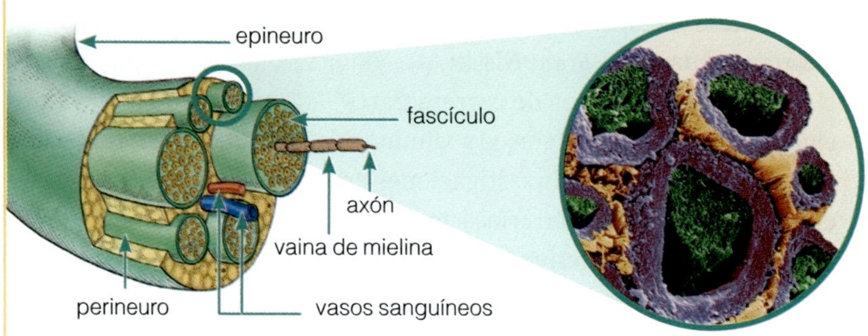

El endoneuro, el perineuro y el epineuro son tejidos conectivos que cumplen funciones de protección y nutrición.

Los nervios se pueden clasificar según su función o su origen.

Según su función, se clasifican en:

- **sensitivos**: conducen la información que captan los receptores hasta los centros nerviosos;
- **motores**: conducen la respuesta elaborada en los centros nerviosos hasta el órgano efector;
- **mixtos**: están constituidos por fibras sensitivas y motoras.

Según su origen, se clasifican en:

- **craneales**: son 12 pares de nervios que nacen en el encéfalo y se dirigen a órganos efectores situados en la cabeza y en el cuello; algunos de ellos son sensitivos, otros motores y otros mixtos;
- **raquídeos**: son 31 pares de nervios que nacen en la médula espinal y se dirigen a las zonas del tórax, el abdomen, y los miembros superiores e inferiores.

Actividades

1. Averigüen cómo se llaman los nervios craneales y qué función cumple cada uno.

Los tics de Tourette

El síndrome abarca desde movimientos incontrolados hasta conductas extravagantes.

Una mujer que vivió durante años en mi vecindario se asomaba periódicamente a la ventana y chillaba obscenidades a la calle. Los transeúntes se asustaban, pero yo pensaba en lo dolorosa que debía de ser la humillación que siente alguien que es incapaz de controlar ese comportamiento en apariencia antisocial. La mujer padecía síndrome de Tourette. [...]

El problema fue descrito con elocuencia en un artículo de *Contemporary Pediatrics*. En su informe, Samuel H. Zinner, pediatra de la Universidad de Washington, Estados Unidos, señala que el síndrome "a menudo no se diagnostica". "Los equívocos sobre este trastorno de tics son habituales", añade, "ya que generalmente se percibe el síndrome como una alteración caracterizada por comportamientos extraños y esporádicos o arranques cómicos de procacidad incontrolable". [...]

La afección fue descrita por primera vez en 1885 por el neurólogo francés Georges Gilles de la Tourette. Pero, como otras enfermedades de las que más tarde se descubrió que tenían una base neurológica, hasta los años sesenta fue percibido incorrectamente como un problema psicológico. La psicoterapia no puede curarlo y, a pesar de lo que médicos y terapeutas dicen a menudo a los padres de los pacientes, la gente no lo supera.

Zinner afirma que el trastorno es mucho más común de lo que se estima: estudios recientes indican que sufre tics crónicos una persona de cada 100. El trastorno afecta cuatro veces más a hombres que a mujeres.

Las personas con síndrome de Tourette a menudo son ridiculizadas y se las tacha de raras, espantosas e incluso locas, en función de la naturaleza de sus tics, y de lo obvios, complejos e incontrolables que sean. Los tics poseen múltiples formas. Los tics fónicos simples incluyen olfateo, gruñidos, carraspeos, chasquidos y gritos. Los complejos llegan a interrupciones del habla como balbuceos y repetición de palabras sueltas o frases. Aquí se situaría también la coprolalia, es decir, la expresión de términos o frases socialmente inaceptables. Entre los tics motrices figuran el parpadeo, arrugar la nariz, mover la mandíbula, encoger los hombros o sacudir el cuello. También pueden darse movimientos más complejos, como saltos, piruetas al caminar, volver sobre los pasos dados, imitar el movimiento de otras personas o realizar gestos obscenos repentinos. [...]

Ciertos estímulos, como un ruido, una palabra o una imagen, pueden desencadenar el impulso de los tics, y alteraciones como estrés, ansiedad, fatiga y un intenso nerviosismo emocional pueden hacer que se manifiesten. Más de la mitad de los pacientes con síndrome de Tourette padecen trastorno hiperactivo de déficit de atención, y sus signos pueden aparecer antes que los tics. Otros problemas neurológicos asociados al trastorno incluyen la pérdida del control de los impulsos, ideas obsesivas y comportamientos compulsivos, discapacidades de aprendizaje y dificultades de organización, planificación, toma de decisiones y cumplimiento de normas. La gente con síndrome de Tourette también sufre ansiedad generalizada, fobias, ataques de pánico, depresión y trastornos del sueño. Algunos experimentan explosivos ataques de furia repentinos. [...]

Jane E. Brody, diario *El País*, 22/03/2005. (Adaptación).

Actividades

1. Vean la película *Al frente de la clase*, sobre un profesor que tiene síndrome de Tourette.

a. Redacten un texto breve donde relacionen lo que sucede en la película con el texto anterior.

2. ¿Qué consecuencias, desde el punto de vista social, padecen las personas con síndrome de Tourette?

3. ¿Qué tipos de tics hay? Ejemplifiquen.

Sistema nervioso somático

Está formado por vías motoras de nervios que controlan los **movimientos voluntarios** que realizan los músculos esqueléticos o estriados. Los cuerpos celulares de las neuronas motoras del sistema nervioso somático se localizan dentro del sistema nervioso central. Poseen axones largos, que llegan hasta los músculos estriados. Este sistema puede estimular al efector o no, pero no puede inhibirlo.

Sistema nervioso autónomo

Este sistema se denomina **autónomo** porque no depende de los centros nerviosos para su funcionamiento. También se lo llama *vegetativo* porque inerva* órganos y músculos lisos que realizan **movimientos involuntarios**.

Se distingue en su anatomía del sistema somático porque los axones nacen del sistema nervioso central y luego de un trayecto establecen sinapsis en ganglios con neuronas motoras que inervan los órganos efectores. Las fibras que salen del sistema nervioso central se denominan **preganglionares** y las que salen de los ganglios, **posganglionares**.

El sistema nervioso autónomo comprende dos subsistemas: el **simpático** y el **parasimpático**. Estos dos subsistemas presentan diferencias anatómicas y fisiológicas entre sí.

Glosario

inervar: acción que ejerce el sistema nervioso sobre los órganos.

Sistema simpático

Está constituido por dos cordones de ganglios nerviosos situados a ambos lados de la columna vertebral, desde la región cervical hasta la sacra. Las fibras preganglionares se originan en las regiones torácica y lumbar, y luego hacen sinapsis con las neuronas posganglionares en la cadena de ganglios antes mencionada. Además, lo integran ganglios y nervios periféricos. Estos nervios se unen entre sí formando **plexos nerviosos**, como el plexo cardíaco y el plexo solar, entre otros. El sistema simpático suele liberar noradrenalina como neurotransmisor. Por lo tanto, este sistema suele estimular los órganos efectores para situaciones de lucha o huida. En estos casos, el sistema nervioso simpático acelera la frecuencia cardíaca, las pupilas se dilatan para dejar entrar mayor cantidad de luz y las vías respiratorias superiores se abren para permitir que pase más aire.

Curiosidades

En todos los mamíferos, los impulsos simpáticos también estimulan la contracción de los músculos asociados a los pelos, por lo que estos se erizan. Los animales con los "pelos parados" parecen más grandes e intimidan a otros. Esto se suele ver cuando se enfrentan gatos y perros con otros individuos de su misma especie, ya sea por el territorio, la comida o la pareja.

Sistema parasimpático

Está conformado por ganglios que se encuentran cerca o directamente en las paredes de las vísceras. Las fibras preganglionares se originan en la base del cerebro y de la región del hueso sacro de la médula espinal, y luego hacen sinapsis con las neuronas posganglionares en los ganglios cercanos a los órganos efectores. En la mayoría de los casos, el sistema parasimpático libera **acetilcolina** como mediador químico. Por lo tanto, este sistema suele inhibir los órganos efectores y generar situaciones más calmas. Por ejemplo, luego de comer, activa el tubo digestivo, disminuye la frecuencia cardíaca y contrae las vías aéreas.

Actividades

1. Busquen en enciclopedias o Internet información sobre qué tipo de sustancias son y cómo actúan los fármacos anestésicos.

Funcionamiento del sistema nervioso autónomo

Su función es asegurar la **homeostasis**. Las divisiones simpática y parasimpática funcionan de forma antagónica*. La mayoría de los órganos están inervados por las dos divisiones, que trabajan vinculadas entre sí y en relación con hormonas secretadas por las glándulas endocrinas para restablecer el equilibrio interno. Por ejemplo, el sistema nervioso simpático estimula la actividad de las glándulas sudoríparas, y el parasimpático las inhibe. El sistema nervioso simpático aumenta la glucosa en sangre, y el parasimpático la controla.

Glosario

antagónico: opuesto, que realiza una función contraria a otro.

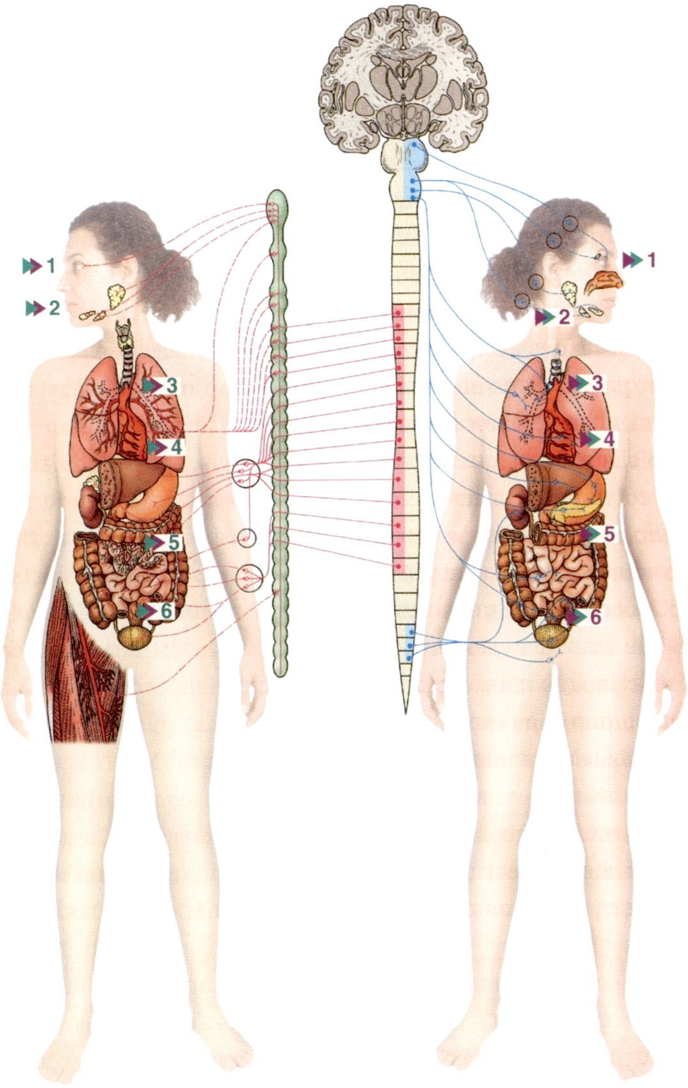

	SNA simpático	SNA parasimpático
1	Dilata las pupilas.	Contrae las pupilas.
2	Inhibe la secreción de saliva.	Estimula la secreción de saliva.
3	Relaja los bronquios.	Contrae los bronquios.
4	Acelera el ritmo cardíaco.	Retarda el ritmo cardíaco.
5	Inhibe la actividad del estómago, del páncreas y de los intestinos.	Estimula la actividad del estómago, del páncreas y de los intestinos.
6	Inhibe la micción.	Estimula la micción.

axón preganglionar

axón posganglionar

Actividades

1. Lean las siguientes situaciones y determinen qué parte del sistema nervioso autónomo las regula.

a. Dormir la siesta.

b. Manejar una bicicleta por una calle muy transitada.

c. Tomar sol.

d. Llevarse un susto.

2. Copien el cuadro conceptual de la página 52 y completen la función de cada parte del sistema nervioso según lo tratado en este capítulo.

Para conocer más

Golombek, D., *Las neuronas de Dios*, Buenos Aires, Siglo XXI Editores, 2014.

Greenfield, S., *El poder del cerebro: cómo funciona y qué puede hacer la mente humana*, Barcelona, Editorial Crítica, 2007.

Confirman que la marihuana deteriora la capacidad cerebral

Uno de los estudios más amplios sobre los efectos en la salud del uso persistente de cannabis, realizado en Nueva Zelanda, revela que deteriora el coeficiente intelectual y que afecta la memoria y otras funciones mentales. Los daños, aseguran los científicos, son irreversibles.

Se ha instalado y se ha crecido al amparo de discursos que la aseguran inocua. Se dice de la marihuana que no genera adicción, que es menos tóxica que el tabaco y que hasta puede resultar beneficiosa en algunas circunstancias: tres “mitos” que gozan de una controvertida aceptación social y que la ciencia médica refuta a rajatabla. “Nada más alejado de la realidad”, enfatizaron desde la Secretaría de Programación para la Prevención de la Drogadicción y la Lucha contra el Narcotráfico (Sedronar) al difundir que uno de cada cuatro pacientes en tratamiento en centros dependientes del organismo estaba siendo rehabilitado por adicción a la marihuana.

La investigación realizada en Nueva Zelanda es una de las más amplias que se han llevado a cabo sobre los efectos de la marihuana en el cerebro. Los científicos siguieron durante más de 20 años a un grupo de 1.000 jóvenes y encontraron que los que habían comenzado a usar marihuana antes de cumplir los 18 años –cuando su cerebro estaba aún en desarrollo– mostraban una reducción “significativa” en su coeficiente intelectual. [...]

Al evaluar todos los casos, encontraron que los participantes que habían usado persistentemente marihuana mostraban un “amplio deterioro” en varias áreas neuropsicológicas, como el funcionamiento cognitivo, la atención y la memoria. Quienes habían usado la droga al menos cuatro veces a la semana, año tras año, durante su adolescencia, sus 20 años y, en algunos casos, sus 30 años, mostraron una reducción en su coeficiente intelectual. La relación, concluye el estudio, es inapelable: cuanto más fumaba el individuo, mayor la pérdida en el coeficiente intelectual.

Uno de los puntos más importantes del estudio fue demostrar que el daño era irreversible. Al dejar de usarla o reducir su uso no lograron restaurar completamente su pérdida de coeficiente intelectual. Es decir, los efectos neurotóxicos son clarísimos y el daño es permanente. [...]

[...] “Es un mito que la marihuana no tiene toxicidad. Es una droga con sustancias psicoactivas muy potentes, que impactan sobre el sistema nervioso central y el aparato cardiovascular”, agregó la toxicóloga Norma Vallejo. “El uso crónico genera pérdida del interés y del deseo, fatiga, alteraciones de humor, disminución de la capacidad de concentración y depresión del sistema inmunológico. Además, afecta la fertilidad y aumenta las probabilidades de sufrir cáncer, enfermedades pulmonares y psicosis”, subrayó. “Muchos aseguran que el “porro” es menos dañino que el tabaco, y no es así. Su toxicidad es mayor porque se fuma distinto: se retiene más en las vías respiratorias y, en el proceso de fumado, desprende más monóxido de carbono que un cigarrillo”. [...] Una de las consecuencias menos conocidas tiene que ver con los trastornos psiquiátricos.

http://entremujeres.clarin.com/hogar-y-familia/hijos/Confirman-marihuana-deteriora-capacidad-cerebral_0_1334275896.html. (Adaptación).

Actividades

1. ¿Cuáles son los mitos sobre la marihuana aceptados socialmente y que la Medicina refuta? Expliquen.

2. Averigüen qué sustancias generan adicción y qué consecuencias provocan en el sistema nervioso.

El artista de la neurona: Ramón y Cajal

Hablar sobre Ramón y Cajal es relacionar su nombre a los dibujos que hizo sobre la neurona; sin embargo, también utilizaba frases muy ingeniosas para describir la neurona sobre la base de sus observaciones a través del microscopio. Realmente no solo se trataba de un gran científico, sino de todo un artista.

Ramón y Cajal (1852-1934).

El artista y su pasión

Su labor científica se centró en estudiar la histología del sistema nervioso, al que él mismo apodó "la obra maestra de la vida". Empleaba embriones de pájaros y de pequeños mamíferos y comprobó que, por su menor complejidad, las células se destacaban íntegras dentro de cada corte microscópico. Esto le permitió lograr resultados con mucha mayor claridad que estudiando el tejido adulto. Así fundamentó la teoría de la neurona, según la cual las células nerviosas son individuales y no forman parte de una red, como se creía hasta ese entonces.

Conocía la cámara fotográfica; sin embargo, él prefería no utilizarla y hacer sus propios dibujos de las observaciones reproduciendo con exactitud las preparaciones. En propias palabras de Ramón y Cajal: "El buen dibujo, como la buena preparación microscópica, son pedazos de la realidad". Y aunque tuvo muchos críticos sobre la veracidad de sus dibujos, diversos autores la han comprobado en un gran número de obras mediante el análisis de sus propias preparaciones histológicas o utilizando métodos más modernos para analizar el sistema nervioso. [...]

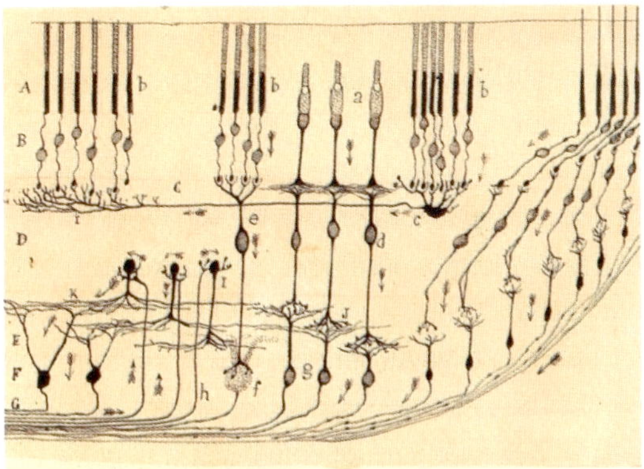

Detalle de una ilustración de la morfología neuronal de la corteza cerebral (por Ramón y Cajal).

Las siguientes son algunas de las frases más famosas de Santiago Ramón y Cajal sobre el sistema nervioso.

- "Es preciso sacudir enérgicamente el bosque de las neuronas cerebrales adormecidas; es menester hacerlas vibrar con la emoción de lo nuevo e infundirles nobles y elevadas inquietudes".
- "El *Homo sapiens* posee un cuerpo pacífico y un cerebro belicoso".
- "Las neuronas son células de formas delicadas y elegantes, las misteriosas mariposas del alma, cuyo batir de alas quién sabe si esclarecerán algún día el secreto de la vida mental".
- "El jardín de la neurobiología brinda al investigador espectáculos cautivadores y emociones artísticas incomparables".
- "Las perezosas células cerebrales solo encienden su luz-inspiración bajo el látigo de las emociones penosas".

http://supercurioso.com/el-artista-de-la-neurona-ramon-y-cajal/ (Adaptación).

Actividades

1. Busquen y copien en sus carpetas la biografía de Santiago Ramón y Cajal.
2. Elijan dos de las frases citadas de Ramón y Cajal y expliquen a qué les parece que se refiere cada una.

1. Respondan las siguientes preguntas.

a. ¿Por qué la parálisis muscular se manifiesta del lado opuesto al hemisferio del cerebro que recibió una lesión?

b. ¿En qué órgano tienen su origen los movimientos voluntarios? ¿Y los involuntarios?

c. El cerebelo, ¿tiene un papel importante para la actividad motora del organismo? ¿Y en una actitud pasiva? ¿Por qué?

d. ¿Existe alguna relación entre el cerebelo y los canales semicirculares del oído?

e. ¿Cuáles son los nervios que nacen en la columna vertebral? ¿Y cuáles, en el encéfalo?

2. Indiquen cuáles de los siguientes reflejos son innatos y cuáles son condicionados.

a. El llanto de un recién nacido.

b. Escribir.

c. Toser.

d. Escapar ante una situación de peligro.

e. Cerrar los ojos si se acerca velozmente un objeto hacia ellos.

f. Producir saliva al oler comida.

3. Si una persona se lesiona bruscamente la médula espinal en el cuello a causa de un accidente automovilístico, seguramente perderá la movilidad de sus extremidades superiores e inferiores.

a. ¿A qué les parece que se debe?

b. ¿Qué piensan que sucederá con la sensibilidad en dichas partes del cuerpo?

4. Las regiones del cuerpo que poseen más sensibilidad tienen determinada una zona amplia en la corteza cerebral. A continuación, en los gráficos llamados *homúnculos*, están representadas las zonas del cuerpo y la extensión de corteza cerebral que les corresponden para las funciones sensitivas (1) y las funciones motoras (2).

a. ¿Cuáles son las áreas de mayor y menor sensibilidad del organismo?

b. ¿Cuáles son las áreas del cuerpo más representadas en la corteza motora?

c. Escriban sus conclusiones.

1

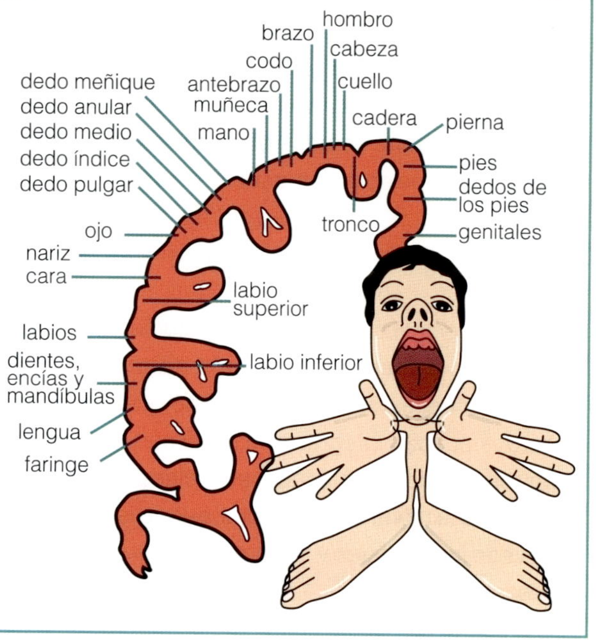

2

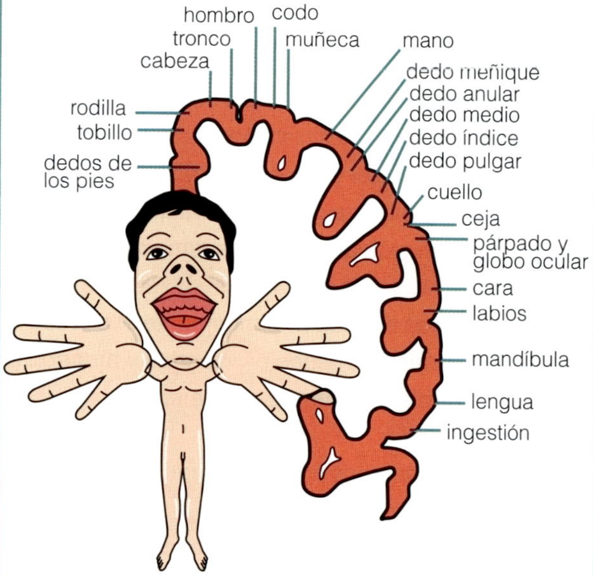

5. Elaboren un cuadro para comparar las propiedades de las neuronas sensitivas, motoras y de asociación.

6. Escriban las semejanzas y diferencias entre un acto reflejo y un arco reflejo.

Sistema endocrino

4

Contenidos

> Concepto de glándula, hormona y órgano blanco
> Glándulas endocrinas
> Regulación hormonal
> Homeostasis
> Relación entre el sistema nervioso y el sistema endocrino
> Hormonas sexuales. Actividad hormonal en la pubertad

En su última visita a la pediatra, la doctora le anuncia a Lucía que deberá realizarse un tratamiento con hormona de crecimiento. Ese mismo día, una compañera de la escuela le dice: "¡Por culpa de las hormonas tengo la cara llena de granitos!".

Al salir de la escuela, pasa por la panadería y escucha que una vecina le comenta a otra: "Yo sufro de insomnio porque soy hipertiroidea, demasiada hormona", y la otra señora le responde: "En cambio, si yo no tomo la hormona, no tengo energía para nada, porque soy hipotiroidea".

Al llegar a su casa, Lucía escucha que su madre habla por teléfono: "Lo que pasa es que Juana es diabética y si no se aplica la hormona todos los días, pone en riesgo su salud".

Lucía, totalmente desorientada y con la palabra *hormona* revoloteando en su cabeza, piensa: "Si me aplico la hormona que dijo la pediatra, ¿me van a salir granitos, voy a sufrir de insomnio, no voy a tener energía y voy a poner en riesgo mi salud?".

¿Realmente le pasará todo eso a Lucía si se aplica la hormona de crecimiento? Las hormonas, ¿son todas iguales? ¿Qué relación tienen los granitos, el insomnio y la salud con las hormonas?

Contenido digital adicional

www.tintaf.com.ar/
BIO3C4

EN ESTE CAPÍTULO...

Se explica cómo participan las hormonas en las respuestas del organismo, cómo estas y otras acciones están coordinadas con el sistema nervioso y cómo regulan las actividades metabólicas para mantener el medio interno adecuado y estable.

Sistemas de regulación y control

Glosario

excreción: eliminación de sustancias de desecho producidas en el metabolismo celular.

secreción: liberación de sustancias producidas por las glándulas, que luego el organismo utiliza en algunas de sus funciones.

Cuando un organismo está ante una situación de riesgo o de estrés, sus sistemas se ponen en estado de alerta. Sus sentidos se agudizan, los latidos cardíacos y la frecuencia respiratoria se aceleran y los músculos aumentan su tonicidad.

Todos estos cambios repentinos en el cuerpo son respuestas a estímulos del ambiente, y requieren la acción conjunta y coordinada de los sistemas que forman al individuo.

En los organismos multicelulares hay dos sistemas de control: el sistema nervioso y el sistema endocrino.

El **sistema nervioso** se caracteriza por establecer comunicaciones a través de una red de células nerviosas específicas que permite dar respuestas rápidas y precisas a través de impulsos eléctricos, que tienen un efecto preciso pero de poca duración. En cambio, en el **sistema endocrino** se producen efectos de largo alcance en una variedad de estructuras; es decir, el efecto de la hormona durará en tanto esta se encuentre en el torrente sanguíneo estimulando órganos específicos. Existe una función exclusiva del sistema endocrino: actúa como centro regulador, ya que mantiene en equilibrio dinámico los procesos que ocurren en nuestro organismo.

Estructura del sistema endocrino

El sistema endocrino **controla**, **comunica** y **coordina** el funcionamiento del organismo mediante la producción y secreción de mensajeros químicos. Está constituido por glándulas, que producen y/o almacenan estos compuestos.

Las **glándulas** son órganos formados por tejido epitelial en el que hay células especializadas encargadas de **producir** y **secretar** sustancias.

Según el lugar donde vierten los productos de su secreción*, las glándulas se clasifican, en exocrinas, endocrinas y mixtas o merocrinas. Solo las endocrinas y las mixtas pertenecen al sistema endocrino.

Las **glándulas exocrinas** son aquellas que vierten sus productos directamente en el exterior del cuerpo o en cavidades que se comunican con el exterior. En estas glándulas, el producto de la excreción* se elimina por un conducto. Las glándulas sudoríparas, glándulas sebáceas y glándulas salivales son ejemplos de estás glándulas.

Las **glándulas endocrinas** son estructuras secretoras que sintetizan hormonas. Carecen de conductos que dirijan su secreción a un órgano específico, por lo cual vierten las hormonas que producen directamente en la circulación general del cuerpo, como la glándula hipófisis, la glándula suprarrenal y la glándula tiroides y páncreas.

a Las células secretoras de las glándulas exocrinas liberan sustancias a través de conductos que suelen abrirse hacia el exterior del cuerpo.

b Las glándulas endocrinas constan de células que producen hormonas embebidas en una red de capilares. Estas células secretan hormonas hacia el líquido extracelular, desde donde se difunden hacia el interior de los capilares.

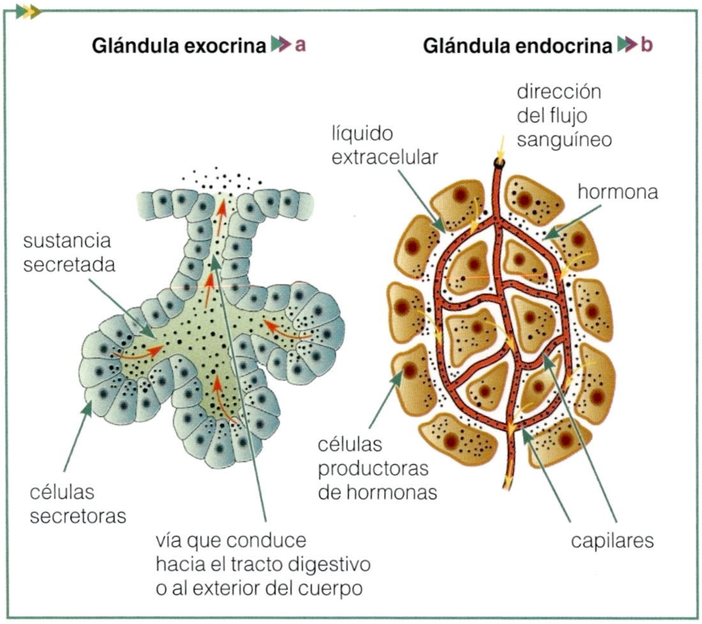

Las **glándulas de secreción mixta**, también llamadas **glándulas merocrinas**, son las que cumplen las dos funciones mencionadas.

Las **hormonas** son mensajeros químicos que actúan en pequeñas cantidades sobre distintas células u órganos en los que producen una respuesta regulatoria mediante la estimulación o inhibición de las funciones en un órgano, tejido o célula.

Los órganos que responden a la acción de una hormona se denominan **órgano blanco**. Estos órganos poseen receptores muy específicos, moléculas de naturaleza proteica que tienen una complementariedad química con la hormona, como un "encaje perfecto". El órgano blanco no solo debe tener un receptor específico sino que, además, debe contar con las estructuras necesarias para responder al estímulo de la hormona y hacerlo de manera adecuada.

Según su composición química, las hormonas se clasifican en:

- **Hormonas de naturaleza polipeptídica**, incapaces de atravesar la membrana plasmática de la célula; son hidrosolubles, por lo cual se unen a receptores específicos de la superficie de la membrana de la célula blanco. Estos receptores son proteínas que activan una enzima que actúa como un segundo mensajero y transmite la orden de la hormona. Algunos ejemplos son la insulina y la oxitocina.
- **Hormonas esteroideas**, liposolubles, que atraviesan la membrana celular y se unen a receptores específicos en su interior, como las hormonas gonadotropinas y las adrenotrópicas.
- **Hormonas derivadas de aminoácidos**, como las catecolaminas. Son hidrosolubles y circulan por el torrente sanguíneo con proteínas transportadoras. Las catecolaminas son hormonas producidas por las glándulas suprarrenales y liberadas al torrente sanguíneo en situaciones de estrés físico o emocional; las principales catecolaminas son la adrenalina, la noradrenalina y la dopamina.

▸▸1 Una hormona derivada de un aminoácido se une a un receptor.
▸▸2 La hormona esteroidea entra en la célula y se une a un receptor.

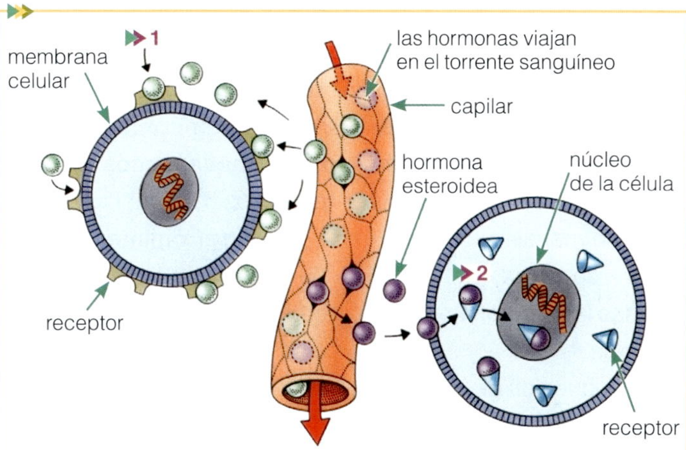

Hormona derivada de un aminoácido.
Hormona esteroidea.

Actividades

1. Un hombre cruza distraído la calle cuando lo sorprende el bocinazo de un auto muy próximo a él. El hombre reacciona y sube a la vereda de un salto, algo agitado y tembloroso.

a. Además de los cambios corporales mencionados, ¿cuál o cuáles otros pudieron haberle ocurrido ante esta situación?

b. ¿Por qué el cuerpo responde de esa manera?

c. ¿Cuál es la función de esos cambios?

2. Elaboren un cuadro comparativo entre la coordinación del sistema nervioso, visto en el capítulo anterior, y la coordinación del sistema endocrino.

3. Respondan las siguientes preguntas.

a. ¿Por qué el sudor no es una hormona, si proviene de una glándula?

b. ¿De qué depende que algunas células u órganos respondan a determinadas hormonas y otros no?

c. ¿Qué características debe tener un órgano para ser considerado el órgano blanco de una determinada hormona?

4. Las hormonas vegetales o fitohormonas son transportadas por los vasos conductores, llamados *xilema* y *floema*. Al igual que como ocurre en los animales, regulan y controlan funciones, y se producen en pequeñas cantidades. La auxina, la giberelina y el ácido abscísico son ejemplos de fitohormonas.

a. Busquen información y escriban cuál es la acción de las hormonas vegetales nombradas.

La regulación endocrina

Curiosidades

Claude Bernard (1813-1878) fue un médico francés que llamaba "equilibrio" a lo que hoy conocemos como homeostasis, y decía que "la constancia del medio interno es indispensable para la vida".
Por otra parte, Walter B. Cannon (1871-1945) fue un fisiólogo norteamericano que utilizó por primera vez el término *homeostasis* y lo definió como "la adquisición evolutiva de una sabiduría metabólica que genera constancia interna".

Ante la presencia de un estímulo determinado, una glándula reacciona liberando hormonas específicas en el torrente sanguíneo. Estos mensajeros químicos viajan por la sangre hasta el órgano blanco y estimulan a sus receptores. Así, el órgano blanco reacciona y genera una respuesta al estímulo inicial. Los órganos y los tejidos blanco no desarrollan respuestas permanentes, porque la producción de hormonas tampoco es continua.

En el organismo ocurren procesos de **retroalimentación** o *feedback* que regulan la producción de hormonas y que, por lo tanto, tienden a mantener el medio interno corporal en equilibrio.

Si se liberan altas concentraciones de hormona al torrente sanguíneo o en cantidades suficientes para que ejerza su acción, el sistema responde inhibiendo a la glándula para que deje de secretarla. De esta forma se evita la producción y presencia innecesarias de hormonas. La cantidad de hormona secretada debe ser precisa y óptima para evitar el desequilibrio.

El sistema nervioso y el sistema endocrino funcionan de manera coordinada con los demás sistemas del cuerpo para mantener el medio interno constante. Estímulos internos y externos pueden modificar las condiciones en las que están las células, de manera que pueden afectar su estructura o su función. La capacidad de los seres vivos de mantener el equilibrio interno constante se denomina **homeostasis**. Los procesos que mantienen la homeostasis se denominan **mecanismos homeostáticos**. En el sistema endocrino hay dos tipos de procesos o mecanismos homeostáticos:

- por **retroalimentación negativa**, cuando la alta concentración en sangre de una hormona determina la inhibición de esa glándula para que deje de secretarla, como ocurre por ejemplo con las hormonas que regulan la concentración de glucosa;
- por **retroalimentación positiva**, cuando el incremento de las concentraciones de una hormona estimula a la glándula para que continúe con su secreción, como ocurre por ejemplo con la hormona que estimula la producción de leche materna.

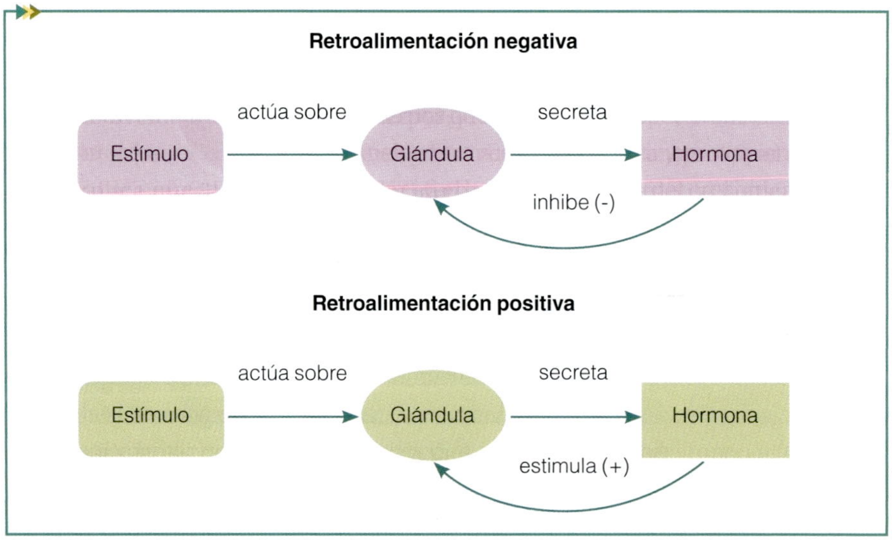

Actividades

1. Escriban si las siguientes afirmaciones son verdaderas (V) o falsas (F) y justifiquen su respuesta en todos los casos.
   a. Las hormonas tienen una acción específica. ☐
   b. Todas las hormonas son proteínas. ☐
   c. La producción de hormonas es continua. ☐
   d. La retroalimentación permite al organismo economizar materia y energía. ☐
2. Después de realizar una actividad física intensa, disminuye la concentración de sodio en el cuerpo, porque se elimina con el sudor. Busquen en enciclopedias o en Internet cómo hace el organismo para recuperar los niveles de sodio perdidos durante el ejercicio.

William Bayliss y Ernest Starling

Estos dos fisiólogos ingleses fueron los primeros en describir la acción de las hormonas.

Enzimas, vitaminas, oligoelementos... ¡de qué forma tan poderosa estas sustancias deciden sobre la vida o la muerte de los tejidos en el organismo!

Pero existe un cuarto grupo de sustancias: las hormonas. Estas gobiernan la obra en conjunto, son como un conmutador general que despierta a una ciudad a la actividad, o como la válvula reguladora que controla la máquina o la capa roja que excita al toro.

A comienzos del siglo XX, dos fisiólogos ingleses, William Maddock Bayliss y Ernest Henry Starling, quedaron intrigados por una pequeña pero sorprendente función en el tracto digestivo. La glándula situada detrás del estómago, conocida como páncreas, descargaba su jugo digestivo en la primera porción del intestino, justo en el momento en que los alimentos abandonaban el estómago y entraban en el intestino. ¿Cómo se recibía el mensaje? ¿Qué era lo que informaba al páncreas que había llegado el momento justo? La suposición obvia era que la información debía de ser transmitida a través del sistema nervioso, el cual era el único medio de comunicación en el cuerpo entonces conocido. Probablemente, el ingreso de los alimentos provenientes del estómago en los intestinos estimulaba ciertas terminaciones nerviosas que retransmitían el mensaje al páncreas por medio del cerebro o de la médula.

Para probar esta teoría, Bayliss y Starling cortaron todos los nervios del páncreas. ¡Su maniobra fracasó! El páncreas seguía secretando todavía su jugo precisamente en el momento adecuado. Los científicos, confundidos, siguieron investigando en busca de otro sistema de comunicación. En 1902, consiguieron descubrir un mensajero "químico". Resultó ser una sustancia secretada por las paredes del intestino. Cuando la inyectaban en la sangre de un animal, estimulaba la secreción del jugo pancreático, incluso aunque el animal no estuviera comiendo. Bayliss y Starling llegaron a la conclusión de que, en el curso normal de los acontecimientos, el alimento que llega al intestino estimula su mucosa para secretar la sustancia, la cual luego viaja a través de la corriente sanguínea hasta el páncreas y desencadena la liberación del jugo pancreático por parte de la glándula. Ambos investigadores denominaron *secretina* a la sustancia secretada por los intestinos, y la llamaron *hormona*, a partir de una palabra griega que significa "excitar a la actividad". Hoy día se sabe que la secretina es una pequeña molécula de proteína.

Algunos años antes, los fisiólogos habían descubierto que un extracto de las glándulas suprarrenales podía elevar la presión sanguínea, cuando era inyectado en el organismo.

El químico japonés Jokichi Takamine aisló esta sustancia en 1901 y la denominó *adrenalina*. Evidentemente, la adrenalina era también una hormona. A medida que transcurrieron los años, los fisiólogos hallaron que otras glándulas en el cuerpo secretaban hormonas.

Isaac Asimov, *Introducción a la ciencia*, Plaza & Janés Editores, Barcelona, 1982. (Adaptación).

Actividades

1. Busquen en enciclopedias o en Internet otras experiencias científicas históricas que permitieron describir la función del sistema endocrino.

Relación entre el sistema endocrino y el sistema nervioso

Hipotálamo (sistema nervioso central)
↓ produce
Hormona
↓ estimula
Hipófisis (sistema endocrino)
↓ produce
Hormona
↓ estimula
Célula, tejido u órgano blanco

Reacción del complejo hipotálamo-hipófisis.

La integración del sistema nervioso con el sistema endocrino se realiza por la combinación de mecanismos neuronales y hormonales, lo que constituye un sistema en el que las vías nerviosas estimulan la secreción de hormonas específicas, llamadas **neurohormonas**. El **hipotálamo**, ubicado en el encéfalo, es el centro regulador que relaciona el sistema nervioso con el sistema endocrino, donde los estímulos sensoriales se transforman en respuestas hormonales. Se lo considera un órgano neuroendocrino, ya que en él existen neuronas especializadas que elaboran y transportan hormonas, denominadas **neuronas secretoras**.

El hipotálamo está conectado a la hipófisis mediante un pedúnculo nervioso y un sistema capilar que se fusiona con los capilares de la hipófisis. Las neurohormonas que se producen en el hipotálamo consisten en factores liberadores o inhibidores, que estimulan o inhiben la liberación de otras hormonas producidas por la hipófisis.

Las hormonas provenientes del hipotálamo actúan de manera específica sobre el lóbulo posterior de la hipófisis, o neurohipófisis.

Las glándulas endocrinas

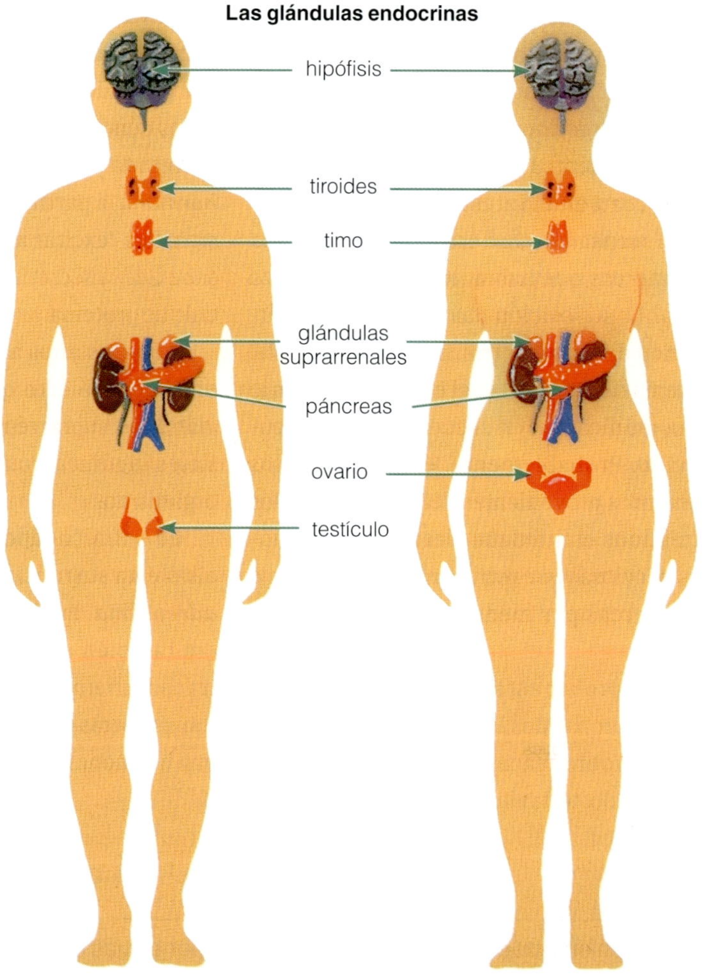

Actividades

1. Respondan las siguientes preguntas.
a. ¿Qué son las neurohormonas?
b. ¿Por qué el hipotálamo es un órgano neuroendocrino?

Hipófisis

Es una glándula pequeña ubicada en el hueso esfenoides, en una región denominada *silla turca*. Su estructura presenta dos lóbulos: el anterior o adenohipófisis, y el posterior o neurohipófisis. Considerada la glándula “maestra” o “madre”, controla la actividad de las demás glándulas del cuerpo.

La adenohipófisis produce **hormonas trópicas** que inducen a otras glándulas a liberar sus hormonas. Desde este lóbulo de la hipófisis, se liberan la hormona del crecimiento o somatotropina, la prolactina, la adrenocorticotropina, la hormona folículo estimulante, la hormona luteinizante y la tirotropina.

La **somatotropina** (SH) es responsable del crecimiento y metabolismo proteicos, y promueve el crecimiento de los huesos a lo largo y el aumento de la masa muscular. Esto ocurre hasta los 23 o 25 años, aproximadamente. Los huesos crecen a partir del cartílago de conjunción, donde actúa la SH. Cuando los huesos se sueldan, la hormona no actúa más. La SH puede usarse para tratar niños que presentan trastornos en su crecimiento. El exceso de esta hormona en la niñez conduce al gigantismo, pero si el incremento de la hormona se presenta en la edad adulta, es decir, que sigue actuando más allá de la edad promedio en la que se desactiva, genera una formación anormal del hueso, que se conoce como *acromegalia*.

La **prolactina** interviene en la secreción de la leche materna durante el período de lactancia.

La **adrenocorticotropina** (ACTH) actúa sobre la corteza de la glándula suprarrenal y regula su actividad.

La **hormona luteinizante** (LH) y la **hormona folículo estimulante** (FSH) son gonadotrofinas que actúan sobre la estructura y función de las gónadas.

La hormona **tirotropina** (TSH) actúa sobre la glándula tiroides, y estimula la producción y secreción de hormonas de esa glándula.

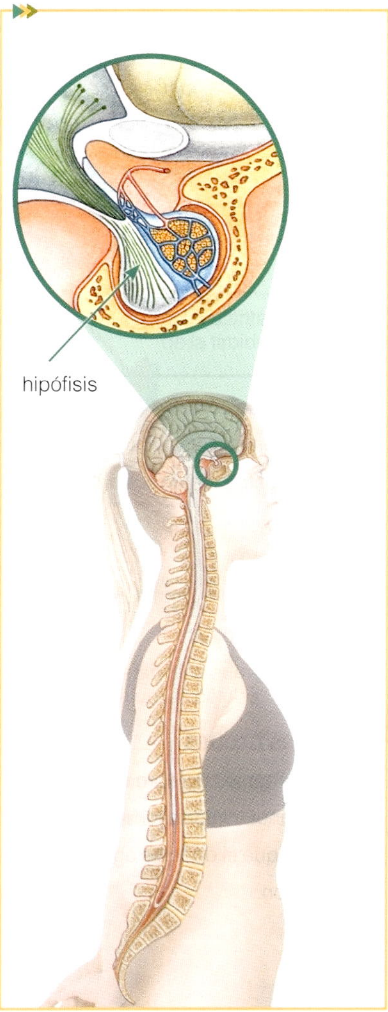

Principales hormonas secretadas por el hipotálamo-hipófisis

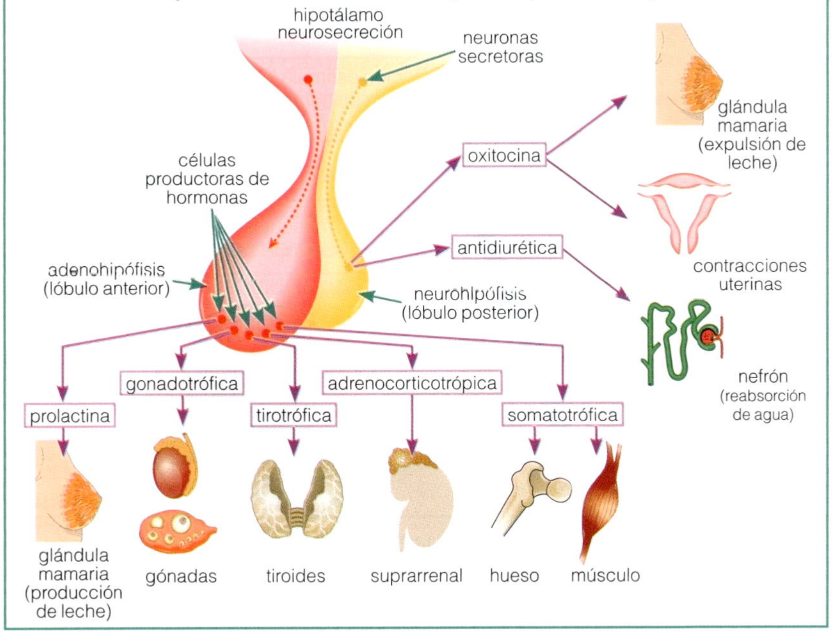

Persona con gigantismo hipofisario. En nuestro país, alrededor de 600 personas sufren acromegalia.

Paratiroides

Las glándulas paratiroides son pequeñas estructuras redondeadas que están ubicadas próximas a la glándula tiroides. Producen una hormona, la **parathormona**, que es hipercalcemiante, es decir, que aumenta la concentración de calcio en la sangre. La parathormona, al regular las concentraciones de calcio y fosfato en el plasma sanguíneo, promueve la reabsorción de calcio en los tubos renales y facilita la excreción de fosfato en la orina. También estimula la absorción de calcio, magnesio y fósforo en los intestinos, para lo cual necesita la presencia de vitamina D.

El conjunto de estas acciones hace que la parathormona eleve la concentración del calcio y reduzca la de fosfato en el plasma sanguíneo.

Esta hormona es antagonista* de la calcitonina. Es por esto que la concentración del calcio en el plasma sanguíneo está controlada por el equilibrio de dos mecanismos de retroalimentación negativa: el de la parathormona y el de la calcitonina.

Glosario

antagonista: de oposición o acción contraria.
función linfopoyética: producción de glóbulos blancos.

El exceso de parathormona hace que el nivel de calcio en el plasma aumente en forma anormal, por lo que será captado por los huesos. Como el nivel de calcio en sangre es alto, se produce más excreción por los riñones y se genera una pérdida excesiva de calcio de los huesos (descalcificación).

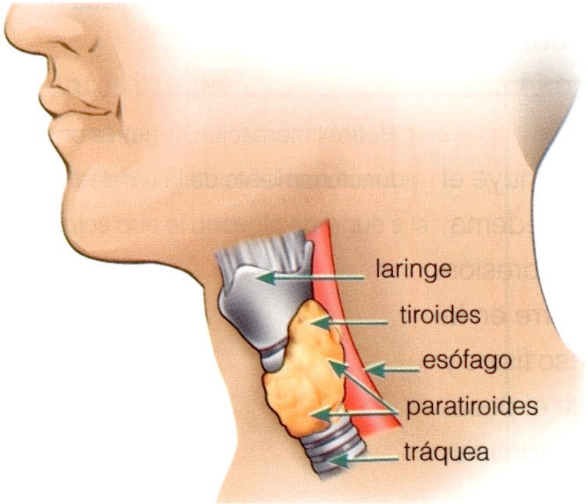

Las glándulas tiroides y las paratiroides se localizan en el cuello, a la altura de la laringe.

La insuficiencia de la glándula paratiroides o su extracción quirúrgica disminuyen la concentración de calcio en sangre; esto provoca contracciones tetánicas del músculo, lo que se conoce como **tetania**. Esta enfermedad se caracteriza por temblores musculares, calambres y convulsiones, que pueden conducir a la muerte por asfixia. Esto se debe al aumento de irritabilidad muscular provocado por la disminución del calcio.

La regulación de la glándula paratiroides es controlada por un mecanismo de retroalimentación negativa. Un elevado nivel de calcio en el plasma inhibe la liberación de la parathormona. Al contrario, si el nivel es bajo, estimula su liberación.

Es necesario mantener en equilibrio las concentraciones de calcio en sangre, ya que este mineral cumple funciones importantes en el cuerpo, entre ellas, la coagulación sanguínea y el funcionamiento neuromuscular.

Timo

Es una glándula alargada, ubicada en la parte superior de la cavidad torácica, delante de la tráquea. Está formada por dos lóbulos y se encuentra en el niño desde su nacimiento hasta la pubertad. Ya en la adolescencia, comienza un proceso regresivo hasta que se atrofia.

Las células reticulares del timo producen hormonas como la **timosina** y **timopoyetina**, necesarias para el desarrollo de los linfocitos. Esta glándula tiene una función linfopoyética*, por lo que tiene relación con la inmunidad.

El vocabulario científico

Destacar con color los términos científicos los ayudará a recordarlos.

Las hormonas producidas por el timo influyen en el crecimiento y desarrollo esqueléticos, ya que estimulan la osificación de los huesos. También estimulan el desarrollo de glándulas y promueven la madurez sexual.

Expertos advierten que hacen falta más fármacos contra la osteoporosis

La endocrinóloga Luz Ángela Casas Figueroa, presidenta de la Sociedad Colombiana de Endocrinología y docente de la Universidad Icesi, asegura que la osteoporosis no solo tiene una relación directa con la dieta, sino con el buen funcionamiento de ciertas hormonas involucradas en los procesos de formación y reabsorción de los huesos.

¿Cómo se da el proceso de formación de los huesos y a partir de qué edad se comienza a perder densidad ósea?

Los huesos son órganos que permanecen activos en forma permanente durante el crecimiento y desarrollo. Están compuestos por células que permiten que se regeneren continuamente. Desde el nacimiento hasta la adolescencia el crecimiento es muy rápido, luego se torna más lento y, posteriormente, se sellan los núcleos de crecimiento, entre los 16 y 18 años en la mujer y entre los 18 y 20 en el hombre. Ya hacia los 30 años en el sexo femenino y los 35 en los varones, se inicia un proceso de recambio, en el que hay formación, reabsorción y pérdida.

¿Por qué la osteoporosis es más frecuente en las mujeres?

La razón es hormonal. De hecho, luego de los 30 años, cuando se inicia el recambio óseo, la reabsorción es lenta, por lo que se pierde menos del 1% al año. Pero durante la menopausia, por la deficiencia de estrógenos que tienen un efecto protector, la reabsorción se acelera y la pérdida ósea aumenta a entre el 3 y el 5% al año.

¿Quiere decir que las hormonas cumplen un papel fundamental? ¿Qué hacen?

Activan células del hueso, como los osteoblastos que ayudan a formarlo, los osteoclastos que intervienen en la reabsorción y los osteocitos que se encargan de las conexiones entre unas y otras. Entre ellas, la parathormona o PTH, la TSH o tiroidea, la cortisona y la hormona de crecimiento.

¿Qué enfermedades predisponen a la enfermedad?

Además de la deficiencia de vitamina D, están las alteraciones de la paratiroides que produce la parathormona o PTH, pues al formarse un tumor esta hormona encargada de tomar calcio de los huesos para llevarlo a la circulación, se produce en forma exagerada. Entonces comienza a extraer este mineral de los huesos de forma desproporcionada y es allí cuando sobreviene la osteoporosis. Otras son el síndrome de Cushing, en el que se produce cortisona, que también deteriora los huesos.

¿La densitometría sigue siendo la prueba por excelencia para su diagnóstico?

De acuerdo con la Organización Mundial de la Salud (OMS), la densitometría ósea no es la prueba ideal, pero sí la más aproximada, pues utiliza un *software* que mide la densidad mineral ósea, comparándola con la de un adulto de la misma edad y con uno más joven.

¿Qué tan cierto es que el consumo de leche y sus derivados como fuentes de calcio ayudan a prevenir la enfermedad y cuáles son los requerimientos diarios de este mineral?

La leche y sus derivados tienen un contenido mayor de calcio que otros alimentos como moluscos, sardinas, granos (como los garbanzos) y algunas verduras, que lo tienen pero en pequeñas cantidades. Los niños y adolescentes necesitan más cantidad que un adulto joven. Hasta los 18 años, requieren de 1.200 a 1.800 microgramos diarios, pero luego la cifra disminuye un poco hasta 600 a 1.200 microgramos. Eso sí, estas necesidades pueden aumentar en etapas como el embarazo.

Diario *El País*, 19/12/2014. (Adaptación).

Actividades

1. ¿Qué es la osteoporosis?
2. ¿Es la hiperfunción o la hipofunción de la glándula paratiroides la que se relaciona con la osteoporosis? Desarrollen su respuesta.
3. Expliquen por qué se suele relacionar la osteoporosis con la menopausia.

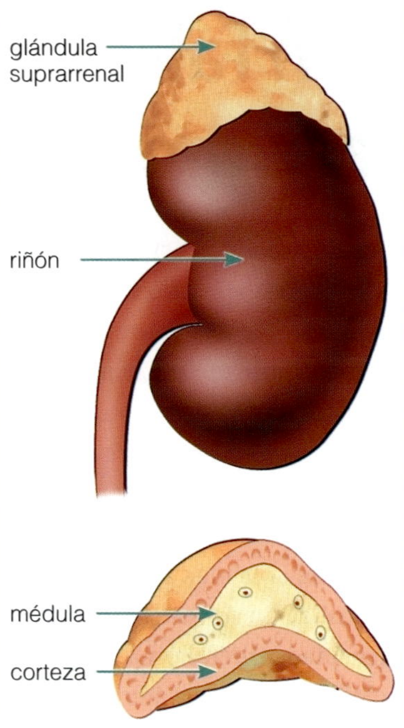

Ubicación anatómica y vista interna de las glándulas suprarrenales.

Actividades

1. ¿Cuál de las siguientes afirmaciones no se aplica a la adrenalina?

a. Estimula la respiración celular.

b. Puede hacer que los pelos se paren de punta.

c. Aumenta la actividad cardíaca.

d. Aumenta la circulación de sangre en los vasos periféricos.

Curiosidades

Durante la primavera y el verano, al haber menos horas de oscuridad y aumentar la temperatura, ciertas hormonas incrementan sus niveles de concentración en sangre. Un ejemplo es la melatonina, que afecta a nuestras emociones, al apetito y al sueño, o las feromonas, que son las responsables del incremento del deseo sexual. A partir de estos cambios hormonales, algunas personas tienden a sentirse más alegres y extrovertidas, y aumentan sus interacciones sociales de manera positiva.

Suprarrenales

Las glándulas suprarrenales, también denominadas *adrenales*, son dos pequeñas estructuras de forma piramidal ubicadas en la parte superior de los riñones. Cada glándula suprarrenal presenta dos zonas bien diferenciadas: una interna o medular, de color gris rosado, y otra externa, también llamada corteza, de color amarillento.

La **corteza suprarrenal** produce tres tipos de hormonas esteroides denominadas, en conjunto, *corticosteroides*: los glucocorticoides, los mineralocorticoides y los esteroides sexuales.

Los glucocorticoides (como el **cortisol** o hidrocortisona) tienen como órgano blanco al hígado y al páncreas, mantienen el control de la glucosa (azúcar) mediante la degradación de proteínas y ácidos grasos en el hígado, disminuyen (inhiben) la respuesta inmunitaria y ayudan al cuerpo a responder al estrés. Su acción aumenta la concentración de glucosa en sangre y hacen que esté disponible para ser usada por los músculos. El cortisol se produce por estimulación de la ACTH de la hipófisis; alcanza su máximo nivel por la mañana, cuando ocasiona la reacción del despertar.

Los mineralocorticoides (como la **aldosterona**) regulan el equilibrio de sodio y potasio. La secreción de aldosterona aumenta cuando se eleva la concentración de potasio en sangre y cuando disminuye la presión en las arterias.

Los esteroides sexuales u **hormonas sexuales** son los andrógenos (varones) y estrógenos (mujeres), y afectan el desarrollo sexual y la libido. Las hormonas sexuales corticales estimulan los caracteres sexuales secundarios, sobre todo los masculinos.

La **médula suprarrenal** libera las hormonas adrenalina y noradrenalina.

La **adrenalina** es conocida como la hormona de "lucha" o "escape", porque prepara al cuerpo para la acción frente al "enemigo". La adrenalina, también llamada *epinefrina*, se une a receptores específicos de las células del corazón y los vasos sanguíneos. La adrenalina y la noradrenalina convierten glucógeno en glucosa, aceleran el ritmo cardíaco y la frecuencia respiratoria, y aumentan la presión arterial. También se produce una desviación de la sangre, que hace que aumente la circulación sanguínea en el cerebro y los músculos esqueléticos. Todas estas acciones proporcionan más glucosa y oxígeno a los músculos, para que estos tengan la energía necesaria en una situación de emergencia. Estas hormonas actúan también sobre las pupilas, dilatándolas, y sobre la epidermis, con erizamiento del pelo (piloerección).

La hiperfunción de las glándulas suprarrenales puede causar la enfermedad de Cushing e hirsutismo. El **hirsutismo** es el crecimiento excesivo de vello terminal femenino según un patrón masculino. Suele asociarse a acné, calvicie con patrón masculino (alopecia androgénica) e irregularidades menstruales.

La **enfermedad de Addison** resulta de un daño en la corteza suprarrenal, lo cual hace que haya menor producción hormonal.

Descubren que el estrés genera más afecciones de lo que se creía

Quienes lo padecen tienen hasta tres veces más posibilidades de sufrir un infarto. Los especialistas también sostienen que no hay que descartar en el estrés físico cierta predisposición genética.

Todos conocemos a alguien a quien, de repente, se le comienza a caer el cabello. Otro que tiene resfríos constantes. Un tercero al que le aparecen **herpes** o **enfermedades infecciosas en general**. Y un último amigo, familiar o conocido, que queda prácticamente mudo por inexplicables **faringitis** y **laringitis**.

Ahora se tiene la certeza de que esas personas pueden ser víctimas del estrés, afección que no solo puede manifestarse bajo la forma de ansiedad, sino que además puede provocar trastornos en cuatro áreas: psicológica, neurológica, inmunológica y endocrinológica.

En los boletines de divulgación sobre medicina del estrés, esta situación suele definirse así: "El estrés primero le avisa al cuerpo que algo no está bien; después le susurra y por último le grita".

Los "gritos" pueden aparecer en forma de dolencias cardíacas: una persona estresada tiene entre dos y tres veces más posibilidades de padecer un infarto de miocardio. También puede tener problemas gastrointestinales o depresión.

Según estimaciones de la Sociedad Argentina de Medicina del Estrés (SAMES), el 65% de los pacientes que consultan por estos síntomas padecen estrés.

En la provincia de Buenos Aires y en la Ciudad Autónoma de Buenos Aires, las consultas por trastornos de ansiedad representan casi el 50% del total de las recibidas en centros asistenciales públicos. La cifra creció en los últimos años y se calcula que los niveles en la Argentina serían similares a los de España y de los Estados Unidos.

Los relevamientos de la OMS señalan, además, que 3 de cada 10 personas en el mundo no pueden dominar su ansiedad y viven estresadas.

En los consultorios de medicina del estrés se realizan pruebas y cuestionarios a los pacientes que llegan con estos síntomas, porque son candidatos firmes a tener algunos de estos trastornos: ansiedad, depresión, fobias, pánico, **taquicardia**, **hipertensión**, sudoración, dolor de pecho, alteraciones gastrointestinales y trastornos del sueño y sexuales.

Si tienen esos síntomas en forma repetida, hay que prestar atención. Y no asustarse porque, a veces, la solución para el problema puede ser tan sencilla como organizar mejor una agenda o programar mejor los momentos de ocio y dispersión.

Diario *Clarín*, 20/04/2006. (Adaptación).

Actividades

1. Frente a situaciones de estrés, el cuerpo reacciona mediante la activación del eje hipotálamo-hipófisis-suprarrenal, con la liberación al torrente sanguíneo de hormonas glucocorticoides como el cortisol, y catecolaminas como la adrenalina. Este mecanismo tiene una acción protectora sobre el organismo, que busca adaptarlo frente a la "situación de peligro", con la intención de mantener su equilibrio homeostático.

a. ¿Cómo es posible que este mecanismo protector se convierta en un factor nocivo para el organismo?
b. Relacionen la función de dichas hormonas con los síntomas presentes en el estrés mencionados en el texto.
c. ¿Cuáles pueden ser las conductas o acciones que conduzcan a padecer estrés?
d. Expliquen a qué hace referencia la frase subrayada del último párrafo de esta nota.

Glándula pineal

Glosario

ritmo circadiano: que se repite cada 24 horas, aproximadamente.

La glándula pineal, también llamada *epífisis cerebral*, es una pequeña glándula ubicada dentro del cráneo. Esta glándula libera la hormona melatonina, que participa del mantenimiento del ritmo circadiano*. Cuando al viajar se producen cambios bruscos en el huso horario, se genera un desorden en las funciones orgánicas y la capacidad de trabajo. Es decir, se desajusta el ritmo diario natural por estímulos externos, como cambios en la intensidad de la luz y en la temperatura. Esto es muy común en los viajes de larga distancia y provoca lo que se conoce como **estrés temporal**, porque los ritmos habituales no se acomodan al cambio.

Páncreas endocrino

El páncreas tiene dos regiones funcionales: una con actividad endocrina y otra con actividad exocrina. La región endocrina de esta glándula está determinada por un grupo de células conocidas como *islotes de Langerhans*. En ella se distinguen dos tipos de células principales: las células alfa, que producen la hormona glucagón, y las células beta, que producen la hormona insulina.

La hormona **glucagón** es hiperglucemiante, es decir, estimula la degradación de glucógeno hepático en glucosa y aumenta el nivel de glucosa en sangre (glucemia). La hormona **insulina** es hipoglucemiante, ya que se encarga de convertir la glucosa sanguínea en glucógeno hepático, donde se deposita y promueve el ingreso de glucosa a las células. De esta manera, bajan los niveles de glucosa en sangre. Es así que el nivel de glucosa es regulado por dos hormonas antagónicas, una inhibidora y otra estimuladora, que actúan por un mecanismo de retroalimentación negativa.

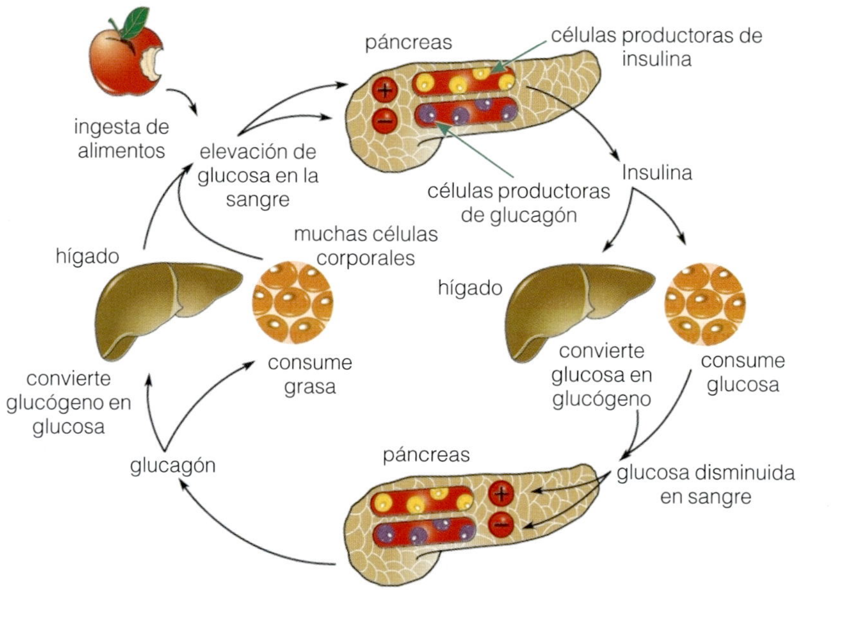

Las altas concentraciones de glucosa en sangre estimulan a las células productoras de insulina e inhiben a las células productoras de glucagón. Los niveles bajos de glucosa en sangre estimulan a las células productoras de glucagón e inhiben a las productoras de insulina. Este doble control modifica rápidamente la hiperglucemia o la hipoglucemia.

La acción de estas hormonas producidas por el páncreas endocrino tiene como objetivo mantener en equilibrio la concentración de glucosa en sangre dentro de los valores normales (70 a 100 mg de glucosa por cada decilitro de sangre).

La menor producción de insulina produce la enfermedad **diabetes mellitus**. En el individuo diabético, el nivel de glucosa en sangre se mantiene alto en forma constante, por ausencia de insulina. Los signos característicos de la diabetes son la glucosuria* y la hiperglucemia*.

En el diabético, al haber un elevado nivel de azúcar en sangre, los riñones deben eliminar más orina (poliuria) para eliminar con ella el exceso de azúcar, por lo cual el cuerpo pierde líquido y la persona tiene más sed (polidipsia). Al eliminarse el azúcar en la orina, el cuerpo pierde calorías, por lo cual la persona siente mucho hambre e ingiere grandes cantidades de alimento para compensar esa pérdida de calorías (polifagia). Si la diabetes no se trata o no se mantiene la dieta adecuada, con el paso del tiempo produce cataratas, con la paulatina pérdida de la visión. Además, causa envejecimiento prematuro de las células y trastornos cardiovasculares por endurecimiento de las paredes arteriales.

La glucosa es esencial para la producción de energía, y por eso es tan importante regular su concentración en el organismo. Si la disponibilidad de glucosa para las células disminuye, estas no pueden realizar sus funciones vitales. La hipoglucemia grave y prolongada puede conducir al estado de coma, e incluso a la muerte.

Glosario

glucosuria: presencia de glucosa en orina.

hiperglucemia: alta concentración de glucosa en sangre.

Bernando Houssay (1887-1971)

Fue un destacado investigador argentino en el campo de la endocrinología. Recibió el Premio Nobel de Medicina en 1947. Con sus experimentos observó que si extirpaba el lóbulo anterior de la hipófisis a perros diabéticos, mejoraban los síntomas de su enfermedad. Observó también que la inyección de extracto de hipófisis a un animal sano causa la aparición de diabetes. Con estas investigaciones, concluyó que las hormonas que libera la hipófisis regulan la glucemia.

Actividades

1. ¿Qué le puede ocurrir a un individuo diabético si sobrepasa su dosis de insulina? ¿Por qué?
2. Completen el siguiente párrafo utilizando las siguientes palabras.

aumenta ▸ disminuye ▸ hipoglucemia ▸ hiperglucemia ▸ glucagón
insulina ▸ glucosa a glucógeno ▸ glucógeno a glucosa

Pasadas unas horas después del almuerzo, el nivel de azúcar en la sangre ...., es decir que se produce ...., como respuesta a esta situación, el páncreas libera la hormona .... al torrente sanguíneo, que actúa en el hígado convirtiendo .... y, de esta manera, mantiene el nivel de azúcar en la sangre. Luego de varias horas de ayuno, la concentración de azúcar en la sangre ...., ya que es usado por las células en la respiración celular, por lo que se produce .... Frente a esta situación, el páncreas libera la hormona .... al torrente sanguíneo y hace que el hígado convierta .... y retorne el nivel adecuado de glucosa en sangre.

3. El gráfico representa la variación de la concentración de glucosa en sangre en un lapso de dos horas luego de producida la ingesta de alimento.

a. Identifiquen cuál es la curva correspondiente a un paciente diabético. Fundamenten su respuesta.

b. Indiquen cuál es la situación de los otros dos individuos.

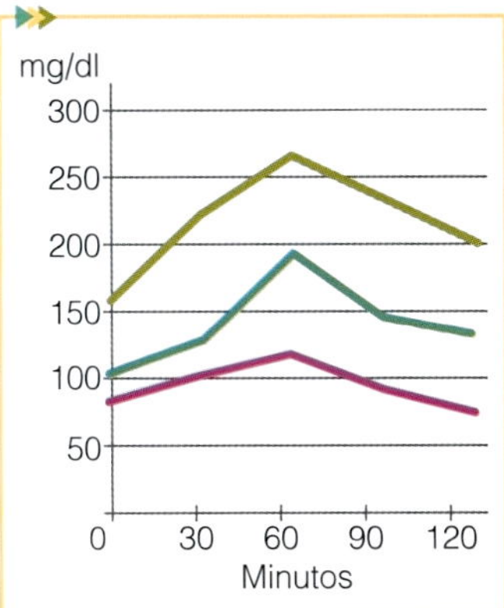

Gónadas

Comprobación de lectura

Después de estudiar un texto, anoten en una hoja las palabras y frases que aparecen destacadas en negrita. Luego, cierren el libro y traten de explicar esos conceptos a un compañero.

Las gónadas son estructuras en las que se producen las células sexuales y las hormonas sexuales. Las gónadas femeninas son los **ovarios**. Estos son estructuras pares situadas a los lados del útero; en su interior se encuentran los folículos ováricos, que darán origen a los óvulos. En los ovarios, a partir de la pubertad, se producen **estrógenos** y **progesterona**.

Los estrógenos inician y mantienen los caracteres sexuales secundarios femeninos (desarrollo mamario, desarrollo de vello púbico, aumento de tejido adiposo en muslos y caderas) y también inician el ciclo menstrual. La progesterona engrosa el endometrio y prepara el sistema reproductor femenino para el embarazo. Las variaciones en la concentración de estas dos hormonas, estrógenos y progesterona, determinan el ciclo menstrual.

Las gónadas masculinas son los **testículos**. Estos son cuerpos ovoides pares que se encuentran suspendidos en el escroto; en su interior se ubican las células de Leydig, que producen andrógenos.

El principal andrógeno es la **testosterona**, que provoca el desarrollo de los caracteres sexuales secundarios masculinos (desarrollo de vello púbico y facial, ensanchamiento de la caja torácica y cambios en la voz, entre otros).

La hormona folículo estimulante (FSH), producida por la hipófisis, actúa sobre los testículos y regula el funcionamiento de los túbulos seminíferos. En las mujeres, la FSH actúa sobre los ovarios, y estimula el crecimiento del folículo ovárico y la secreción de estrógeno.

Sobre las gónadas también actúa otra hormona proveniente de la hipófisis, la hormona luteinizante (LH). En los varones, esta hormona regula el tejido intersticial de los testículos, estimulando la producción de andrógenos. En las mujeres, regula la ovulación y la formación del cuerpo amarillo o lúteo. Las pastillas anticonceptivas están compuestas por hormonas sexuales femeninas que inhiben la producción de LH y, por lo tanto, la ovulación. Las hormonas también se pueden administrar por otras vías: inyecciones, parches adhesivos, cápsulas o varillas implantadas debajo de la piel.

Actividades

1. Busquen información sobre la composición de las pastillas anticonceptivas y fundamenten su acción sobre el organismo.
2. ¿Qué diferencias hay entre las pastillas anticonceptivas y las pastillas "del día después"?
3. Según la composición y acción de las pastillas anticonceptivas sobre el cuerpo, expliquen por qué se usan para estimular la ovulación en mujeres con trastornos de fertilidad.

Regulación de la hipófisis sobre las hormonas sexuales femeninas

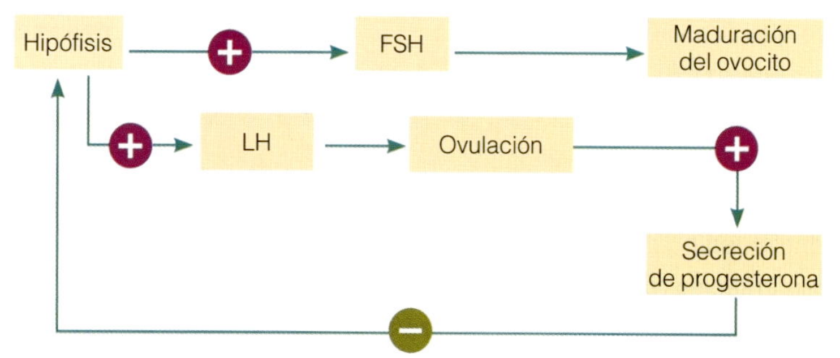

Las concentraciones elevadas de progesterona inhiben la hipófisis. Se produce una retroalimentación negativa de regulación de la hipófisis sobre hormonas sexuales femeninas.

Prostaglandinas

Las prostaglandinas son sustancias que se sintetizan en casi todas las células del cuerpo. Son ácidos grasos modificados que producen efectos locales y de poca duración. Existen varios tipos de prostaglandinas y, en general, cumplen **funciones regulatorias**, como disminuir la presión arterial (tienen efecto directo sobre la relajación y estiramiento de los músculos lisos) y participar en las reacciones febriles, entre otras. La fiebre se produce por alteraciones de la termorregulación en el hipotálamo, donde existen neuronas termosensitivas encargadas de controlar la temperatura corporal y producir fiebre cuando es estimulada por pirógenos* endógenos. El aumento de la temperatura se produce como respuesta a la acción de las interleucinas*, que se unen a receptores específicos en el hipotálamo, donde estimulan la síntesis de prostaglandinas (en especial, la prostaglandina E). El ácido acetilsalicílico presente en las aspirinas inhibe la formación de prostaglandinas, y por eso se dice que tiene capacidad antiinflamatoria y antipirética*.

Glosario

antipirético: medicamento para bajar la fiebre.

interleucina: proteína producida por monocitos y macrófagos.

pirógeno: sustancia que produce fiebre; actúa sobre el centro termorregulador del hipotálamo.

Regulación de la concentración de agua en el cuerpo

Mantener estable la concentración de agua en el cuerpo es una función vital, ya que es un elemento que representa entre el 60 y el 70% del peso corporal. El mayor porcentaje de agua se encuentra en la sangre y, por lo tanto, si la concentración de agua en el organismo disminuye, la sangre se pone más espesa. Esta modificación es captada por el centro nervioso de la sed, ubicado en el hipotálamo, que reacciona ante ese estímulo promoviendo la liberación de **hormona antidiurética** (HAD) con el objetivo de restablecer la concentración de agua en el organismo. Eso lo logra mediante el aumento de la reabsorción de agua en los túbulos renales y la disminución de la producción de orina, que tendrá la característica de ser más concentrada de lo habitual.

En cambio, cuando la presencia de agua en el plasma sanguíneo es superior al porcentaje normal, el centro nervioso del hipotálamo inhibe la liberación de HAD o disminuye su presencia en sangre, con lo cual los túbulos renales reducen la reabsorción de agua en los riñones. Esto hace que se elimine el exceso de agua presente en el organismo a través de la orina que, en este caso, estará más diluida.

Si bien la concentración de minerales en el organismo representa el 1% de la composición corporal, su variación influye en la concentración de agua. Esto se debe a que para mantener la homeostasis, es necesario que el agua y los minerales se encuentren en una proporción constante. Por ejemplo: si la concentración de sal en el organismo aumenta, también debe aumentar, en igual proporción, la concentración de agua. En este caso, también se activa la hormona aldosterona.

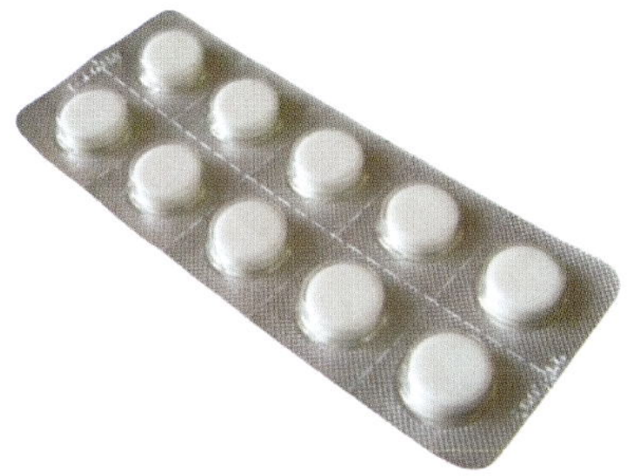

El paracetamol presente en varios fármacos tiene acción analgésica y antipirética, ya que inhibe la síntesis de prostaglandinas.

Actividades

1. ¿Por qué una persona pierde un poco de peso después de iniciar una dieta pobre en sal, aunque no reduzca el consumo calórico? Desarrollen el concepto.
2. ¿Cuál será el mecanismo de regulación puesto en marcha frente a un cuadro de diarrea y vómitos? Justifiquen su respuesta.

Regulación de la temperatura corporal

Las variaciones de la temperatura externa o interna son captadas por receptores específicos, los **termorreceptores periféricos cutáneos** en el primer caso, y los **termorreceptores internos** en el segundo, que actúan directamente sobre los centros hipotalámicos de regulación de la temperatura.

Cuando la temperatura corporal desciende, las glándulas suprarrenales liberan adrenalina y aumentan el metabolismo celular y la producción de calor, además de disminuir la circulación de sangre en los vasos periféricos. Si esta acción no es suficiente para recuperar la temperatura corporal, el hipotálamo actúa sobre la hipófisis y estimula la liberación de tirotropina, para que la tiroides libere T3 y T4. Por último, estas hormonas aumentan el metabolismo y producen calor. Este proceso se denomina **termogénesis**.

Al mismo tiempo, el centro simpático termogénico aumenta el tono muscular, el individuo comienza a tiritar para liberar calor con la contracción muscular. También se produce vasoconstricción cutánea, mediante la disminución de la circulación sanguínea en la periferia corporal, para reducir la pérdida de calor por irradiación, y se produce piloerección para formar una capa de aire retenida entre los pelos, que se mantiene caliente y evita así la pérdida de calor por convección.

Si, por el contrario, la temperatura corporal asciende, se inhibe la liberación de tiroxina y el **centro parasimpático termolítico** reduce el tono muscular. Se produce vasodilatación de los vasos sanguíneos de la piel, lo que incrementa la pérdida de calor por irradiación y aumenta la transpiración. De esta manera, el sudor liberado por las glándulas sudoríparas permite la pérdida de calor por evaporación.

La regulación de la temperatura corporal se logra gracias al mecanismo de retroalimentación negativa. A estos mecanismos para mantener la temperatura corporal se le suman aquellos que el hombre puede controlar, como la vestimenta, el alimento, la calefacción y la refrigeración.

La razón por la cual debemos mantener la temperatura corporal constante entre 36 y 37 °C es porque esa es la temperatura adecuada para las actividades metabólicas celulares: las enzimas y otras proteínas se mantienen estables y activas, sin desnaturalizarse.

El cuerpo se encuentra en **hipotermia** cuando la temperatura corporal está por debajo de los 35 °C. Si no se reestablece la temperatura normal y la hipotermia dura un tiempo prolongado, puede provocar daño cerebral y problemas circulatorios.

Regulación de la temperatura corporal

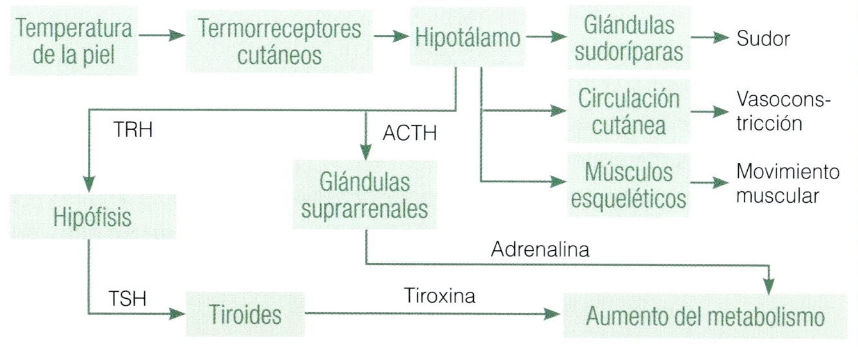

Actividades

1. Cuando el organismo es atacado por microbios, como los virus o las bacterias, responde con: aumento de la temperatura corporal (fiebre), aceleración del ritmo cardíaco, sudor y sed, entre otras respuestas.

a. ¿Con qué objetivo se producen estos cambios en el organismo?

b. La fiebre, ¿es aliada o enemiga del organismo? ¿Debemos evitarla?

Pubertad: regulación de las hormonas sexuales

El inicio de la pubertad, hecho que suele ocurrir entre los 10 y 12 años, está determinado por la actividad de dos glándulas: la **hipófisis**, mediante la secreción de FSH y LH, y las **gónadas**, ovario y testículo, mediante la secreción de las hormonas sexuales, testosterona en el varón, y estrógeno y progesterona en la mujer.

Las hormonas sexuales, tanto en el varón como en la mujer, son esteroides cuya secreción es regulada por las hormonas de la hipófisis, mediante un mecanismo de retroalimentación negativa.

En la mujer, la hipófisis libera FSH, que actúa en los ovarios y estimula el desarrollo del folículo ovárico con el objetivo de lograr la maduración del ovocito a partir del cual se formará el óvulo. Esta acción promueve el desarrollo del folículo de Graaf, el cual libera estrógeno al torrente sanguíneo.

Las concentraciones elevadas de estrógeno inhiben la liberación de FSH y estimulan la secreción de LH. Esta hormona de la hipófisis actúa sobre el ovario y estimula el proceso de ovulación y la posterior formación del cuerpo lúteo, a partir del cual se liberará la progesterona, responsable de mantener y continuar los cambios iniciados por el estrógeno. Los niveles elevados de progesterona actúan en retroalimentación negativa con la hipófisis para que esta deje de secretar LH.

En el varón, la FSH actúa sobre los túbulos seminíferos de los testículos y promueve la producción de células sexuales. Por otra parte, la LH actúa sobre las células intersticiales y estimula la secreción de testosterona.

Al igual que en la mujer, la regulación de la concentración de esta hormona se produce por el mecanismo de retroalimentación o *feedback* negativo.

Curiosidades

Tanto en el varón como en la mujer, la ingesta de ciertas sustancias puede alterar la producción de hormonas sexuales.

A partir de 1930, comenzó el consumo de esteroides anabólicos para desarrollar la musculatura corporal. Estos anabólicos sintéticos tienen una composición química similar a la de la testosterona.

Al actuar como la testosterona, los anabólicos inhiben la producción de la hormona sexual (retroalimentación negativa). Por eso, un consumo prolongado de estas sustancias disminuye la concentración de testosterona y provoca la reducción de los testículos, el aumento de las mamas, daños en el hígado, riñones y corazón, entre otros efectos.

Además, en los adolescentes, pueden ocasionar calvicie precoz y menor estatura.

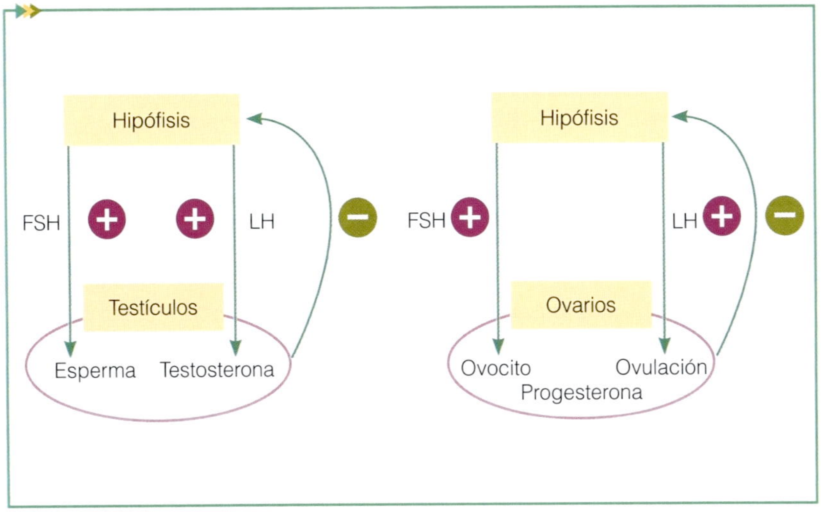

Mecanismo de retroalimentación o *feedback* negativo.

Para conocer más

Amorena, C. y Goldman, A., *Entre el calamar y el camello: o del control del medio interno*, Buenos Aires, Eudeba, 2006.

Calvo, J. C., *¡Qué porquería las hormonas!: sobre granitos, crecimiento, sexo y otras señales en el cuerpo*, Colección "Ciencia que ladra", Buenos Aires, Siglo XXI Editores, 2011.

Podestá, E. *La razón de las hormonas: el porqué de las glándulas endocrinas*, Buenos Aires, Eudeba, 2008.

Endocrinología y embarazo

La endocrinología se encarga del estudio de las glándulas de secreción interna productoras de las hormonas que regulan todos los procesos metabólicos. Un desequilibrio en las glándulas desbalancea varios sistemas y afecta la psiquis y las defensas, entre otras cosas.

Diversas alteraciones endocrinas pueden interferir en la posibilidad de un embarazo, por ejemplo la función de la tiroides, cambios en el peso corporal y alteraciones del ciclo menstrual.

Las hormonas que requieren especial atención a la hora del desarrollo de un embarazo son las tiroideas y la insulina, porque pueden alterar el crecimiento y desarrollo del bebé.

La glucemia

Se deben realizar controles de glucemia para evaluar el riesgo de diabetes gestacional. Este tipo de diabetes aparece luego de la semana 20 de embarazo. Si el estudio muestra un resultado patológico o si da normal pero la mujer presenta factores de riesgo, debe repetirse entre la semana 31 y la semana 33 del embarazo. Si la mujer presenta diabetes gestacional, debe recibir el tratamiento adecuado. Este tratamiento incluye un automonitoreo de los niveles de glucosa: si los valores son normales, solo requerirá de una dieta rigurosa; en cambio, si los valores están alterados, deberá recurrirse a la insulina.

Una vez producido el parto, la mayoría de estas mujeres vuelven a presentar valores normales y no padecen diabetes. Sin embargo, tienen un 40% de probabilidades de volver a desarrollarla en un embarazo futuro.

La endocrinóloga Lara Miechi explica que "las mujeres que están bajo tratamiento por diabetes y deciden buscar un embarazo, deben saber que es muy importante la programación del embarazo, porque para el momento en que una mujer diabética descubre que está embarazada –cuando le faltó la menstruación– ya lleva 20 o 25 días de embarazo y en esos días ya empezó la génesis del embrión. Los valores glucémicos elevados pueden provocar malformaciones del bebé (15%). Si está controlada, la mujer puede quedar embarazada porque no implica riesgo para el bebé; de esta forma, la posibilidad de malformaciones se reduce hasta un 1% y la mortalidad fetal, alrededor de un 2%".

La tiroides

Su funcionamiento es importante durante el primer trimestre del embarazo, porque en ese período la madre le traspasa las hormonas tiroideas al bebé para su desarrollo y crecimiento.

Las mujeres que ya presentan hipotiroidismo deben continuar con el tratamiento y realizar control de la dosis de la medicación durante los nueve meses y en el postparto. También puede producirse una leve alteración de la función tiroidea –el hipotiroidismo subclínico–, que es importante diagnosticar y tratar en el embarazo, dado que puede ser causa de abortos recurrentes más que de esterilidad", explica Miechi.

El hipertiroidismo puede provocar alteraciones del ciclo menstrual y riesgo de pérdida de embarazo, por eso se recomienda primero tratar el hipertiroidismo y después buscar el embarazo. "De quedar embarazada, los controles son mensuales y con el endocrinólogo. Es fundamental también controlar al bebé, porque los anticuerpos que producen el hipertiroidismo en la madre suelen atravesar la placenta y provocar un estado similar en el bebé, con retraso del crecimiento intrauterino y manifestaciones cardiovasculares".

Dra. Lara Miechi, departamento de Endocrinología de Halitus Instituto Médico.

Actividades

1. Expliquen la frase subrayada en el primer párrafo del texto e incluyan el término "homeostasis".
2. ¿Qué alimentos deberá excluir de su dieta la mujer que presenta diabetes gestacional?
3. ¿Por qué la acción de las hormonas tiroideas es fundamental en el primer trimestre del embarazo?

Gigantes que no son monstruos

Tanto el cine como la televisión han utilizado infinidad de veces a los "gigantes" para personificar individuos que causaran miedo, terror o desconfianza. Ya sea en películas de terror o en comedias, estos individuos han sido elegidos por su aspecto, sumado a una personalidad tímida y torpe. En una acción que hoy podríamos tildar de discriminatoria, los productores de cine y televisión se han valido de individuos que sufrían **acromegalia** para alcanzar sus objetivos.

Pero esos gigantes no son monstruos. Son personas que sufren una alteración en su desarrollo a causa de la producción en exceso de la hormona de crecimiento, hecho que se suele asociar con la presencia de un tumor benigno en la glándula hipófisis.

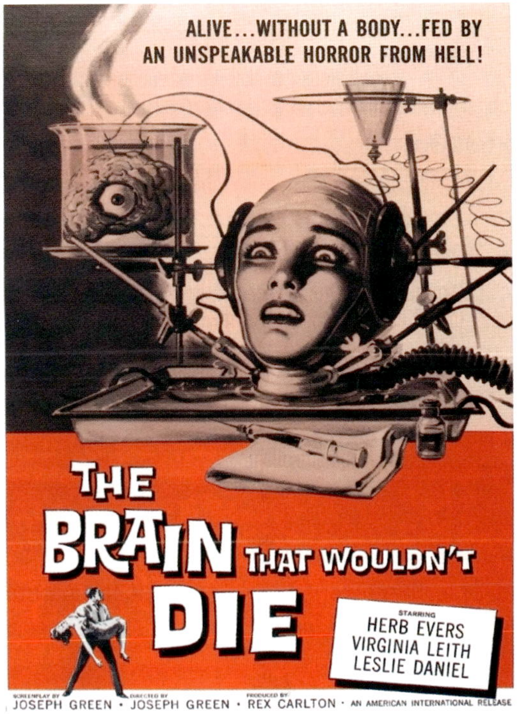

El **adenoma**, o tumor hipofisiario benigno, oprime la glándula y altera su producción normal de hormonas.

Los individuos con acromegalia comparten algunos rasgos característicos, como el agrandamiento de manos, nariz, pies, labios y orejas. Tienen la voz gruesa y hablan lento, producto del debilitamiento de sus cuerdas vocales. La frente pronunciada y el cráneo expandido con una saliente mandíbula inferior (prognatismo) causan una separación entre los dientes y mala oclusión mandibular.

La secreción anormal de hormonas hipofisiarias provoca complicaciones muy graves en el mediano y largo plazo, como la hipertensión arterial, diabetes e insuficiencia renal, que incluso pueden conducir al individuo a la muerte.

Algunos actores que padecían gigantismo fueron:

- Carel Struycken, personificó a Largo en la película *Los locos Addams* (Estados Unidos, 1991).
- Eddie Carmel, en el filme *El cerebro que no debía morir* (Estados Unidos, 1962).
- Richard Kiel, como el Sr. Larson en *Happy Gilmore* (Estados Unidos, 1996).

Esta enfermedad también ha sido el tema principal en algunas películas. En el filme *Monster maker* (1944), el protagonista es un científico que ataca a sus enemigos inyectándoles un virus que supuestamente causa acromegalia, con el objetivo de fabricar monstruos.

La película *Belleza* (1998) es una historia romántica en la que la protagonista es una artista plástica que se enamora de un hombre que padece acromegalia.

Actividades

1. La hipertricosis y la hiperpigmentación también son rasgos característicos del gigantismo o acromegalia. Investiguen en enciclopedias o en Internet en qué consisten.
2. Según las funciones de las distintas hormonas hipofisiarias, traten de dar una explicación a las características del punto anterior y a las complicaciones nombradas en el texto: hipertensión, diabetes e insuficiencia renal.
3. En el filme *Monster maker* hay un error muy importante. Vean la película y descubran el error.

1. Marquen con X la opción u opciones correctas. Justifiquen su respuesta.

a. Las hormonas son:

- Sustancias químicas exclusivas del ser humano que actúan en pequeñas cantidades sobre tejidos blanco.
- Sustancias químicas secretadas en una parte del organismo que actúan produciendo un efecto sobre órganos o tejidos blanco.
- Sustancias químicas que se encuentran en el alimento y son imprescindibles para el funcionamiento normal del cuerpo.

b. El metabolismo celular disminuye:

- Por hipofunción de la glándula tiroides.
- Por hiperfunción de la glándula tiroides.
- Produciendo frío.
- Produciendo calor.

c. En caso de deshidratación, la regulación del equilibrio hídrico requiere:

- Disminución de la hormona antidiurética.
- Ingesta de agua.
- Reabsorción de agua en los tubos colectores de los riñones.
- Ninguna opción anterior es correcta.
- Todas las opciones anteriores son correctas.

d. Ante un descenso prolongado de la temperatura ambiente, se produce:

- Vasoconstricción.
- Vasodilatación.
- Aumento de la liberación de tiroxina.
- Inhibición de la producción de adrenalina y de noradrenalina.

e. Las glándulas endocrinas son las que:

- Poseen conductos y vierten sus productos al exterior del cuerpo.
- Poseen conductos y vierten sus productos a la sangre.
- Carecen de conductos y vierten sus productos a la sangre.
- Carecen de conductos y vierten sus productos al exterior del cuerpo.

f. Cuando un bebé deja de succionar el pecho de la madre:

- El hipotálamo disminuye la producción de hormona estimulante de prolactina.
- El hipotálamo aumenta la producción de hormona estimulante de prolactina.
- El hipotálamo aumenta la producción de hormona inhibidora de prolactina.

2. ¿Qué mecanismo de regulación de la glucemia actúa en cada uno de los siguientes casos? ¿Por qué esos mecanismos son los más apropiados para esa situación?

a. Durante una pelea o discusión.

b. Durante una clase de Educación Física.

3. Cuando hace mucho frío, la piel empalidece. ¿Cómo explicarían esta situación?

4. ¿Qué alteraciones presenta el cuerpo de un individuo con concentraciones bajas de aldosterona? ¿Presenta las mismas alteraciones si disminuye la concentración de HAD?

5. En el siguiente gráfico se representa la producción de orina de dos pacientes durante cuatro horas.

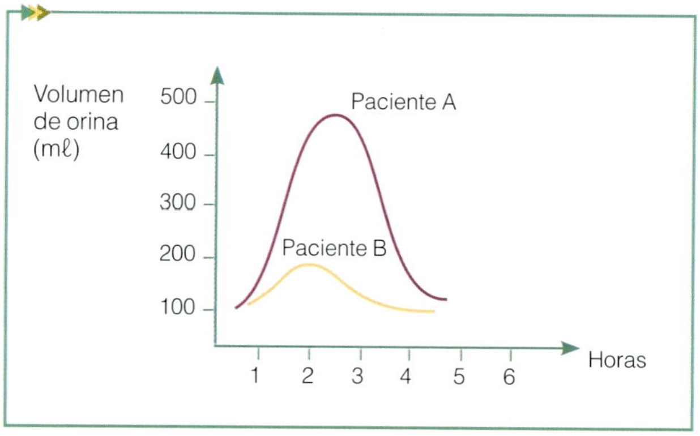

a. Uno de los pacientes presenta alteraciones en el funcionamiento de la glándula suprarrenal, ¿cuál es?

b. ¿En qué consiste la alteración de la glándula suprarrenal?

c. ¿Puede ser mortal la insuficiencia detectada en el paciente? ¿Por qué?

6. Marquen con X cuál de las siguientes hormonas disminuye la glucemia, aumenta la permeabilidad de la membrana plasmática a la glucosa y aumenta la oxidación de la glucosa.

- Tirosina.
- Glucagón.
- Insulina.
- Vasopresina.
- Adrenalina.

La reproducción

5

Contenidos

A lo largo de la historia de la vida en la Tierra, los seres vivos han desarrollado una gran variedad de características que les permitieron sobrevivir y enfrentar las adversidades que se les han presentado. La reproducción es la más importante de esas características, ya que permite la continuidad de la especie y mantener los rasgos que les son propios a través de la transmisión de la información genética. En los organismos con reproducción sexual, la reproducción permite además el intercambio de dicha información, lo que da lugar a la variabilidad genética, un factor importante en la evolución de los seres vivos. ¿Cómo logran los individuos mantener los rasgos de su especie y, al mismo tiempo, presentar variabilidad genética? ¿Cuáles son las características que posibilitaron la supervivencia de todos los seres vivos que hoy habitan en la Tierra?

EN ESTE CAPÍTULO...
Se estudia la reproducción de los seres vivos. En la primera parte se ofrece una visión general de la reproducción en los seres vivos, además de su característica y diferenciación en la diversidad biológica. Luego se analizan las estructuras reproductoras y el proceso de reproducción en los seres humanos. Hacia el final del capítulo se describe la reproducción en las células.

Contenido digital adicional

www.tintaf.com.ar/BIO3C5

La función de reproducción

La capacidad de reproducirse es una característica propia de los seres vivos que posibilita **perpetuar la especie**. La reproducción es considerada una función vital, como la nutrición, pero a diferencia de esta, no es vital para la supervivencia del individuo, sino que es necesaria para la continuidad y supervivencia de la especie; por lo tanto, es vital para la población.

Todos los seres vivos se reproducen para originar individuos semejantes a ellos y así continuar la especie, **mantener el número de individuos** y **evitar la extinción**. El desarrollo de características y mecanismos reproductores específicos les ha permitido alcanzar dicho objetivo y lograr una mayor eficacia reproductiva en el ambiente en el que se desarrollan. Esta característica se relaciona con la conocida frase "la supervivencia del más apto", ya que es apto aquel que pueda dejar descendencia.

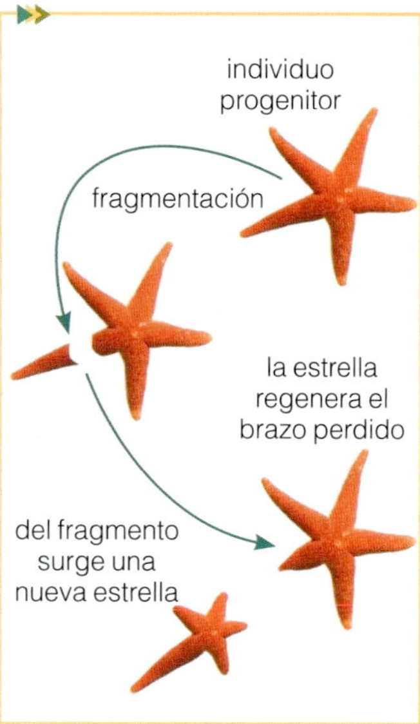

La estrella de mar puede regenerar el cuerpo entero a partir de uno solo de sus brazos.

Reproducción sexual y asexual

En los organismos unicelulares, la reproducción de cada individuo permite el **crecimiento de la población**; en cambio, en los organismos pluricelulares, además de incrementar el número de individuos de la población, posibilita el **crecimiento del individuo**, y **el mantenimiento** y **reparación de los tejidos** del cuerpo a través de la reproducción de las células que lo forman.

Algunos organismos, como las bacterias, utilizan un mecanismo de reproducción en el que interviene un solo individuo, denominado **reproducción asexual**. Otros, como los peces, lo hacen mediante la **reproducción sexual**, un proceso más complejo, en el que participan dos individuos de la misma especie.

Reproducción asexual

En la reproducción asexual, cada organismo se origina a partir de un solo progenitor por división o fisión binaria, gemación o brotación, o fragmentación. Los descendientes son idénticos entre sí y al progenitor. En este tipo de reproducción no intervienen células sexuales y se caracteriza por ser un proceso rápido, efectivo y que demanda poco consumo de energía por parte del organismo.

En la **división** o **fisión binaria**, microorganismos como las bacterias y los protozoos crecen hasta alcanzar su tamaño máximo; en ese momento, duplican su material genético y se dividen, estrangulando su citoplasma.

Algunos invertebrados acuáticos, como las medusas y las esponjas, se reproducen por **gemación** o **brotación**. En este proceso, algunas células del progenitor se dividen para formar una **yema** o **brote**, que luego se desprende del individuo que lo formó y se desarrolla como un individuo independiente, o bien se mantiene fijo en el cuerpo del progenitor y da origen a una colonia de individuos.

En la **fragmentación**, los organismos que utilizan este mecanismo de reproducción tienen la capacidad de recuperar parte de su cuerpo mediante la regeneración de los tejidos que lo forman, como hace la estrella de mar ante la eventual pérdida de uno o más tentáculos. Otros organismos que utilizan este proceso son las lagartijas, la lombriz de tierra y las salamandras.

Actividades

1. Luego de leer el texto, respondan.

a. ¿Cómo relacionarían la eficacia reproductiva con la supervivencia del más apto?

b. ¿Por qué los individuos generados por reproducción asexual son iguales entre sí y a su progenitor?

Los vegetales también utilizan mecanismos de reproducción asexual para dejar descendencia. Lo hacen por medio de estolones, multiplicación vegetativa, esporulación y bulbos o rizomas.

Los **estolones** son tallos rastreros que se extienden en sentido lateral al ras del suelo, originando nuevas raíces, tallos y hojas que forman al nuevo individuo. La frutilla y el zapallo usan esta forma de reproducción asexual.

La **multiplicación vegetativa** ocurre cuando se origina un nuevo individuo a partir de un fragmento de vegetal. El ser humano aprovecha esta capacidad de la planta para obtener ejemplares de determinados vegetales a partir de gajos y tallos que corta de la planta, y pone en agua o tierra para que se desarrollen.

Algunos vegetales, como los helechos, producen células llamadas **esporas** en determinada época del año, que tienen la capacidad de germinar y originar una nueva planta, si las condiciones ambientales son las adecuadas. A este mecanismo se lo conoce como **esporulación**.

Otros vegetales se reproducen por **bulbos** o **rizomas**, que son tallos subterráneos a partir de los cuales surge un nuevo individuo. Los geranios, los tulipanes y las papas emplean este mecanismo de reproducción.

Los tallos rastreros pueden abarcar varios metros de extensión. El "lazo de amor" también utiliza este mecanismo para reproducirse.

En los viñedos se emplea la reproducción por gajos para obtener mejores variedades de uvas.

Curiosidades

Hay individuos que se originan a partir de un óvulo sin requerir el proceso de fecundación. Esta capacidad se llama **partenogénesis**. Es considerada reproducción sexual por la presencia de la gameta femenina, pero también puede incluirse como mecanismo de reproducción asexual, ya que solo interviene un individuo y no hay intercambio de información genética. Algunos de los animales que usan este mecanismo son las hormigas y las abejas.

Individuos que se reproducen por partenogénesis.

Reproducción sexual

En la reproducción sexual intervienen **dos progenitores**, los cuales a partir de la fecundación o fusión de sus gametas dan origen a un nuevo individuo. En la fecundación, la **unión de las células sexuales** femenina y masculina, cada una de ellas portadora de la mitad de la información genética de la especie (haploide), origina la **célula huevo** o **cigota** diploide*, que luego se desarrolla para formar el embrión. Por esta razón, los individuos originados por reproducción sexual no son iguales a sus progenitores, como ocurre en la reproducción asexual, ya que reciben características de ambos progenitores.

Glosario

diploide: individuo portador de la dotación completa de cromosomas propia de su especie, con dos juegos completos de cromosomas dispuestos de a pares.

Fecundación y desarrollo en los animales

La fecundación puede ocurrir dentro del cuerpo materno o fuera de él. En el primer caso se trata de fecundación interna y, en el segundo, de fecundación externa.

Los reptiles, las aves y los mamíferos poseen **fecundación interna**, es decir que los espermatozoides son depositados por el macho dentro del cuerpo de la hembra, para lo cual debe contar con un órgano copulador, como el pene. Este tipo de fecundación es más exitosa, ya que al ocurrir dentro del cuerpo de la hembra, aumenta la probabilidad de unión de las células sexuales y posibilita la supervivencia del embrión.

Tortuga eclosionando del huevo.

Entre los vertebrados con fecundación interna se diferencian los ovíparos, los ovovivíparos y los vivíparos. En los **ovíparos**, el embrión se desarrolla en el interior de un huevo, que se forma dentro del cuerpo de la hembra. Estos huevos presentan una cáscara resistente y porosa que permite el intercambio de gases, protege al embrión de la desecación y en su interior presenta el vitelo (yema), que le aporta nutrientes al embrión hasta su nacimiento. Las aves depositan los huevos en el nido, donde los incuban para aportarles la temperatura adecuada hasta su nacimiento. Los organismos que no los incuban con su cuerpo buscan los medios para lograrlo; por ejemplo los entierran, los exponen al calor o los cubren con vegetación.

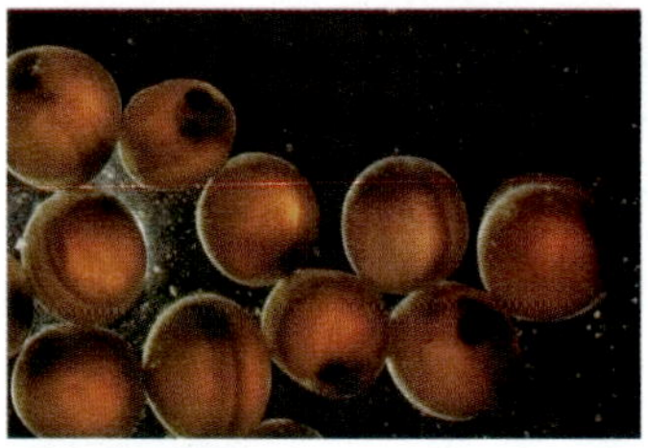
Huevos de rana.

Algunos reptiles, como las serpientes, son **ovovivíparos**. Esto significa que desarrollan un huevo luego de la fecundación pero, en lugar de liberarlos e incubarlos, los mantienen en el interior de su cuerpo hasta alcanzar el desarrollo total del embrión. Recién en ese momento los expulsan para que eclosionen.

Los mamíferos son **vivíparos**. En estos animales, el embrión se desarrolla completamente en el interior del cuerpo materno e intercambia nutrientes a través de la placenta.

Los peces, los anfibios y la mayoría de los invertebrados acuáticos, como los crustáceos y las estrellas de mar, presentan **fecundación externa**. En este proceso, machos y hembras liberan al mismo tiempo y durante la época de fertilidad, óvulos y espermatozoides en el agua. Esto no resulta ventajoso, ya que muchas de esas gametas pueden ser devoradas por los depredadores o simplemente dispersarse por las corrientes de agua, lo que impide la unión de las células sexuales. Por esta razón, para compensar las células perdidas y garantizar el éxito reproductivo, estos organismos liberan una gran cantidad de gametas y, de esta manera, aumentan la probabilidad de fecundación y supervivencia. Los animales que presentan este mecanismo se denominan **ovulíparos**.

Curiosidades

Los monotremas y los marsupiales son mamíferos especiales.
Los **monotremas**, grupo al que pertenecen el equidna y el ornitorrinco, son mamíferos ovíparos.
Los **marsupiales** (canguros, koalas y comadrejas) culminan su desarrollo en el marsupio, un pliegue en forma de bolsa que tienen las hembras a la altura del vientre, dentro del cual se encuentran las glándulas mamarias que le proveerán los nutrientes necesarios a la cría.

Actividades

1. ¿Cómo logra cada individuo tener eficacia en la reproducción en los distintos ambientes?
2. A partir de las imágenes de la página, respondan las preguntas.
a. ¿Qué diferencias pueden observar entre los huevos de ranas y tortugas?
b. ¿Qué ventajas o desventajas les otorga cada uno?
c. ¿Cómo relacionarían esto con la evolución?

Reproducción en vegetales

El órgano reproductor de la mayoría de las plantas es la **flor**. En ella se encuentra la estructura reproductora femenina, el **gineceo**, en el que se distingue un pequeño orificio ubicado en la parte superior, denominado **estigma**. Este se comunica con el **ovario**, donde se encuentran los óvulos a través de un delgado tubo, el **estilo**.

La estructura reproductora masculina, denominada **androceo**, está formada por los **estambres**, que son filamentos en cuyo extremo se encuentran las **anteras** portadoras de las **tecas**, donde se ubican los **granos de polen**. Las flores son estructuras transitorias que solo están presentes durante el período de reproducción.

En general, las flores son **hermafroditas**, es decir que presentan los órganos de ambos sexos. Por esta razón, algunas flores pueden realizar **autofecundación**, mientras que otras realizan **fecundación cruzada**, es decir, entre dos flores de la misma especie. El tamaño y la distribución de los estambres en la flor tienen relación con el mecanismo de transporte del grano de polen que utilicen. Las flores que presenten androceos más cortos que su gineceo requieren un agente polinizador (el viento, el agua, un ave o un insecto) para alcanzar con éxito la fecundación cruzada.

El proceso de fecundación en las plantas con flor se inicia cuando el grano de polen llega al estigma, donde se introduce y forma el tubo polínico que conduce el núcleo hasta alcanzar el **óvulo** y fusionarse con él en el interior del ovario. Como resultado de este proceso, el ovario da origen al **fruto**, en cuyo interior se encuentran las semillas portadoras del embrión. En determinada época del año y con condiciones ambientales favorables, estas semillas alcanzan la tierra, donde germinarán para dar origen a un nuevo individuo.

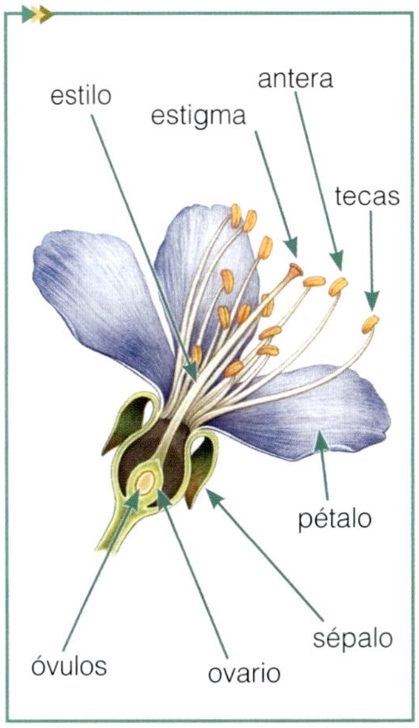

Estructura de la flor.

Actividades experimentales

Observación de las estructuras reproductoras en las flores

Necesitan:

- flores (de palo borracho, lirio o rosa china)
- bisturí o trincheta
- lupa
- microscopio
- portaobjetos
- cubreobjetos
- pinza de depilar

Paso 1. Realicen una observación general de la flor. Identifiquen sus partes y descríbanlas.

Paso 2. Describan las características de los pétalos (piezas coloreadas) y los sépalos (piezas externas, generalmente de color verde), y relacionen sus características con la función reproductora.

Paso 3. Con una hoja de bisturí o trincheta, realicen un corte longitudinal de la flor comenzando por su base, hasta dividirla en dos partes iguales. Identifiquen las estructuras. Observen con una lupa y elaboren un esquema de la vista interna de la flor.

Paso 4. Indiquen la posición de los componentes del ciclo reproductor, y describan y relacionen esto con el proceso de polinización y fecundación en esa flor.

Paso 5. Con ayuda de una pinza, retiren los óvulos del gineceo y colóquenlos sobre un portaobjetos. Agreguen una gota de agua y tápenlo con un cubreobjetos. Observen al microscopio, y luego dibujen y describan lo que ven.

Paso 6. Tomen una muestra de granos de polen y colóquenla sobre un portaobjetos. Agreguen una gota de agua y tápenlo con un cubreobjetos. Observen al microscopio, y luego dibujen y describan lo que ven.

Paso 7. Comparen ambas células sexuales. Relacionen la estructura del grano de polen con el tipo de polinización de la flor analizada.

Ventajas y desventajas evolutivas

Tanto la reproducción asexual como la sexual presentan ventajas y desventajas en cuanto a la cantidad de individuos que originan, el tiempo que demanda el proceso, y las condiciones o requerimientos necesarios para realizarlo. Si se analiza cada uno de estos procesos en su relación e influencia sobre la evolución, se evidencia que uno de ellos es más ventajoso que el otro.

Para los organismos unicelulares y los pluricelulares inferiores, la reproducción asexual resulta la más apropiada, ya que les permite dejar descendencia o regenerar estructuras en menor tiempo y sin requerimientos específicos, como ocurre en la reproducción sexual.

Los organismos que se reproducen sexualmente deben contar con órganos especializados en producir células sexuales y estructuras que garanticen la unión de esas células, como los órganos copuladores del macho y los órganos que actúan como receptáculos de células sexuales en la hembra, o depender de un medio que les otorgue la posibilidad de la fecundación, como por ejemplo el medio líquido que necesitan peces y anfibios. Además, en los organismos que se reproducen sexualmente, poder lograr la descendencia les demanda más tiempo y esfuerzo, como ocurre con la formación de huevos y su incubación en los ovíparos, o el período de gestación en los vivíparos.

Desde el punto de vista evolutivo, la reproducción sexual resulta ser más ventajosa, dado que aporta **variabilidad genética** en su descendencia. A partir de la fecundación, el individuo que se origina obtiene información genética de ambos progenitores, con lo que logra diversidad en la descendencia, la cual será distinta en cada generación. Esta capacidad para generar y transmitir diversidad que le otorga al individuo la reproducción sexual hace posible que la población adquiera características que le permitan sobrevivir en un determinado ambiente y, por lo tanto, posibilitar la selección de los individuos mejor adaptados.

Por el contrario, en la reproducción asexual, al no existir participación de dos progenitores, no hay variación en su descendencia. Los organismos originados son una copia genética del individuo del cual surgen, por lo que toda la población presentará las mismas características. Esta falta de variabilidad o diversidad genética es una desventaja evolutiva.

Actividades

1. Respondan las siguientes preguntas.

a. ¿Por qué la reproducción asexual es la más apropiada para los organismos unicelulares?

b. ¿Qué características tienen los organismos que se reproducen sexualmente?

c. ¿Por qué, desde el punto de vista evolutivo, la reproducción sexual es más ventajosa?

Los conocimientos previos

Para comprender un tema nuevo, es importante relacionarlo con otros conocidos. Pueden anotar los títulos y subtítulos en una hoja, cerrar el libro y conversar con un compañero sobre lo que recuerdan de años anteriores.

REPRODUCCIÓN ASEXUAL	REPRODUCCIÓN SEXUAL
Proceso rápido. En las bacterias, por ejemplo, el tiempo de reproducción puede variar desde 30 minutos hasta un par de horas.	Proceso complejo.
Gran número de descendientes. Formación de colonias.	Pocos descendientes.
Crecimiento exponencial.	Crecimiento sigmoidal.
No hay variabilidad. Mejor desarrollo en ambientes estables.	Mayor variabilidad. Se adecuan a ambientes variables.

Reproducción humana

Los seres humanos se reproducen sexualmente originando individuos que poseen las características comunes a la especie y las heredadas de sus padres, que comparten con el grupo familiar al que pertenecen.

Durante los primeros años de vida, el ser humano presenta los **caracteres sexuales primarios**, determinados por la información genética presente en el óvulo y el espermatozoide que le dieron origen. Estos caracteres primarios son los órganos que forman el sistema reproductor femenino y el masculino: ovarios, útero, vagina y genitales externos en la mujer, y testículos, pene y órganos internos en el hombre.

La adolescencia es un período de grandes cambios corporales, psicológicos, sociales y culturales.

Aproximadamente a los 11 años, tanto los niños como las niñas comienzan a desarrollar los **caracteres sexuales secundarios**, que son los cambios corporales vinculados con la madurez sexual, que le brindan al individuo la capacidad biológica de reproducirse y dejar descendencia. Esta etapa de modificaciones se denomina **pubertad** y se extiende hasta aproximadamente los 14 años.

Caracteres sexuales secundarios

Los cambios en la pubertad surgen como consecuencia del aumento en la producción de hormonas sexuales que activan el funcionamiento de los órganos sexuales. Todos los cambios que ocurren en la pubertad están dirigidos por la glándula hipófisis, que actúa sobre los ovarios y testículos al estimular la secreción de estrógeno y progesterona en la mujer, y testosterona en el varón.

En la mujer, el cambio principal que marca el inicio de la etapa es la primera **menstruación**, y a este cambio se suman el desarrollo de glándulas mamarias, el ensanchamiento de las caderas y el desarrollo de vello púbico y axilar.

En el varón se modifica la voz; se incrementa la estructura ósea; aumenta la masa muscular y aparece vello en la cara, el tórax, el pubis y las axilas. También pueden producirse emisiones involuntarias de semen durante el sueño (poluciones nocturnas).

En ambos sexos, se observa el crecimiento y el oscurecimiento de los órganos reproductores externos; hay mayor secreción de las glándulas sebáceas, por lo cual la piel se vuelve más grasa y puede provocar la aparición del acné*. También aumenta la cantidad de transpiración, con olor muy fuerte.

Pero no solo los cambios físicos caracterizan esta etapa: las emociones y la afectividad también forman parte de la adolescencia. Durante la adolescencia, los jóvenes buscan su identidad, se preocupan por su futuro y empiezan su adaptación a la sociedad en que viven.

Curiosidades ▶

¿Qué es la nuez de Adán? Con ese nombre se conoce a la prominencia en el cuello que los varones desarrollan a partir de la pubertad. Se trata del cartílago laríngeo, en cuyo interior se encuentran las cuerdas vocales. Con el crecimiento, las cuerdas vocales se alargan y engrosan, al mismo tiempo que se desarrolla el cartílago laríngeo. Esto modifica la caja de resonancia de las cuerdas vocales y hace que la voz de los varones se vuelva más grave en la adolescencia.

Glosario

acné: inflamación crónica de las glándulas sebáceas de la piel, sobre todo en la cara y en la espalda.

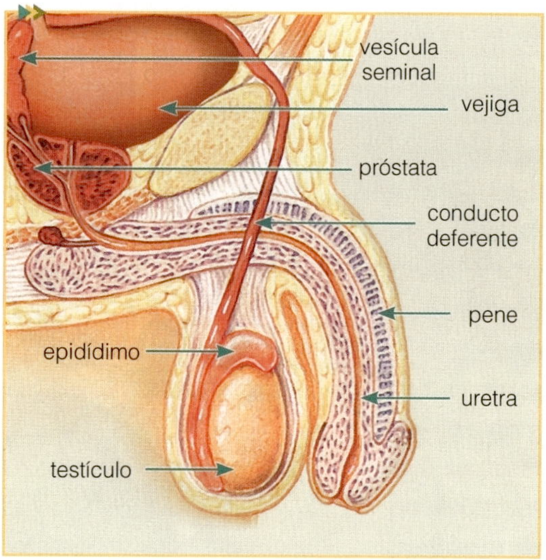

Órganos del sistema reproductor masculino.

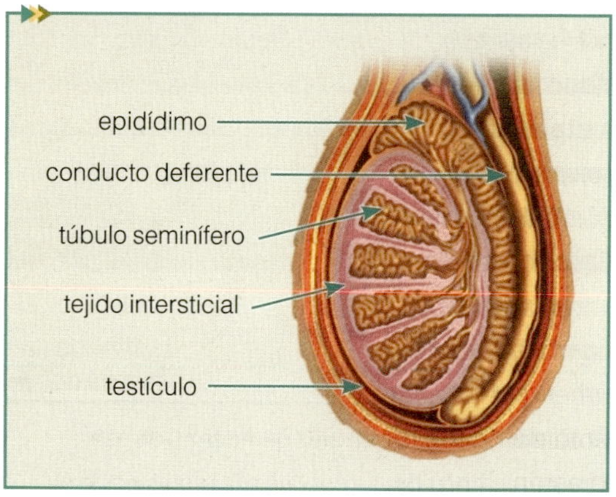

Vista interna del testículo.

Sistema reproductor masculino

Los órganos que conforman el sistema reproductor masculino se encuentran en el exterior y en el interior de la pelvis.

Los órganos masculinos

El **escroto** es una bolsa de piel que protege los testículos y los mantiene a una temperatura menor que la corporal, ya que el aumento de la temperatura altera la producción de espermatozoides.

Los **testículos** se desarrollan en la cavidad abdominal del feto y luego descienden por el canal inguinal hasta ubicarse en el escroto. De este modo logran mantenerse alejados del cuerpo y a una temperatura de 3 °C menos, para no alterar el proceso de formación de espermatozoides, hecho que ocurrirá a partir de la pubertad.

En el interior de cada testículo hay tubos muy finos y enrollados, denominados **túbulos seminíferos**, en los que se desarrollan los espermatozoides. Entre los túbulos seminíferos se encuentran las células de Leydig o células intersticiales, encargadas de la producción y secreción de testosterona. Los túbulos seminíferos desembocan en un único tubo, el **epidídimo**, ubicado en la parte superior de cada testículo. Allí, los espermatozoides son almacenados, adquieren movilidad y terminan de madurar. Como respuesta a la excitación sexual, los espermatozoides ascienden por el **conducto deferente**, que rodea a la vejiga urinaria, y desembocan en un único conducto, la uretra. La **uretra** es un conducto compartido con el aparato urinario: además de transportar la orina, transporta los espermatozoides por el pene para ser expulsados al exterior en la eyaculación. En su recorrido, las células sexuales masculinas reciben las secreciones de la glándula seminal, la próstata y la glándula bulbouretral o de Cowper.

La **glándula seminal** secreta un líquido viscoso y alcalino que le aporta nutrientes a los espermatozoides; esta secreción constituye el 60% del semen. La **próstata** libera hacia el conducto deferente un líquido lechoso, levemente alcalino y con nutrientes. Ambas secreciones no solo nutren a los espermatozoides sino que, además, con su alcalinidad neutralizan la acidez presente en la uretra y los genitales femeninos, que es nociva para los espermatozoides. La **glándula bulbouretral** o **de Cowper** aporta un líquido lubricante que favorece el desplazamiento de los espermatozoides.

El **pene** es un órgano eréctil que posibilita depositar el semen en el interior del sistema reproductor femenino. El cuerpo del pene, de forma cilíndrica, está formado por un tejido esponjoso eréctil y los cuerpos cavernosos, que presentan cavidades que se dilatan y se llenan de sangre durante la excitación sexual, lo que provoca que el pene se erecte y aumenten su tamaño y rigidez. En el extremo del pene se encuentra una estructura lisa y algo abultada, el **glande**, protegido por un pliegue de piel denominado **prepucio**.

Actividades

1. Describan el recorrido de los espermatozoides desde que son producidos en los testículos hasta que abandonan el cuerpo en la eyaculación.

2. Describan la conformación del semen y la función de cada componente.

Los espermatozoides

Los espermatozoides se originan a partir del proceso de división celular, denominado **espermatogénesis**, que realizan las espermatogonias, células diploides ubicadas en los túbulos seminíferos. Las espermatogonias originan por proceso de diferenciación los espermatocitos primarios, cada uno de los cuales se divide y forma dos espermatocitos secundarios. Luego, estos se vuelven a dividir para formar las espermátidas, que maduran y se diferencian para dar origen a los espermatozoides, que son células haploides.

En la estructura de los espermatozoides se diferencian tres partes: **cabeza** o cuerpo celular en la que se encuentra el núcleo, que contiene el material genético paterno; el **cuello**, provisto de mitocondrias dispuestas en espiral que le proveen energía, mediante el proceso de respiración celular, para su desplazamiento; además, aquí se encuentra el centriolo, que forma el haz de microtúbulos que origina la tercera estructura del espermatozoide: la **cola**, que le permite realizar movimientos ondulatorios para impulsarse. En el extremo de la cabeza, los espermatozoides tienen una estructura denominada **acrosoma**, provista de la enzima hialuronidasa, que le permite atravesar la corona radiada del óvulo para fecundarlo. El tiempo de vida de un espermatozoide oscila entre 48 y 72 horas.

En la pubertad, los testículos comienzan a recibir estimulación de las hormonas secretadas por la hipófisis: esto indica el comienzo de la madurez sexual. La hormona liberadora de gonadotrofinas (GnRH) proveniente del hipotálamo estimula la secreción de FSH y LH desde la hipófisis. La FSH estimula el proceso de espermatogénesis, al tiempo que la LH estimula las células de Leydig para que se libere testosterona. Para mantener las concentraciones normales de la hormona sexual masculina, se produce una retroalimentación negativa, por la cual las células de Sertoli liberan la hormona inhibidora de FSH.

Higiene del pene

El prepucio es un pliegue de piel que cubre el glande y deja entre ellos un espacio que reúne las condiciones aptas para el desarrollo de microorganismos, ya que es un lugar húmedo, cálido y oscuro. Por esto es importante la higiene correcta de los genitales, retirando el prepucio hacia atrás para lavar el glande con abundante agua. Conviene que los padres realicen este proceso desde que el niño nace y le transmitan la importancia de esta higiene, ya que debe continuarse durante toda la vida adulta. La falta de aseo adecuado puede dar lugar a la formación de una masa blancuzca de olor fuerte, denominada **esmegma**, que causa balanitis, que es la irritación y dolor en el glande. Además, si no se realiza la higiene del prepucio de manera correcta y periódica, este puede perder elasticidad y dificultar su deslizamiento hacia atrás, patología que se conoce con el nombre de **fimosis**. Distinto es el caso de la fimosis congénita, cuando el niño nace con un prepucio más estrecho, por lo que deberá realizarse un tratamiento médico para que de adulto pueda tener una sexualidad saludable.

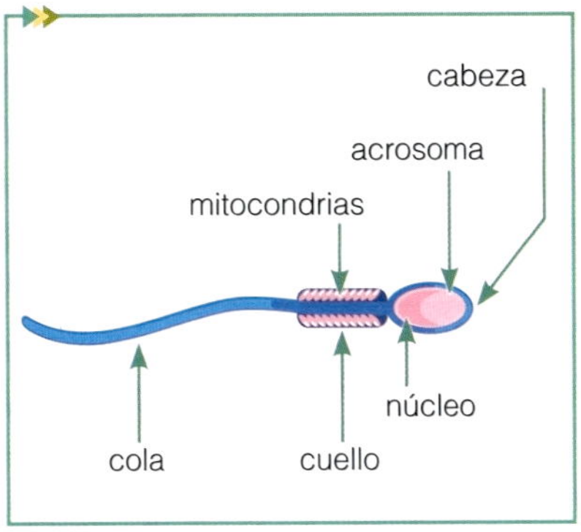

Espermatozoide humano: la cabeza o cuerpo celular transporta la información genética dispuesta en 23 cromosomas.

Curiosidades

El proceso de formación de espermatozoides en los seres humanos tarda aproximadamente entre dos y tres meses. El hombre produce alrededor de 300 millones de espermatozoides por día. En cada eyaculación, los hombres liberan entre 200 y 400 millones de espermatozoides, de los cuales solo 500 llegan al cuello del útero y, de esos, uno solo fecunda al óvulo.

Actividades

1. La producción escasa o nula de FSH, ¿podría ser una de las causas de esterilidad en el varón? Fundamenten su respuesta.
2. El hombre libera un promedio de 300 millones de espermatozoides en cada eyaculación. Si es suficiente tan solo un espermatozoide para fecundar al óvulo, ¿por qué es necesaria la liberación de una cantidad tan grande?

Sistema reproductor femenino

El sistema reproductor femenino produce óvulos, posibilita la fecundación y aloja el feto hasta su nacimiento.

Los órganos o estructuras externas del sistema reproductor femenino forman la **vulva**, que está constituida por dos repliegues de piel que rodean y protegen el orificio vaginal. Los repliegues forman los **labios mayores** o **externos**, cubiertos de vello púbico, que a su vez cubren los **labios menores** o **internos**. El **clítoris** es el órgano de excitación sexual en la mujer, está ubicado en la unión de los labios menores y se lo considera homologable al pene del hombre, ya que es eréctil y presenta una estructura similar.

Los órganos internos del sistema reproductor femenino son la vagina, el útero, las trompas uterinas y los ovarios.

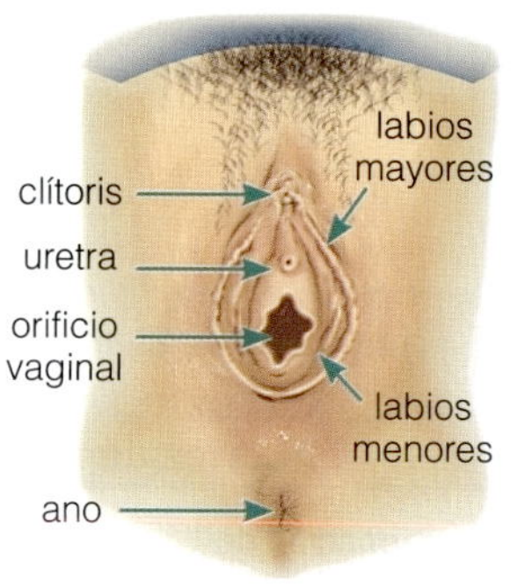

Genitales externos femeninos.

La **vagina** es un conducto muscular, elástico, de aproximadamente 10 cm de largo y revestido por dentro por una membrana mucosa que secreta un moco ácido con acción protectora, dado que inhibe el desarrollo de microbios. Funciona como canal de parto, ya que por allí se produce la expulsión del feto durante un parto natural. La vagina es, además, el conducto de salida del flujo menstrual, y el receptáculo del pene durante el acto sexual y del semen, producto de la eyaculación. En la cara interna lateral del orificio vaginal se ubican las glándulas de Bartholin, que secretan un líquido transparente que actúa como lubricante durante el acto sexual o coito.

El **cuello del útero** o *cervix* es el punto de comunicación entre la vagina y el útero. Está formado por un pliegue de tejido uterino que forma un anillo muscular. Este anillo permanece prácticamente cerrado durante toda la vida y solo se abre en el momento de parto, hecho que se conoce como *borramiento del cuello uterino* o **dilatación**, momento en el que puede alcanzar un diámetro de 10 cm.

El **útero** es un órgano hueco con forma de pera invertida que se ubica en la parte inferior de la cavidad pelviana. Se encarga de recibir al embrión luego de producida la fecundación y de aportarle las condiciones para favorecer su desarrollo hasta el momento del nacimiento.

En su estructura, el útero está formado por tres capas de tejido: el tejido externo, que forma parte del peritoneo visceral, lo protege y contiene; el tejido interno, el endometrio, reviste la cavidad uterina. El **endometrio** es una capa mucosa irrigada por una gran cantidad de vasos sanguíneos. Esta capa de tejido sufre modificaciones durante el ciclo menstrual; sobre ella se produce la implantación o anidación del embrión. En medio de estos dos tejidos se halla una capa muscular denominada **miometrio**, responsable de las contracciones que ocurren en el parto y durante la menstruación.

Vista frontal y vista lateral interna del sistema reproductor femenino.

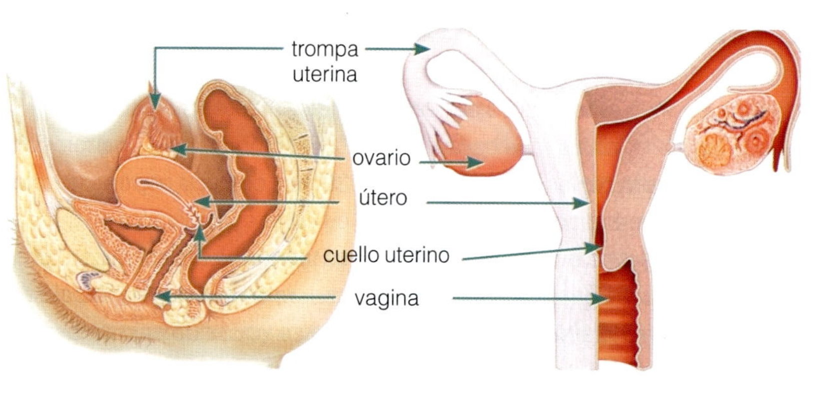

Las **trompas uterinas** son dos conductos cuyo interior se encuentra revestido por cilias. Esto permite el transporte de los óvulos, que son células inmóviles, desde el ovario hacia el útero. Estas cilias, además, producen un líquido que nutre al óvulo y a los espermatozoides en su recorrido hacia el óvulo. En las trompas uterinas se distingue un extremo ensanchado con forma de embudo, denominado **infundíbulo** o pabellón de la trompa uterina, que cuenta con prolongaciones llamadas **fimbrias**, contiguas al ovario. Cuando el óvulo es liberado desde el ovario, las trompas de Falopio lo capturan mediante el movimiento de las fimbrias y las cilias; esto genera una corriente que lo atrae hacia el interior de la trompa. Es en el primer tercio de este conducto donde se produce la **fecundación**, que es la fusión del óvulo y el espermatozoide a partir de los cuales se forma el embrión.

Los **ovarios** se encuentran ubicados en la región inferior de la cavidad pélvica, a ambos lados del útero. Son de forma ovoide y tienen una dimensión aproximada de cuatro centímetros de largo por dos centímetros de ancho. Los ovarios son las gónadas femeninas, en ellos se producen las células sexuales femeninas y las hormonas sexuales: estrógeno y progesterona. En el interior de los ovarios, los óvulos comienzan su desarrollo durante el período de gestación, pero ese proceso se detiene poco antes de nacer para reanudarse en la pubertad. Quedan así formados los **folículos ováricos**, una estructura que contiene al óvulo inmaduro, denominado **ovocito**, rodeado de células foliculares que lo nutren. Es decir que, al nacer, las niñas presentan en sus ovarios una cantidad aproximada de 200.000 folículos ováricos, suficientes para el período que dure su vida fértil. Cada uno de los óvulos inmaduros u ovocitos secundarios contenidos dentro de los folículos ováricos se desarrolla y madura a partir de la pubertad, en el proceso que se conoce como **ciclo ovárico**, comprendido dentro del **ciclo menstrual**.

El **óvulo** o gameta femenina tiene forma esférica; su tamaño es tres veces mayor que el espermatozoide y, a diferencia de este, carece de movilidad propia. El óvulo tiene un tiempo de vida de 24 a 48 horas. Es una célula haploide provista de elementos de reserva en su citoplasma que permitirán nutrir al embrión en las primeras etapas de su desarrollo. En su estructura se diferencian una membrana externa y una membrana plasmática denominada **membrana pelúcida** la cual, a su vez, está rodeada por un grupo de células que mantiene su estructura de corona radiada gracias a la presencia del ácido hialurónico, una sustancia viscosa que las mantiene unidas.

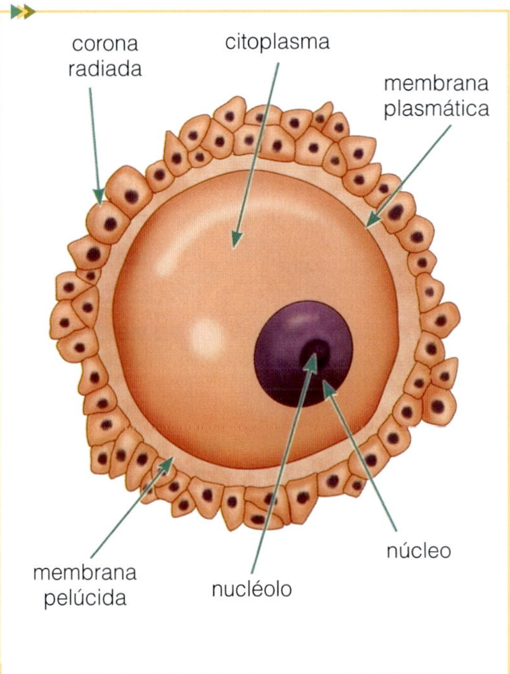

Óvulo o gameta femenina.

Higiene del sistema reproductor femenino

La vagina tiene bacterias que la protegen de otros microbios invasores. Sin embargo, la cercanía con el ano puede provocar infecciones vaginales. Por eso, conviene higienizar de manera adecuada el ano después de la expulsión fecal, realizando la limpieza de adelante hacia atrás, para evitar el pasaje de bacterias del ano a la vagina.

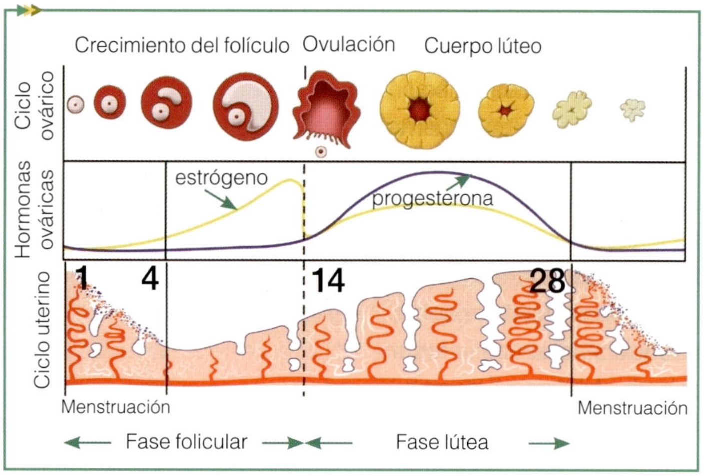

El ciclo menstrual comienza con el primer día de la menstruación, que se extiende entre tres y siete días. En el día 14 del ciclo ocurre la ovulación, es decir, la salida del óvulo maduro del ovario. Si no hay fecundación, en el último día del ciclo se produce un nuevo sangrado menstrual.

Ciclo menstrual

A partir de la pubertad, el cuerpo de la mujer cambia y se prepara para la fecundación y el embarazo. Se inicia con el ciclo menstrual una serie de procesos que modifican periódicamente algunas estructuras en el sistema reproductor femenino. Este ciclo suele durar 28 días y se diferencian en él dos momentos: la **ovulación** y la **menstruación**.

La primera menstruación, llamada **menarca**, se produce entre los 10 y 14 años de edad. Al inicio, los ciclos son variables, pero luego se regularizan y continúan ocurriendo en forma cíclica hasta aproximadamente los 50 años de edad, momento que se conoce como **menopausia**.

El ciclo menstrual comienza a partir de las señales químicas dadas por la **hormona folículo estimulante** (FSH) secretada por la hipófisis. Esta hormona actúa sobre los ovarios, estimulando el desarrollo del folículo ovárico. Una vez desarrollado, este recibe el nombre de *folículo de Graaf*, el cual se encarga de liberar **estrógeno**, hormona que iniciará el desarrollo y engrosamiento del endometrio en el útero. Con el óvulo ya maduro, la FSH deja de secretarse y la hipófisis comienza a liberar la **hormona luteinizante** (LH), que estimula el proceso de ovulación, por el cual el óvulo maduro es expulsado del ovario y capturado por la trompa uterina. Este proceso ocurre a los 14 días de iniciado el ciclo y marca el comienzo de la segunda parte del ciclo menstrual. En el ovario, los restos del folículo ovárico se transforman en el **cuerpo lúteo** o **amarillo**, que actúa secretando **progesterona**, hormona que continuará el engrosamiento del endometrio iniciado por el estrógeno en la primera mitad del ciclo.

El endometrio engrosado y vascularizado tiene como objetivo preparar al útero para albergar al embrión. Si no se produce la fecundación y, por lo tanto, el embarazo, el cuerpo lúteo deja de secretar progesterona. Esto hace que el endometrio, junto con el óvulo no fecundado ya muerto, se desprenda y sea eliminado por la vagina como flujo o sangrado menstrual.

De los 28 días que comprenden el ciclo menstrual regular de una mujer, solo siete corresponden al período fértil: los tres días anteriores a la ovulación, el día de la ovulación y los tres días posteriores a ella.

Los procesos que ocurren en el ovario como respuesta a la acción de las hormonas FSH y LH corresponden a la **etapa ovárica** o fase folicular del ciclo menstrual. Por su parte, las modificaciones en el endometrio que ocurren como respuesta a la acción de las hormonas estrógeno y progesterona corresponden a la **etapa uterina** o fase proliferativa del ciclo menstrual.

Algunas mujeres tienen particularidades en su ciclo menstrual. Estas pueden ser irregularidades como: la **poliovulación**, que es la maduración y liberación de más de un óvulo por ciclo; alteraciones en la frecuencia y volumen del sangrado menstrual; **amenorrea**, que se caracteriza por la ausencia total de menstruación; o bien **dismenorreas**, es decir, menstruaciones muy dolorosas.

Curiosidades

El día de ovulación y, por lo tanto, el período de fertilidad, pueden variar en las mujeres que no presentan ciclos regulares o a partir de estímulos externos que alteren la regularidad del ciclo, como la nutrición no saludable o el estrés.

Fecundación

Durante el acto sexual y luego de la eyaculación, los espermatozoides recorren el sistema reproductor femenino en busca del óvulo, impulsados por el movimiento de sus flagelos. Si para ese momento en la mujer ya ha ocurrido la ovulación no más de 48 horas antes, existe la posibilidad de que los espermatozoides alcancen el óvulo (que para entonces estará en la trompa uterina) y uno de ellos lo fecunde.

Luego de producida la ovulación, aproximadamente el día 14 del ciclo menstrual, el óvulo es transportado desde las trompas uterinas hacia el útero, gracias al movimiento de las cilias y las contracciones musculares. El tiempo que al óvulo le demanda recorrer este trayecto se corresponde con su tiempo de vida; por eso, es más probable que la fecundación ocurra en el tercio superior de la trompa uterina. Si el espermatozoide alcanza al óvulo cuando este ya llegó al útero, lo más probable es que no se produzca la fecundación, ya que el óvulo puede estar muerto o en avanzado proceso de la pérdida de su fecundidad.

De los espermatozoides presentes en la eyaculación que ingresan a la vagina, solo el 10% logra atravesar el cuello uterino, y el 10% de estos consigue alcanzar el óvulo. Los motivos por los cuales, a pesar de ser tantos, llegan tan pocos son varios; algunas de las barreras con las que se encuentran los espermatozoides son: la acidez de la mucosa vaginal, la estructura escamosa de dicha mucosa, la acción de los glóbulos blancos de la mujer, la escasez de nutrientes en los espermatozoides, entre otras. Aquellos que logran atravesar con éxito todas las barreras llegan al óvulo y lo rodean.

La **fecundación** consiste en la fusión de los núcleos del óvulo y el espermatozoide; es decir, la unión del material genético de cada célula haploide para formar un único núcleo diploide, ahora portador del material genético de ambos progenitores. De esta manera, se restablece el número cromosómico de la especie. La nueva célula originada a partir de la fecundación del óvulo recibe el nombre de célula huevo o **cigota**.

Para que se produzca la fusión de los núcleos haploides, los espermatozoides deben penetrar en el óvulo, para lo cual deberán atravesar primero la corona radiada. Las células de esta capa se mantienen unidas por una sustancia orgánica, el ácido hialurónico. Para atravesarla, los espermatozoides utilizan la enzima hialuronidasa presente en sus acrosomas. Cada espermatozoide contiene una escasa cantidad de dicha enzima, por lo que es necesario el aporte de varios cientos de ellos para lograr separar las células de la corona radiada. Solo uno de ellos lo logra, ya que inmediatamente después de que un espermatozoide consigue atravesar la corona radiada, se producen cambios en la superficie externa del óvulo que impiden la entrada de otros espermatozoides. Lograda esta instancia, el espermatozoide atraviesa la membrana pelúcida y la membrana plasmática del óvulo, se desprende de su cola y libera su núcleo en el interior del óvulo.

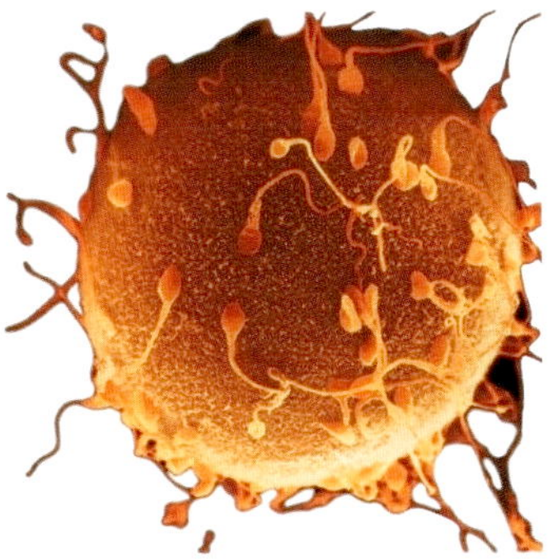

El espermatozoide introduce en el óvulo solo el extremo portador del núcleo con la información genética.

Curiosidades

A pesar de que el moco vaginal disminuye su acidez y se hace menos denso durante el período de fertilidad de la mujer y que, además, los fluidos secretados por la vesícula seminal y la próstata presentes en el semen contienen sustancias que neutralizan la acidez, el 90% de los espermatozoides mueren en los 15 cm de recorrido que los separan de la trompa uterina.

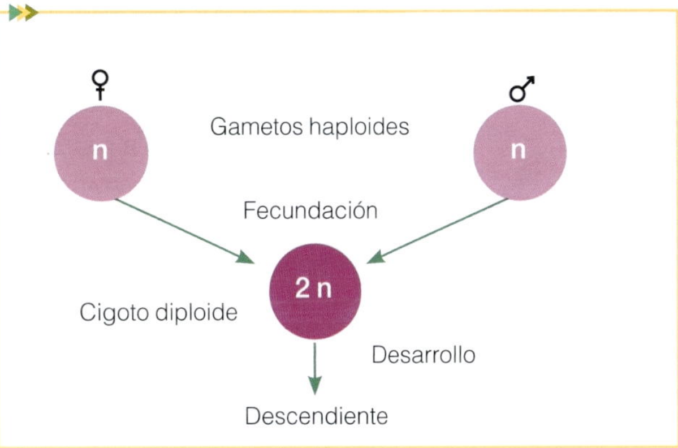

La información genética de ambos progenitores está presente en la descendencia, a partir de la fusión de los núcleos de las células sexuales.

Glosario

digitiforme: que tiene la forma de un dedo.

Actividades

1. Describan el recorrido del óvulo desde que es liberado del ovario hasta que se implanta en la cavidad uterina.

2. ¿Con qué propósito el cuerpo lúteo o amarillo persiste durante el embarazo? ¿En qué momento da por cumplido su objetivo y por qué?

3. ¿Cuáles son las funciones de la placenta, el corion y el amnios?

Desarrollo embrionario

Luego de la fecundación, la **célula huevo** o **cigota** desciende por la trompa uterina hacia el útero para implantarse. En su recorrido, la célula huevo realiza una serie de divisiones celulares, proceso denominado **segmentación**, que incrementa el número de células. Durante este proceso se diferencian distintos estadios: primero serán dos células, después cuatro, luego ocho y así sucesivamente, hasta formar una estructura de 32 células, denominada **mórula**.

Al quinto día de producida la fecundación, las células de la mórula se reordenan y forman el **blastocisto**, caracterizado por la presencia de una cavidad o blastocele. En el blastocisto se diferencian una capa celular delgada, denominada **trofoblasto**, que luego da origen a las membranas embrionarias corion y amnios, y una masa celular denominada **botón embrionario**, en el extremo opuesto, a partir de la cual se formará el nuevo individuo.

A una semana de la fecundación, el blastocisto llega al útero y las células del trofoblasto invaden el endometrio mediante prolongaciones digitiformes* que permiten la nidación o implantación. De esta manera, se fija toda la estructura a la pared uterina. A partir de las células del trofoblasto se comienza a formar la membrana coriónica, que secreta la hormona gonadotrofina coriónica humana (HGC), que impide la degeneración del cuerpo lúteo para que continúe con la secreción de progesterona, manteniendo el endometrio.

A dos semanas de la fecundación se forma el **amnios**, una membrana que envuelve al embrión y da origen a una cavidad o bolsa que lo contiene. Esta contiene en su interior el líquido amniótico, que lo protege al amortiguar golpes, además de mantener la humedad y temperatura adecuadas para su desarrollo.

Una vez producida la implantación, comienza a formarse la **placenta**, una membrana que permite el intercambio de nutrientes, oxígeno y desechos entre el embrión y la madre. La placenta se forma de la unión del endometrio (materno) y del corion (fetal). Se une al feto a través del **cordón umbilical**, también formado con participación del corion. Una vez formada la placenta, esta se encarga de la secreción de progesterona. Es por esto que el pico máximo de esa hormona se produce a la tercera semana de gestación, que es cuando la placenta ya está formada por completo.

El intercambio de sustancias entre la madre y el feto se realiza por difusión de moléculas (oxígeno, dióxido de carbono, nutrientes y desechos) desde la sangre de la madre hacia la placenta y, desde allí, hacia la sangre del feto y viceversa. La sangre fetal nunca está en contacto con la sangre materna: no se mezclan.

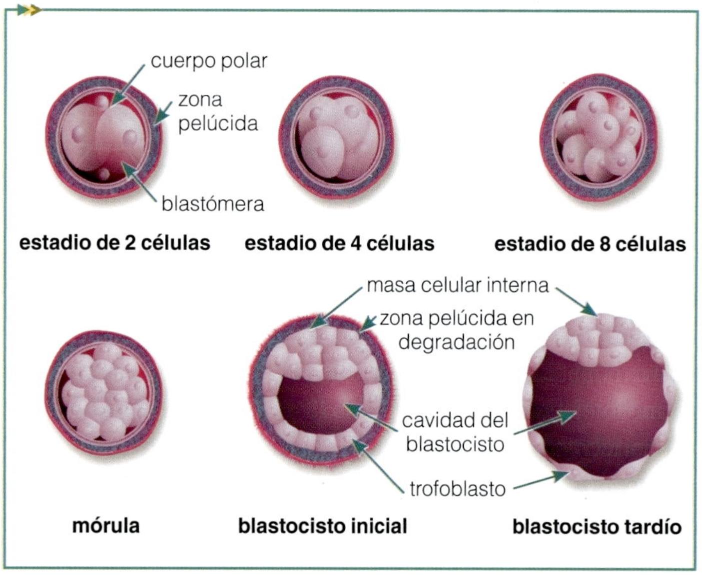

Etapas del desarrollo embrionario.

El embarazo

El período de gestación en el ser humano oscila entre 38 y 40 semanas, y en él se diferencian dos etapas: una de **desarrollo y diferenciación de estructuras**, a partir del huevo o cigota que formarán el embrión, y otra de **crecimiento**, en la que terminan de desarrollarse los órganos que forman el feto*, y este crece y aumenta de peso.

Glosario

feto: nombre que recibe el embrión a partir del tercer mes de gestación, momento en el que comienza a adquirir características humanas.

Etapas de la gestación	
Primer trimestre  Embrión de cuatro semanas. 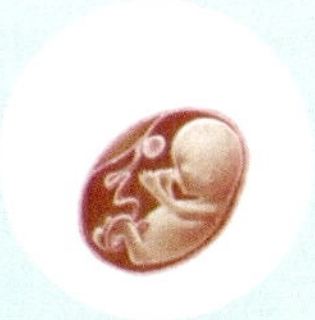 Embrión de nueve semanas.	▸ Al término del primer mes, el corazón comienza a latir. Se diferencian los ojos y las estructuras que formarán las extremidades. Comienza el desarrollo de huesos y músculos. Finalizado el primer trimestre de gestación, los órganos ya se formaron, aunque aún les falta la maduración. Se distinguen claramente la nariz, la boca, las orejas y los párpados. Su longitud alcanza los 7 cm y pesa unos 20 g. Aparece el reflejo de succión y comienza el desarrollo de los órganos reproductores externos. En este momento ya se puede distinguir el sexo del feto.
Segundo trimestre 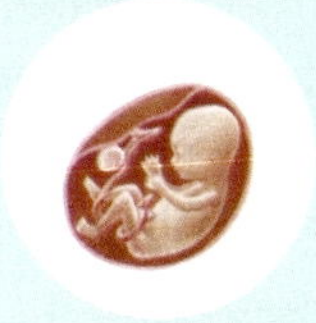 Feto de catorce semanas. 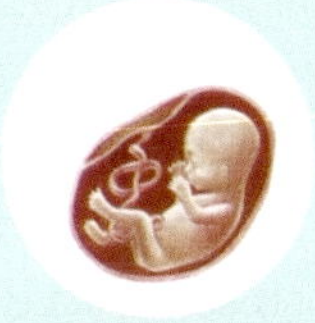 Feto de diecisiete semanas.	▸ El cuerpo se cubre de un vello suave denominado *lanugo* y crece pelo en la cabeza. El corazón late entre 120 y 160 veces por minuto. Se forma el esqueleto. La piel es rugosa y se observan expresiones faciales. El feto percibe los sonidos y responde a estímulos externos. Los órganos siguen creciendo: mide aproximadamente 35 cm y pesa 700 g.
Tercer trimestre 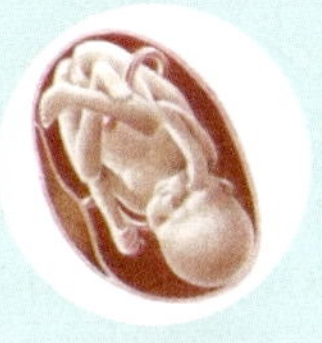 Feto de treinta y cinco semanas.	▸ En el séptimo mes, los pulmones ya están prácticamente maduros, por lo que podría sobrevivir si naciera en esta etapa. Durante el octavo mes se ubica en posición de parto. Terminan de formarse y desarrollarse los órganos, excepto el sistema nervioso, que aumenta en cuanto a su número de células (su desarrollo continúa a lo largo de la vida). El feto pesa entre 3 y 4 kg y mide poco más de 50 cm de largo.

Control y cuidado durante el embarazo

La **alimentación sana y adecuada** de la madre durante el embarazo y el período de lactancia favorece el desarrollo normal del bebé. Los nutrientes que reciba el bebé deben ser adecuados en calidad y cantidad, acordes a los requerimientos nutricionales de cada etapa del desarrollo. Por eso, conviene que la madre respete las cuatro comidas diarias e incorpore variedad de nutrientes a su dieta.

No solo la buena alimentación es fundamental durante el embarazo, también lo es la **actividad física** liviana, que favorece el estado físico y mental de la madre, y mejora su oxigenación y circulación sanguínea, todos efectos beneficiosos para el bebé.

Durante el embarazo deben realizarse controles médicos periódicos, no solo para verificar el normal desarrollo del bebé, sino también para controlar el peso y el estado de salud de la madre. Según la Organización Mundial de la Salud (OMS), la mujer debe realizar entre siete y nueve consultas médicas durante el embarazo.

Los estudios de **diagnóstico prenatal** se clasifican en pruebas de detección de riesgo y pruebas de diagnóstico:

- **Pruebas de detección de riesgo**: estiman las probabilidades de que el feto tenga o desarrolle alguna enfermedad. Estas pruebas no diagnostican, solo marcan niveles de riesgo.
- **Pruebas de diagnóstico**: permiten identificar anomalías cromosómicas, como el síndrome de Down y otras enfermedades genéticas.

Curiosidades ▶

Hasta la década de 1960 se usaban ranas para hacer el test o prueba de embarazo. La prueba consistía en inyectar la orina de la mujer bajo la piel de una rana hembra o sapo hembra. La orina de una mujer embarazada contiene la hormona HGC, que estimula la ovulación del animal. Si la rana desovaba en 24 horas, el test se consideraba positivo.
Actualmente, las pruebas de embarazo, de venta libre y uso fácil, requieren unas gotas de orina para detectar esa misma hormona, que solo está presente en la mujer embarazada.

Diagnóstico por imágenes

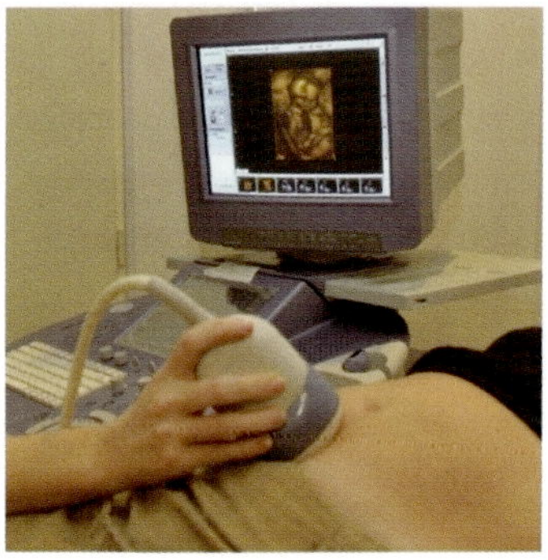

Ecografía 3D durante el control prenatal.

La **ecografía** es el método más utilizado para ver el crecimiento y desarrollo del feto. De manera general, este estudio permite confirmar el embarazo, detectar posibles anormalidades en el feto y en el útero materno, determinar la edad y el sexo del feto, analizar sus órganos internos y medir partes de su cuerpo.

El aparato utilizado, llamado **ecógrafo**, emite ondas de sonido que se reflejan como ecos (ultrasonido) y se transforman en imágenes en la pantalla de un monitor.

Hoy en día, los avances tecnológicos permiten realizar ecografías 3D y 4D, que al igual que las ecografías convencionales, se realizan por ultrasonidos y son una técnica no invasiva y que no causa daño alguno al bebé. La diferencia consiste en que las primeras ecografías eran imágenes fijas; en cambio, las técnicas actuales permiten obtener imágenes con volumen y movimiento.

El parto

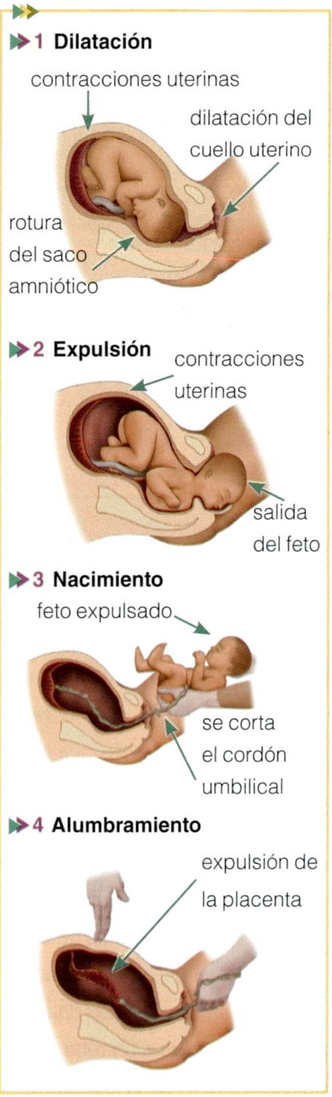

Etapas del parto.

Al llegar a las 38 semanas de embarazo, se puede producir el nacimiento del bebé. La mayoría de los nacimientos ocurre en esa semana, pero algunos bebés nacen antes. Se consideran **bebés prematuros** aquellos que nacen con 36 o menos semanas de gestación. En estos casos, el bebé deberá pasar un tiempo en una incubadora para cuidar su salud y alcanzar el peso necesario.

El parto se divide en tres etapas: dilatación, expulsión y alumbramiento.

La etapa de **dilatación** comienza con las contracciones del miometrio, que provocan la dilatación del cuello uterino. Es un proceso de ensanchamiento progresivo del cuello del útero que no solo responde a las contracciones, sino también, a la presión que ejerce el feto. La dilatación puede alcanzar hasta 10 cm de diámetro. El mismo proceso hace que el tapón mucoso o cervical, que impidió el ingreso de bacterias y otros microorganismos durante el embarazo, sea expulsado. Al mismo tiempo se produce la rotura de la bolsa o saco amniótico en la que se encuentra el feto, y se expulsa el líquido amniótico.

La **expulsión** comienza cuando la cabeza del bebé atraviesa el cuello del útero y la vagina, ayudada por el empuje de cada una de las contracciones uterinas. En este período, las contracciones son más intensas y continuas. El bebé rota y se ubica en la pelvis de la madre. Una vez que todo el cuerpo del bebé ha atravesado la vagina, se dice que se ha producido el nacimiento.

Por último, con las contracciones finales se produce el **alumbramiento**, que consiste en la expulsión de la placenta.

Una vez producido el nacimiento, y después del corte del cordón umbilical, el bebé adquiere autonomía y se independiza de los intercambios con su madre. Recién en ese momento comienza a respirar por sí mismo.

Puede ocurrir que, al final del embarazo, el bebé no esté ubicado en posición de parto, es decir, con la cabeza en dirección al cuello del útero, por lo cual es imposible su salida por la vagina. En estos casos, el médico debe recurrir a una intervención quirúrgica, conocida con el nombre de **cesárea**, para extraer el feto. La cesárea también está indicada para casos en que la madre tiene alguna enfermedad cardíaca, una estructura pélvica pequeña, cuando se trata de un embarazo múltiple o se presentan alteraciones fetales.

Métodos anticonceptivos

Los métodos anticonceptivos son aquellos que impiden que se logre la fecundación. Un método anticonceptivo debe ser **eficaz**, es decir, poseer un alto porcentaje de efectividad para evitar el embarazo; debe ser **reversible**, o sea que se puede suspender o revertir si se desea concebir un hijo; debe ser **tolerable**, es decir, presentar pocos o ningún efecto secundario en el organismo; debe ser **aceptado** por la pareja, y **práctico** o fácil de usar.

Solo el preservativo masculino, o condón, previene las enfermedades de transmisión sexual.

Clasificación de los métodos anticonceptivos

El método natural **basado en el ritmo**, también conocido como *método calendario*, consiste en determinar los días fértiles y considerar ese período del ciclo menstrual de cada mujer como período de abstinencia. El método de la **temperatura basal** consiste en considerar la temperatura corporal, ya que esta aumenta de medio a un grado en el día posterior a la ovulación, por lo que se realiza abstinencia sexual tres días antes y tres días después del aumento de la temperatura. Para determinar esa fecha probable, la mujer debe controlar previamente la temperatura rectal durante tres a seis ciclos. El **método Billings** se basa en la consistencia del moco cervical, que es más abundante y transparente durante el período fértil de la mujer. El **coito interrumpido** consiste en interrumpir el acto sexual y realizar la eyaculación fuera de la vagina. Ninguno de estos métodos evita el contagio de enfermedades de transmisión sexual.

El **preservativo masculino** es un dispositivo de látex, descartable, que retiene el líquido seminal e impide que se deposite en la vagina. Es el único método eficaz para prevenir enfermedades de transmisión sexual. El **diafragma** es un dispositivo de látex que posee un aro flexible. Se coloca en el fondo de la vagina, tapando la entrada al cuello del útero. No es descartable y tampoco previene enfermedades de transmisión sexual. El **dispositivo intrauterino** (DIU) impide el pasaje de los espermatozoides, y debe ser colocado y retirado por un médico especialista. Es una estructura plástica en forma de T que posee un hilo de cobre enrollado que provoca la muerte de los espermatozoides.

Los métodos químicos consisten en sustancias que matan o inmovilizan a los espermatozoides. Se presentan en **crema** o **jalea**, **óvulos** o **esponjas**. Se los suele utilizar como complemento de un método mecánico, como el preservativo masculino o el diafragma, debido a su baja eficacia como método único de anticoncepción.

Los métodos hormonales, sean orales (**pastillas anticonceptivas**), inyectables o en parches, contienen estrógeno y progesterona que modifican el moco cervical y el endometrio, e impiden la ovulación ya que inhiben la acción de las hormonas FSH y LH. Tienen alta eficacia anticonceptiva pero no previenen las enfermedades de transmisión sexual.

La **ligadura de trompas** es un método quirúrgico para la mujer que consiste en la incisión o atadura de las trompas de Falopio para impedir el paso del óvulo hacia el útero. La **vasectomía** es la incisión o ligadura en el varón de los conductos que imposibilitan el paso de los espermatozoides desde el epidídimo hacia la uretra. Tanto la ligadura de trompas como la vasectomía son métodos anticonceptivos permanentes.

Actividades

1. ¿Qué ventajas y desventajas tienen los siguientes métodos anticonceptivos: preservativo o condón, dispositivo intrauterino, método calendario y pastillas anticonceptivas?
2. Fundamenten por qué el coito interrumpido no es un método eficaz para prevenir embarazos ni para evitar el contagio de enfermedades de transmisión sexual.
3. Investiguen en Internet y consulten en hospitales y puestos sanitarios sobre el alcance y las acciones concretas de la Ley Nacional de Salud Sexual y Procreación Responsable N° 25.673, en vigencia en todo el territorio argentino desde 2002. Elaboren un informe al respecto, destacando los aspectos positivos y negativos de la ley.

Reproducción celular

Ciclo celular

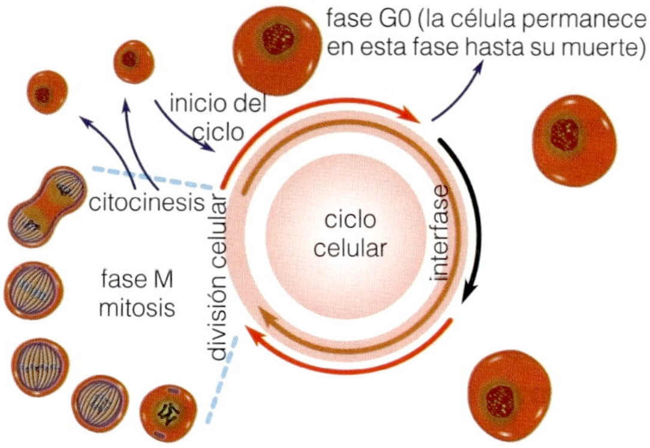

La célula es la unidad de vida, y como todo ser vivo, se nutre, crece y se reproduce. Las distintas etapas de la vida de una célula se describen en el **ciclo celular**, que incluye el tiempo transcurrido desde que se forma la célula hasta su división y en el que se diferencian dos etapas: la interfase y la división celular. La duración del ciclo celular varía entre las células de diferentes especies y distintos tejidos. Determinados factores, como la falta de nutrientes y los cambios de temperatura o de pH en el ambiente, pueden influir en el ciclo celular y hacer que las células detengan su crecimiento y división.

Etapas del ciclo celular

La **interfase** se divide en tres fases, bien diferenciadas por los acontecimientos que en ellas suceden:

- **Fase G1**: es el momento de mayor actividad metabólica en la célula, debido a que en esta etapa aumenta su tamaño, se producen más organelas y se sintetizan las proteínas y enzimas necesarias para la etapa siguiente.
- **Fase S** o **período de síntesis**: es la fase en la que se duplica el ADN de la célula y se genera una copia exacta de su material genético. La célula se prepara para la división celular.
- **Fase G2**: disminuye la actividad metabólica general. Se sintetizan sustancias específicas como enzimas y proteínas para el período siguiente. En esta fase se verifica el resultado de la duplicación del ADN; si este presenta algún error, se lo repara antes de iniciar la división celular.

En la **división celular**, etapa que continúa a la interfase, la célula se divide por mitosis o meiosis según el tipo de célula, e incluye la citocinesis.

La concentración

Lean los textos completos, sin distraerse, para favorecer el desarrollo de la concentración.

Mitosis

La **mitosis** es el proceso de división celular por el cual se originan dos células hijas idénticas entre sí e idénticas a la célula que les dio origen, ya que comparten la misma información genética. Consiste en una serie de eventos de un proceso continuo, diferenciado en cuatro fases: profase, metafase, anafase y telofase. El proceso de mitosis culmina con la citocinesis o división del citoplasma celular.

El proceso de mitosis garantiza la igual distribución de información genética en las células hijas, hecho que se logra a partir de dos eventos fundamentales: la duplicación del ADN durante la fase S de la interfase y la migración de las cromátidas hermanas durante la anafase.

Las células del cuerpo o células somáticas realizan el proceso de mitosis con el objetivo de formar nuevos tejidos, como ocurre por ejemplo durante el proceso de formación de un embrión o durante el crecimiento de un niño. A su vez, este proceso permite reconstruir y reparar los tejidos dañados o envejecidos.

Glosario

citocinesis: proceso de división citoplasmática de la célula. En las células animales se produce por estrangulamiento del citoplasma y, en las vegetales, por formación de un tabique de pared celular.

Etapas de la mitosis

▸ **Profase**: el ADN ya duplicado se encuentra disperso en el núcleo y, al comienzo de esta fase, se enrolla y acorta, proceso que se denomina *condensación del ADN*.

Los cromosomas duplicados son ahora visibles al microscopio. Cada cromosoma está formado por dos cromátidas, ambas con los mismos genes, como resultado del proceso ocurrido en la fase S de la interfase. Los pares de cromátidas hermanas se mantienen unidos por el centrómero y adquieren la forma característica de X. En forma simultánea, desaparecen la mayoría de las organelas y se desintegra la membrana nuclear. Los centríolos comienzan su desplazamiento hacia los polos de la célula, lo que da lugar a la formación de los husos mitóticos o acromáticos.

▸ **Metafase**: los cromosomas duplicados ya unidos a los husos mitóticos por el cinetocoro, estructura presente en el centrómero, se ubican en el plano medio o ecuatorial de la célula.

▸ **Anafase**: las cromátidas hermanas se separan y se desplazan hacia los polos. Cada juego de cromátidas conforma ahora un cromosoma. De esta manera se formarán dos nuevos núcleos con la misma cantidad de cromosomas e igual información genética. Sobre el final de la anafase comienza la citocinesis.

▸ **Telofase**: con los cromosomas ya ubicados en ambos polos de la célula, los husos acromáticos o mitóticos se desintegran, se forma una nueva membrana nuclear que los rodea, los cromosomas se descondensan y se restablecen las organelas. La citocinesis iniciada en la fase anterior llega a su fin al dividirse la célula inicial en dos células hijas, ambas con igual cantidad y calidad de cromosomas.

En determinadas circunstancias, la célula pierde la regulación y control de su ciclo celular, por lo que comienza a dividirse de manera descontrolada, provocando un crecimiento desmedido que da origen a una masa celular denominada **tumor**.

Curiosidades ▸

Las células de médula ósea demoran unas 10 horas en cumplir su ciclo, las células de la piel y las que forman la mucosa gástrica demoran 24 horas, y las células hepáticas demandan entre seis y 12 meses para completar su ciclo de vida. En el cuerpo humano hay células que no se dividen y se mantienen en interfase, en un estadio particular denominado G0, en el que realizan todas sus funciones. Estas son las células nerviosas.

Actividades

1. ¿Por qué es incorrecto decir que la interfase es un período de reposo? Fundamenten la respuesta.
2. ¿En qué se diferencia el material genético de una célula en las fases G1 y G2 del ciclo celular?
3. ¿Qué importancia adquiere la separación de las cromátidas hermanas en el resultado de la mitosis?

Etapas de la mitosis

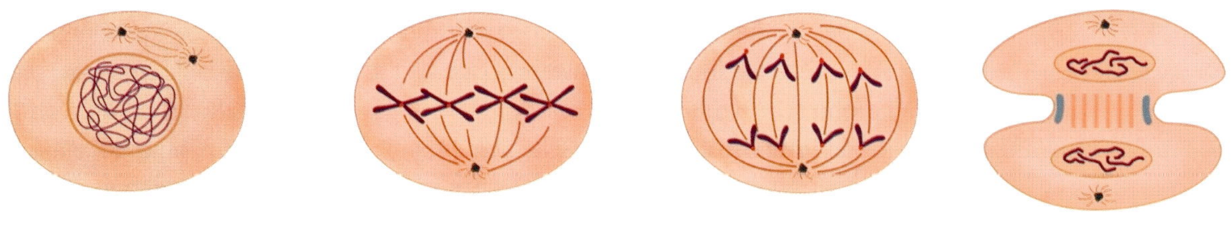

Para conocer más

Tessone, M., *Reproducción humana*, Buenos Aires, Colección "Ciencia Joven", Eudeba, 2006.

Gellon, G., *El huevo o la gallina: manual de instrucciones para construir un animal*, Buenos Aires, Siglo XXI Editores, 2004.

Meiosis

En la meiosis ocurren dos divisiones sucesivas, denominadas *meiosis I* y *meiosis II*, que dan por resultado cuatro células hijas con la mitad del número de cromosomas respecto de la célula que les dio origen y distinta información genética, inclusive entre las células hijas. Por este proceso se originan las células sexuales: óvulos y espermatozoides.

En el proceso de meiosis ocurren dos hechos importantes:

- La reducción del número de cromosomas en la formación de gametas, lo que permitirá mantener el número cromosómico de la especie, ya que al fusionarse las células sexuales en el proceso de fecundación se restablece el número diploide propio del individuo.
- Se posibilita la variabilidad genética mediante el proceso de entrecruzamiento cromosómico que intercambia material genético entre los cromosomas.

En cada división meiótica, meiosis I y meiosis II, se diferencian cuatro fases: profase, metafase, anafase y telofase.

Glosario

cromosomas homólogos: pares de cromosomas presentes en las células diploides que poseen un juego de cromosomas de cada progenitor.

tétrada: estructura formada por cuatro cromátidas.

Meiosis I o etapa reduccional

Antes de iniciarse la primera división meiótica, la célula duplica su ADN durante la fase S de la interfase.

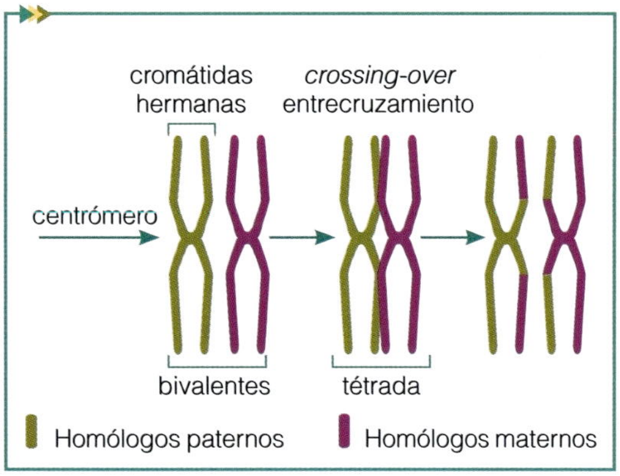

El entrecruzamiento genera variabilidad genética.

- **Profase I**: durante esta fase, los cromosomas se condensan, la membrana nuclear desaparece y los centríolos comienzan a migrar hacia los polos de la célula, constituyendo los husos acromáticos. Los cromosomas homólogos* se ubican de a pares y se aproximan formando tétradas*, por lo que las cromátidas se tocan en uno o varios puntos. En ese momento se produce el **entrecruzamiento** o *crossing over*, en el que se intercambia material cromosómico entre las cromátidas de los cromosomas homólogos y se generan cromosomas con material genético mixto, hecho que posibilita la variabilidad genética.
- **Metafase I**: los pares de cromosomas homólogos se alinean en el plano medio de la célula.
- **Anafase I**: en esta fase se produce la reducción del número cromosómico. Los cromosomas duplicados se separan en forma completa (no solo las cromátidas hermanas, como en la mitosis, de modo que uno de los homólogos se desplaza hacia un polo, mientras que el otro se mueve al polo opuesto. De este modo se reduce el número diploide de la célula inicial al número haploide.
- **Telofase I**: se produce la citocinesis por estrangulamiento del citoplasma y se forman dos nuevas células hijas, que poseen la mitad del número de cromosomas respecto de la célula inicial y que conservan aún sus cromosomas duplicados. Estos presentan diferencias entre sí, producto del entrecruzamiento ocurrido en la profase I.

Actividades

1. Elaboren un cuadro comparativo entre la mitosis y la meiosis. Indiquen los criterios de comparación empleados.

Meiosis II o etapa ecuacional

Las dos células resultantes de la meiosis I comienzan la segunda división meiótica. Las etapas de la meiosis II son iguales a las etapas de la mitosis.

Ciencia y literatura

Muchas veces, los autores de distintos géneros literarios recurren a la ciencia para dar más contexto a sus historias. Un ejemplo de ello es este fragmento extraído del prólogo del libro *ADN*, de Robin Cook.

"El acontecimiento celular sucedió en un momento de intenso placer y supuso la inyección forzosa de algo más de doscientos cincuenta millones de espermatozoides en una cavidad vaginal. Al igual que un grupo de ansiosos corredores de maratón, los espermatozoides se pusieron en marcha a toda prisa, **echaron mano de su reserva de energía y comenzaron una carrera verdaderamente hercúlea contra la muerte**; una carrera francamente ardua y peligrosa, que solo uno de ellos podría ganar [...].

La primera tarea consistía en penetrar el tapón mucoso que obstruía la contraída cavidad uterina. A pesar de tan formidable obstáculo, los espermatozoides triunfaron rápidamente en grupo [...]. Decenas de millones de la primera oleada de gametas sucumbieron en el autosacrificio necesario para desprender las enzimas que portaban con el fin de hacer posible el paso a los demás.

[...] A pesar de todo, la tarea aún no había concluido: una vez dentro de los ondulantes pliegues de los oviductos, **los afortunados se vieron impelidos por la quimiotaxis del fluido que descendía de la explosión del folículo ovárico** y que anunciaba que en algún lugar, más adelante, tras unos tortuosos y traicioneros doce centímetros, se hallaba el Santo Grial de los espermatozoides: un óvulo recientemente creado **y coronado por una nube de células granulosas**.

Progresivamente aguijoneadas por una irresistible atracción química, las gametas masculinas realizaron lo manifiestamente imposible y se aproximaron a su objetivo. **Prácticamente exhaustos por la disminución de sus reservas de energía y con la fortuna de haber evitado material letal y depredadores macrófagos**, su número era entonces no inferior al millar y descendía rápidamente. Cabeza contra cabeza, los supervivientes se lanzaron sobre el indefenso y haploide óvulo en una carrera hacia la línea de meta.

Tras una sorprendente hora y veinticinco minutos, el espermatozoide victorioso dio un postrero y desesperado coletazo con su *flagelum* y colisionó con las células granulosas que rodeaban al huevo. Frenéticamente, se abrió paso entre ellas para que su acrosoma estableciera contacto directo con la densa capa proteica del huevo y formar así una unión. En ese instante, la carrera concluyó. Como acto postrero y mortal, el espermatozoide vencedor inyectó en el huevo el material nuclear que portaba para formar el pronúcleo masculino

No había un segundo lugar, y todos los perdedores no tardaron en ser barridos, tragados y apartados por los protectores y maternales macrófagos.

En el interior del huevo ya fertilizado, el pronúcleo femenino y el pronúcleo masculino emigraron el uno hacia el otro, su material nuclear se fusionó para formar los 46 cromosomas necesarios para una célula humana somática. **Veinticuatro horas después, en un proceso llamado segmentación, se dividió en el primer paso de una secuencia programada de acontecimientos que en veinte días empezaría a formar un embrión.** Una vida había comenzado."

Robin Cook, médico y novelista estadounidense.

Cook es un autor muy reconocido por combinar escritura médica con el género de *thriller*.

Actividades

1. Luego de leer el texto, respondan las siguientes preguntas.
a. Describan las estructuras subrayadas en el texto.
b. Expliquen a qué hacen referencia las partes del relato resaltadas en negrita.
c. El acontecimiento celular al que hace referencia el texto ocurrió el 2 de febrero; entonces: ¿cuál fue la fecha de la última menstruación de la mujer?

1. Indiquen qué ventajas o desventajas otorgan las siguientes características a los seres vivos respecto de la supervivencia, la continuidad de la especie y la evolución.
a. La variabilidad genética.
b. Un alto número de descendientes.
c. La protección del embrión.

2. Las gimnospermas son consideradas plantas sin flores, pero esto no es verdad. Fundamenten lo antes dicho y expliquen el proceso de reproducción de estos vegetales.

3. Escriban si las siguientes afirmaciones son verdaderas (V) o falsas (F). Reescriban las afirmaciones falsas para que resulten verdaderas.
a. Los estrógenos estimulan el crecimiento del endometrio durante la primera mitad del ciclo menstrual. ☐
b. Los espermatozoides son productores de testosterona. ☐
c. Si no hay estrógenos, no hay fecundación. ☐
d. La función principal de la progesterona es estimular la ovulación. ☐
e. El flujo menstrual es inducido por el descenso de los niveles de progesterona en sangre. ☐

4. Una mujer que ha menstruado el 18 de julio tiene como fecha probable de ovulación el 28 de agosto y su período de fertilidad, del 25 de julio al 5 de agosto. ¿Es esto verdadero o falso? Fundamenten la respuesta.

5. Describan la estructura del espermatozoide, indiquen la función de cada una de sus partes y expliquen la importancia de poseer la enzima hialuronidasa en su estructura.

6. ¿Por qué el método calendario como medida anticonceptiva es muy inseguro?

7. ¿En qué estado se halla la formación de gametas en la mujer al momento de su nacimiento? ¿Qué ocurre con el proceso a partir de la pubertad? ¿A cuántos ovocitos afecta y cada cuánto se repite?

8. Indiquen cuáles son las fases de la mitosis representadas en las siguientes imágenes. Descríbanlas y ordénenlas en la secuencia correcta.

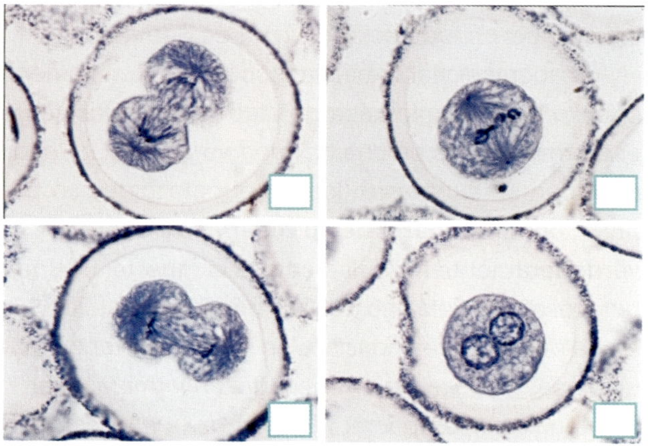

9. ¿Cuáles son los eventos ocurridos en la meiosis que aportan variabilidad genética y garantizan el mantenimiento del número cromosómico de la especie? Desarrollen la respuesta.

10. Diferencien los siguientes conceptos.
a. Feto / embrión.
b. Placenta / cordón umbilical.
c. Blastómero / blastocisto.
d. Óvulo / cigota.
e. Espermatozoides / semen.
f. Estrógeno / testosterona.
g. Nacimiento / alumbramiento.

11. Teniendo en cuenta el siguiente gráfico, expliquen la relación entre el ciclo ovárico y el ciclo uterino en el ciclo menstrual.

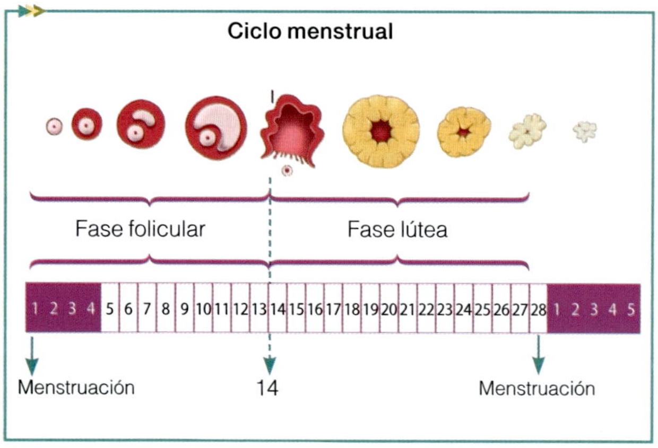

Herencia

6

Contenidos

Siempre encontramos rasgos parecidos entre dos personas... "Tiene los ojos de la madre, tiene la nariz del padre...". Estas son frases que escuchamos de alguna señora o señor, amigos de mamá o papá, cuando nos ven por primera vez. ¿Por qué tenemos algunos rasgos parecidos a uno u otro padre? ¿No somos una mezcla de ambos? En general, tenemos algunas características que son como las de mamá, y otras como las de papá. Otras veces, podemos encontrar un rasgo intermedio entre ambos. La **genética** estudia la herencia de las características y las leyes que regulan esa herencia. Puede explicarnos y predecir, en la mayoría de los casos, cómo serán las características de los hijos, si se conoce la composición genética de los padres.

Contenido digital adicional

www.tintaf.com.ar/BIO3C6

EN ESTE CAPÍTULO...

Se explica la relación entre los genes y las características de los organismos, y cómo se heredan los genes de padres a hijos. Se analizan las leyes de la genética y las alteraciones genéticas heredables que producen desequilibrios en el funcionamiento normal del organismo humano.

Herencia de los caracteres

Sabemos que compartimos características con los miembros de nuestra familia. Podemos tener el mismo color de ojos que la abuela, los rulos de la tía o la nariz de papá. Aunque es muy frecuente buscar y encontrar estos parecidos, tenemos que saber que solo heredamos nuestras características de nuestros padres.

Todos los seres humanos se originan a partir de la unión de un óvulo y un espermatozoide. Cada óvulo o espermatozoide contiene la mitad de la información genética del individuo. Durante la fecundación, cada padre aporta una copia de su ADN (ácido desoxirribonucleico), y se reúne así toda la información necesaria para constituir un organismo completo. Es por eso que los hijos no son idénticos a los padres, sino que poseen rasgos de uno u otro, y en conjunto se genera un individuo distinto de ellos. Tampoco los hermanos que son hijos de los mismos padres son iguales (a menos que sean gemelos). Esto se debe a que en la meiosis, proceso de formación de las gametas, se produce la variabilidad genética, es decir, se recombina la información para las características de cada individuo de modo diferente, lo que hace que cada gameta sea diferente.

El proceso a través del cual los seres vivos transmiten las características de padres a hijos se llama **herencia**.

La **genética** es la rama de la Biología que estudia la herencia y la variabilidad de las características en los seres vivos, así como las leyes que regulan esa herencia y cómo se producen las variaciones.

Actividades

1. Respondan las siguientes preguntas.

a. ¿Por qué los hermanos que son hijos de los mismos padres no son iguales?

b. ¿Qué diferencia existe entre la cromatina y los cromosomas?

c. ¿Cómo están compuestos la cromatina y los cromosomas?

Genes y cromosomas

La mayor parte de la información genética se encuentra en el núcleo de la célula, pero podemos hallarla también en otras organelas, como las mitocondrias y, en el caso de los organismos eucariotas que realizan fotosíntesis, en los cloroplastos. El ADN del núcleo celular está asociado a proteínas (histonas, en su gran mayoría). En ese ADN se encuentra toda la información necesaria para la síntesis de proteínas y el control de todas las funciones celulares.

Durante la vida normal de la célula, la información genética debe ser leída; es por eso que el ADN unido a proteínas se encuentra "desenrollado" dentro del núcleo. Cuando el ADN tiene esta disposición en el núcleo, se dice que se encuentra en estado de **cromatina**. Cuando la célula comienza a dividirse, la cromatina se condensa o compacta para formar los **cromosomas**. De esta manera, podemos decir que la cromatina y los cromosomas están formados por los mismos componentes y que solo difieren en el estado de condensación. Solo podemos encontrar cromosomas cuando la célula está en proceso de división, es decir, en mitosis o en meiosis. Los cromosomas facilitan la distribución del material genético durante la división celular. Durante la mitosis, que el ADN esté compactado en cromosomas facilita que cada nueva célula reciba exactamente la misma información genética que la célula madre y, durante la meiosis, que cada una reciba la mitad de la información.

La cromatina se condensa para formar los cromosomas cuando comienza la división celular.

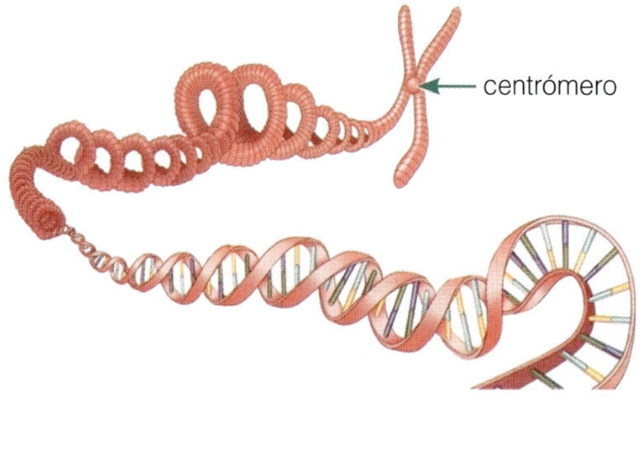

El **cariotipo** es el conjunto de cromosomas característicos de cada especie, que difieren en el número y en su forma. Un cariotipo normal humano posee 46 cromosomas (23 pares) en cada célula del cuerpo (célula somática), mientras que una gameta (óvulo o espermatozoide) contiene la mitad, es decir 23 cromosomas, ya que estas se originan luego de una división por meiosis. Los cromosomas son dobles (o dos cromátidas) antes de la división celular, y tienen la información duplicada. Al final de una división (tanto en mitosis como en meiosis), los cromosomas se encuentran formados por una sola cromátida, es decir que son cromosomas simples.

El estado de cromatina (ADN desenrollado) de la célula permite leer la información genética que posee y la síntesis de las proteínas necesarias para el funcionamiento celular normal de todo organismo. La información genética está organizada en unidades de información para una característica o función determinada, que se denominan **genes**. Esto significa que tenemos genes que poseen información para determinar nuestro grupo sanguíneo, para el color de nuestros ojos o para producir las proteínas que forman la piel o el pelo.

Los genes están distribuidos en los cromosomas. Cada cromosoma tiene un grupo de genes específicos, aunque puede haber algún gen particular con copias en más de un cromosoma. En las células somáticas humanas, los cromosomas se disponen de a pares. A los cromosomas que forman cada par se los denomina **homólogos**. Cada cromosoma del par homólogo tiene la misma disposición de genes, aunque la información que lleva cada uno no sea la misma, ya que cada uno procede de un progenitor diferente. Por ejemplo, el gen que determina el tipo de cabello se encuentra en un par de cromosomas homólogos, y puede contener la información para producir cabello rizado o cabello lacio. El conjunto de toda la información genética que tiene un organismo o una especie se denomina **genoma**. Se estima que el genoma humano posee entre 20.000 y 25.000 genes.

Actividades

1. Expliquen cómo son los cromosomas antes y después de la división celular.
2. Respondan las siguientes preguntas.
   a. ¿Qué es un gen? ¿En qué parte de la célula está?
   b. ¿Qué características tienen los cromosomas homólogos?
   c. ¿A qué se denomina genoma?

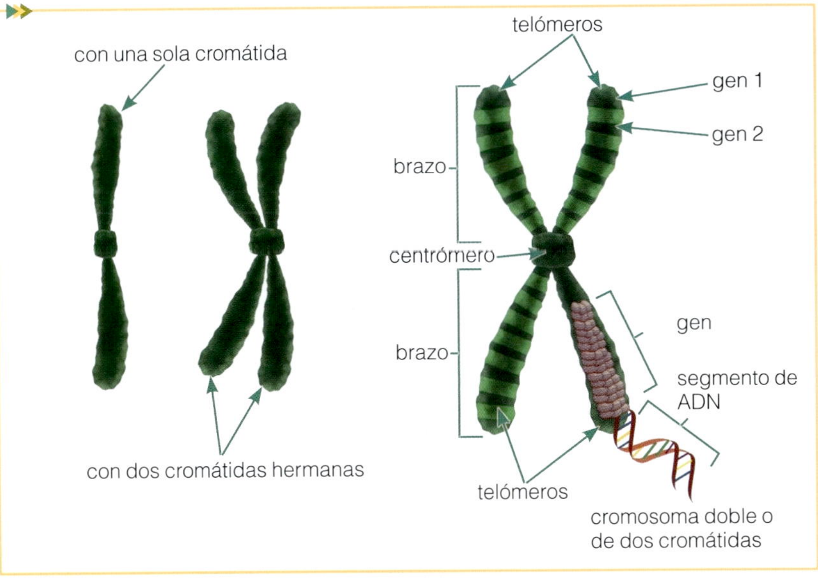

Los cromosomas pueden estar dispuestos como cromosomas simples o de una cromátida, o como cromosomas dobles o de dos cromátidas. Los primeros son los que se hallan al final de la división celular. Los dobles presentan dos cromátidas con idéntica información y se encuentran al comienzo de una división celular.

Herencia mendeliana

Gregor Mendel (1822-1884).

Los estudios de cómo heredamos cada uno de nuestros rasgos comenzaron en 1865 con Gregor Mendel. Si bien realizó sus experimentos con plantas de arvejas, los resultados que obtuvo valen para cualquier organismo. En esa época no se conocía cuál era el material que llevaba la información genética ni cuál era el mecanismo que transmitía esa información de generación en generación. Mendel llegó a conclusiones que hoy conocemos como las **leyes de Mendel** y que se pueden comprobar y explicar con la genética moderna. Él estudió siete características de las plantas de arvejas, como el color y la textura de la semilla, y el color de las flores, entre otras. Cada una de estas características posee dos variantes. Por ejemplo, el color de las semillas podía ser amarillo o verde, la textura, lisa o rugosa, y las flores, blancas o de otro color. Mendel afirmaba que cada individuo tenía un par de factores determinantes para cada característica, que se separaban cuando se formaban las gametas y se volvían a unir durante la fecundación. Estos factores hereditarios de los cuales hablaba Mendel son los que, en 1909, Wilhelm Johannsen denominó *genes*. Cada variante para cada gen o característica recibe hoy el nombre de **alelo**. A lo postulado por Mendel, hoy se lo conoce como la **Primera Ley de Mendel**.

Cuando, en los seres humanos y en muchos animales con reproducción sexual, se unen dos gametas, el cigoto resultante hereda los cromosomas del óvulo, portadores de los genes con los alelos maternos, y los cromosomas del espermatozoide, portadores de los genes con los alelos paternos. Las células como el cigoto, que tienen los pares de cromosomas homólogos, se llaman **células diploides**. En cambio, las gametas son **células haploides**, ya que tienen un solo cromosoma de cada par homólogo, es decir que tienen la mitad de la información genética.

Así se trabaja en ciencias

La Biología es una ciencia dinámica, es decir que puede cambiar: lo que un científico dice será válido hasta que otro proponga y demuestre lo contrario. El conocimiento atraviesa continuas modificaciones, a partir de las nuevas investigaciones. En la genética también hay variantes. Por ejemplo, algunos autores postulan tres leyes de Mendel y otros, solo dos. Esto se debe a que agrupan de distinto modo los postulados de cada una de ellas.

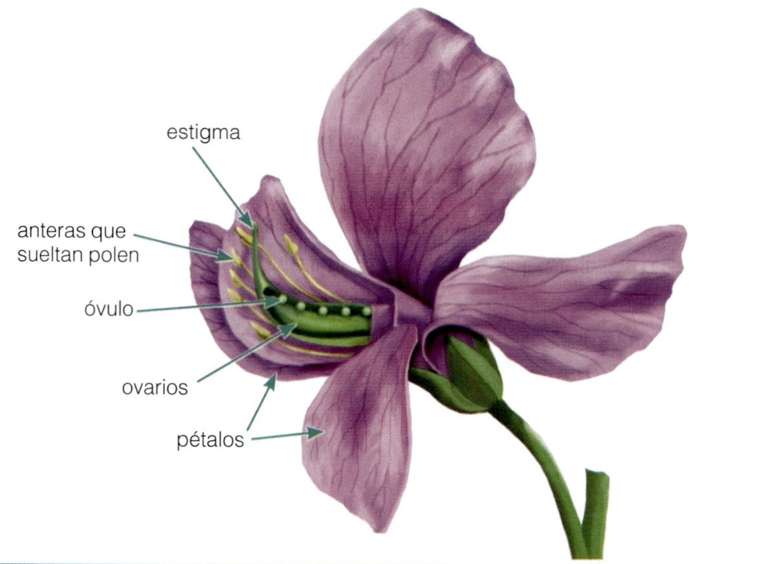

Planta de arvejas (*Pisum sativum*) estudiada por Gregor Mendel.

Como se mencionó, cada cromosoma homólogo contiene los mismos genes, aunque puede poseer diferentes alelos. La posición de cada gen en cada cromosoma se mantiene en condiciones normales, y cada lugar donde se ubica un gen (o un alelo de este) se denomina **locus**. Por ejemplo, para la característica o rasgo relacionado con el tipo de cabello, cada cromosoma homólogo posee el mismo gen, aunque en un cromosoma pueda tener el alelo que produce cabello rizado y en el otro, el alelo para el cabello lacio.

Par de cromosomas homólogos

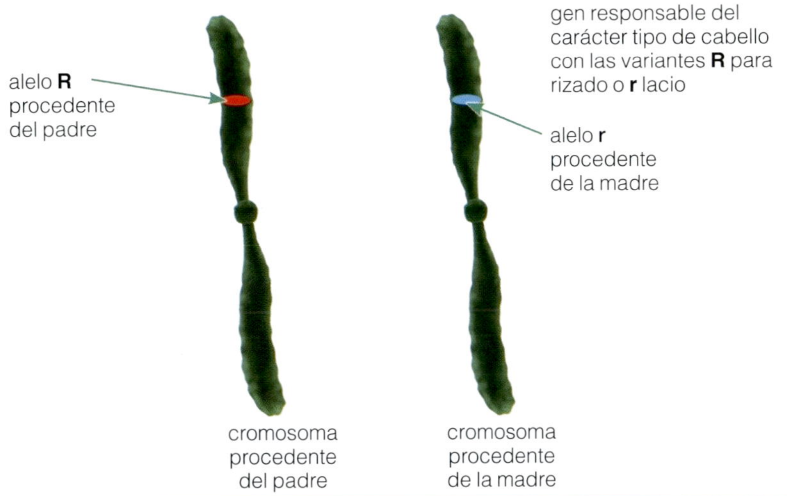

Cada cromosoma del par homólogo posee los mismos genes, aunque la información puede ser diferente.

Si un individuo recibe un alelo distinto de cada progenitor, suele observarse o expresarse uno de ellos, mientras que el otro queda oculto. El alelo que se expresa se denomina **alelo dominante** y el oculto, **alelo recesivo**. Por convención, se toma la inicial en mayúscula del alelo dominante para representar al alelo dominante, en este caso **R** (alelo cabello rizado) y la inicial del alelo dominante en minúscula para el alelo recesivo, **r** (alelo cabello lacio).

Según la combinación de alelos que posea cada uno de los padres, pueden producirse nuevas combinaciones en los descendientes. La constitución genética o combinación de alelos para uno o más genes en un individuo se denomina **genotipo**. Esto significa que, si un individuo posee dos alelos iguales, es homocigota para ese gen, pero será **homocigota dominante** si ambos alelos son dominantes (**RR**) y **homocigota recesivo** si los dos alelos son recesivos (**rr**). En el caso de que los alelos sean diferentes, se dice que es un genotipo **heterocigota** (**Rr**). De este modo, un individuo con genotipo homocigota dominante o heterocigota tendrá cabello rizado, mientras que si tiene genotipo homocigota recesivo, tendrá cabello lacio. La manifestación de la característica, es decir lo que uno observa de algún modo, se denomina **fenotipo**. El fenotipo no está determinado solo por el genotipo, sino también por las circunstancias ambientales. Se puede afirmar que el fenotipo es el resultado de la acción de los genes expresada en un ambiente determinado.

Anotar las dudas

Cuando estudien en casa y surja una duda o una dificultad para comprender un dato, conviene anotar un signo de interrogación (?) en el margen de la hoja del libro o de la carpeta, para acordarse de preguntar al docente en clase por este tema.

Herencia de un gen con dos alelos

Así se trabaja en ciencias

Para facilitar la comprensión y el análisis de ciertos procesos, el trabajo científico recurre en muchas ocasiones al uso de convenciones.

Las convenciones son normas no escritas, adquiridas por el uso, que se emplean de modo consensuado y que todos deben interpretar del mismo modo. Por ejemplo, en los esquemas de genética, el uso de la **x** para indicar reproducción sexual es una convención.

Cuando se estudia un solo gen, como en el caso del tipo de cabello, se puede realizar los siguientes procedimientos para obtener todas las posibilidades que existen a partir de la cruza de dos progenitores.

En primer lugar, se plantea a los parentales (P), es decir, los padres en el primer cruzamiento. Si el padre posee un genotipo homocigota dominante para el tipo de cabello, es decir que tiene cabello rizado, y la madre posee un genotipo homocigota recesivo y, por lo tanto, tiene cabello lacio, se puede realizar el siguiente esquema.

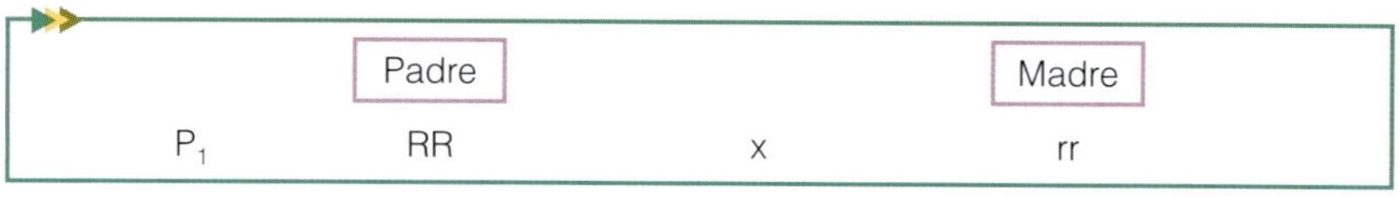

Cuando cada individuo produzca sus gametas en la meiosis, cada una llevará el único alelo disponible según su genotipo: el padre producirá gametas con el alelo **R** para el gen tipo de cabellos, mientras que todas las gametas de la madre poseerán el alelo **r**. De la fecundación de esas gametas se obtendrá la primera generación o filial (F_1) con un solo genotipo posible: **Rr**.

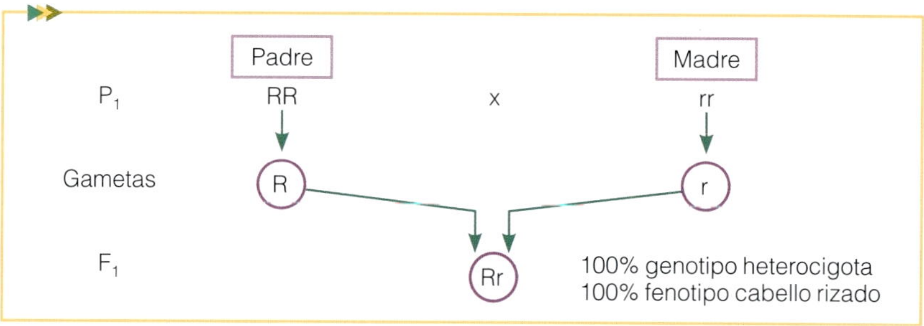

Tipos de cabello: lacio y rizado.

Ahora bien, si dos individuos heterocigotas como los de la F_1 se cruzan, las proporciones probables en fenotipos y genotipos serán las siguientes: estos individuos producirán, en el proceso de meiosis, solo dos tipos de gametas en iguales proporciones, las que porten el alelo **R** y las que lleven el **r**.

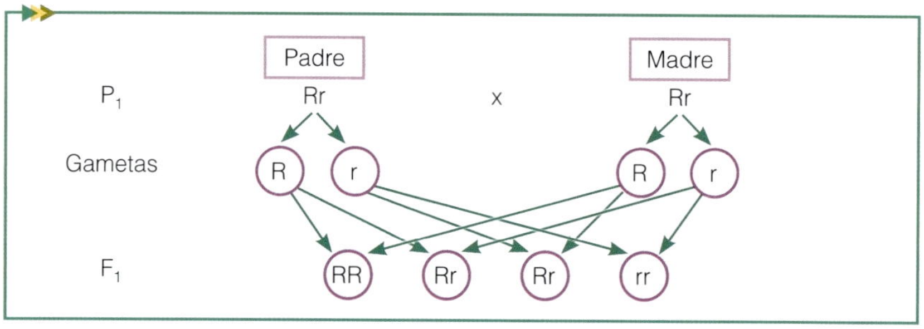

♀ \ ♂	R	r
R	RR	Rr
r	Rr	rr

Los resultados del cuadro de Punnett permiten calcular probabilidades o porcentajes de los genotipos que se pueden obtener, no cantidad de individuos obtenidos.

Una forma más práctica y gráfica para representar la cruza entre dos individuos es con el **cuadro de Punnett**. En la primera fila se ubican todas las gametas posibles de un parental, y en la primera columna, las del otro parental. En los casilleros donde se juntan las gametas se obtienen todos los genotipos. Se calculan los porcentajes de cada genotipo y se estiman las probabilidades de la aparición de cada genotipo y, por ende, de los fenotipos.

Herencia de dos genes con dos alelos

Mendel no solo estudió cómo se heredan los genes, también se ocupó de ver qué sucedía cuando se analizaban dos características (o genes) a la vez. Entre las diferentes características que eligió, estudió la herencia del gen color de la semilla (amarilla o verde) junto con la textura o forma de la semilla (lisa o rugosa). Dedujo, según los resultados obtenidos, que los alelos de un gen se separan del otro cuando se forman las gametas. Esto se conoce como la **Segunda Ley de Mendel**.

Para analizar la Segunda Ley de Mendel, se retoma el ejemplo del tipo de cabello y se le agrega otro rasgo: la capacidad de enrollar la lengua en U. Para este último carácter, el alelo que otorga la capacidad de enrollar la lengua domina sobre el de incapacidad de enrollar la lengua; por ende, representaremos con la letra **E** al alelo que posibilita, y con **e** al que no. Si se parte de dos individuos homocigotas para ambos caracteres pero con distintos fenotipos, se puede realizar el siguiente esquema.

	Individuo con cabello rizado e incapacidad de enrollar la lengua		Individuo con cabello lacio y capacidad de enrollar la lengua
P (parental)	RRee	x	rrEE
Gametas	Re		rE
F_1		RrEe	

Genotipo	Fenotipo
100% heterocigota para ambos genes.	100% individuos con cabello rizado y con capacidad de enrollar la lengua.

Con este resultado, se puede afirmar que todos los individuos de esta cruza tendrán el mismo fenotipo y el mismo genotipo.

¿Qué sucede cuando se cruzan dos individuos de esta F_1? Se obtiene una gran variedad de genotipos y fenotipos diferentes de los de partida, tal como Mendel obtuvo durante las cruzas que realizó. Él observaba una proporción fenotípica que se repetía siempre cuando analizaba pares de características en la planta estudiada. Esas proporciones se obtenían si y solo si se formaban cuatro tipos de gametas diferentes, en proporciones idénticas. Es decir, en un individuo de la F_1, con genotipo RrEe, se podrán formar las siguientes gametas: RE, Re, rE y re. Es decir, todas la combinaciones posibles entre un alelo de un gen con un alelo del otro.

Actividades

1. En los seres humanos la piel pecosa es codificada por un alelo dominante (P). El alelo recesivo (p) informa para ausencia de pecas. Otro par de alelos informa para el lóbulo de la oreja libre (D) y pegado (d). Indiquen las proporciones fenotípicas y genotípicas de la descendencia entre dos padres pecosos con lóbulo libre, uno homocigota dominante y otro heterocigota para ambos caracteres.

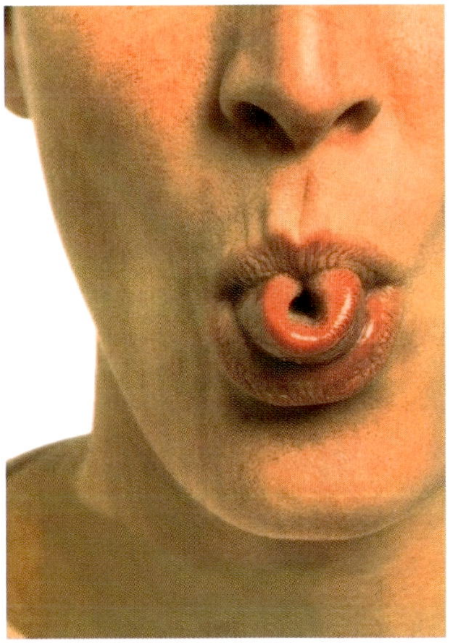

La capacidad de enrollar la lengua es un rasgo humano determinado por un solo gen con dos alelos.

Esto ocurre cuando ambos genes (tipo de cabello y capacidad de enrollamiento de la lengua) están en cromosomas diferentes, o en el mismo cromosoma y se separan durante la meiosis. Si los dos genes se encuentran en el mismo cromosoma, la separación puede ocurrir durante el entrecruzamiento o *crossing-over* (también llamado *intercambio genético*). En el caso de encontrarse en diferentes cromosomas, cada cromosoma del par de homólogos migrará hacia cada polo de manera independiente y al azar durante la meiosis. De este modo, se puede obtener cualquier combinación de alelos. Así, en un individuo heterocigota para ambos genes, es la migración independiente y al azar de los cromosomas homólogos (durante la anafase I de la meiosis) lo que permite generar las cuatro gametas antes descriptas.

Los dos ordenamientos posibles de los cromososmas homólogos

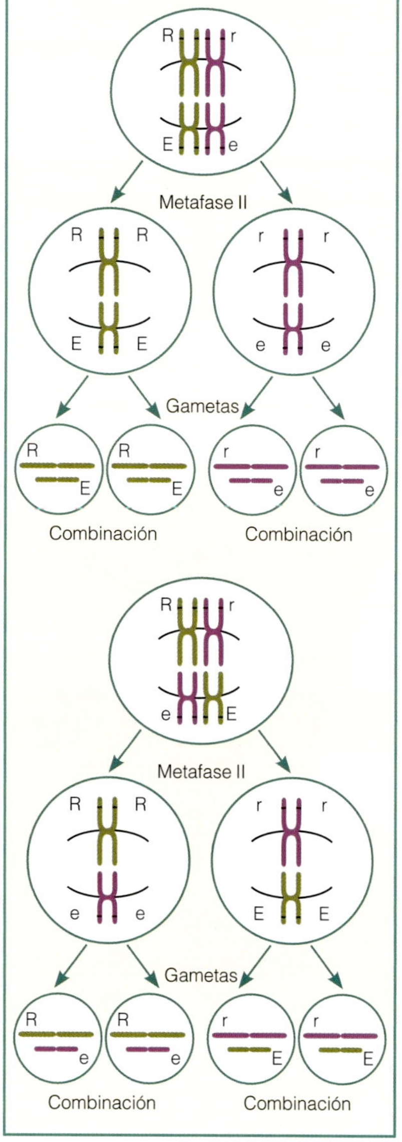

Durante la metafase I de la meiosis, los cromosomas homólogos se ubican apareados en el plano ecuatorial de forma aleatoria. De esta manera, se generan nuevas combinaciones de alelos cuando se separan en la anafase I.

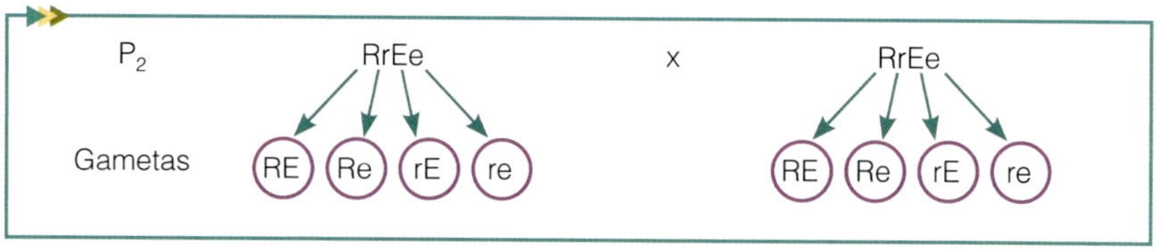

Para realizar la F_2, es decir la cruza entre todas estas gametas de cada individuo, y obtener todos los genotipos y fenotipos posibles con sus probabilidades de ocurrencia, se elabora el cuadro o grilla de Punnett.

♀ \ ♂	RE	Re	rE	re
RE	RREE	RREe	RrEE	RrEe
Re	RREe	RRee	RrEe	Rree
rE	RrEE	RrEe	rrEE	rrEe
re	RrEe	Rree	rrEe	rree

Del análisis del cuadro se deduce que la probabilidad de obtener en la F_2 un individuo con:

- cabello rizado y capacidad de enrollar la lengua, será de 9/16
- cabello rizado e incapacidad de enrollar la lengua, será de 3/16
- cabello lacio y capacidad de enrollar la lengua, será de 3/16
- cabello lacio e incapacidad de enrollar la lengua, será de 1/16

Esto da una proporción de 9:3:3:1, como las que obtenía Mendel en sus experiencias cuando analizaba dos características a la vez.

Cada fenotipo mencionado está formado por uno o más genotipos. Por ejemplo, para el fenotipo cabello rizado y capacidad de enrollar la lengua es 1/16 RREE, 2/16 RREe, 2/16 RrEE y 4/16 RrEe, que se representa del siguiente modo: R_E_, donde el guión bajo representa cualquier alelo. Esto sucede porque, para que posea cabello rizado y capacidad de enrollar la lengua, debe haber en la composición genotípica al menos un alelo dominante para cada gen. El fenotipo cabello rizado e incapacidad de enrollamiento de la lengua se observa en individuos con el genotipo R_ee (1/16 RRee, 2/16 Rree).

El fenotipo cabello lacio y capacidad de enrollar la lengua tiene los genotipos rrE_ (1/16 rrEE y 2/16 rrEe).

Solo para el fenotipo doble recesivo, con cabello lacio e incapacidad de enrollar la lengua, el genotipo es 1/16 rree.

Herencia no mendeliana

No todas las características que observamos en los seres vivos cumplen las leyes de Mendel; a veces encontramos que existen fenotipos intermedios al de los padres. Esto significa que hay genes que poseen alelos que no presentan dominancia completa sobre otros. Si bien estos caracteres son **no mendelianos**, por no cumplir con estas leyes, la genética actual puede explicar esos mecanismos de herencia.

Alelos múltiples

Muchas veces existe más de un alelo para un mismo gen. Si bien en el caso de un gen único, un individuo posee dos alelos, en la población existen más de dos. Según la combinación de pares de alelos en los individuos, en la población pueden aparecer varios fenotipos posibles.

En los seres humanos, el gen que determina el grupo sanguíneo del sistema AB0 presenta tres alelos posibles: A, B y 0. Tanto el A como el B son dominantes sobre 0, de modo que cuando A o B se encuentra formando un heterocigota con el 0, el fenotipo será grupo A o grupo B, respectivamente. Solo será 0 si es homocigota recesivo 00.

Codominancia

Existen casos en los que dos alelos pueden ser dominantes, de modo que ninguno domina sobre el otro y los dos aparecen o se expresan en el fenotipo.

Siguiendo con el ejemplo de los grupos sanguíneos AB0, los dos alelos dominantes son A y B, de modo que un individuo heterocigota con ambos alelos da un fenotipo diferente, el grupo AB.

Según lo expuesto, la probabilidad de obtener un hijo grupo AB será de ¼. En este caso, con tres alelos se obtienen cuatro fenotipos diferentes.

Actividades

1. Realicen un cuestionario a un grupo no menor de 15 personas y anoten qué fenotipos poseen para cada característica.

Rasgo	Fenotipos	Número de personas	Dominante/ Recesivo
Tipo de cabello	Rizado / Lacio		
Línea de nacimiento del cabello	Recta / En pico		
Hoyuelo en el mentón	Ausencia / Presencia		
Terminación del pulgar	Derecho / Curvo		
Lóbulo de la oreja	Libre / Pegado		
Factor sanguíneo (Rh)	Positivo / Negativo		

a. Anoten qué número de personas tienen cada fenotipo.

b. Sobre la base de los datos obtenidos, decidan cuál será el alelo dominante y cuál el recesivo. Argumenten su elección.

c. ¿Podrían dar el genotipo seguro en algún caso? Justifiquen la respuesta.

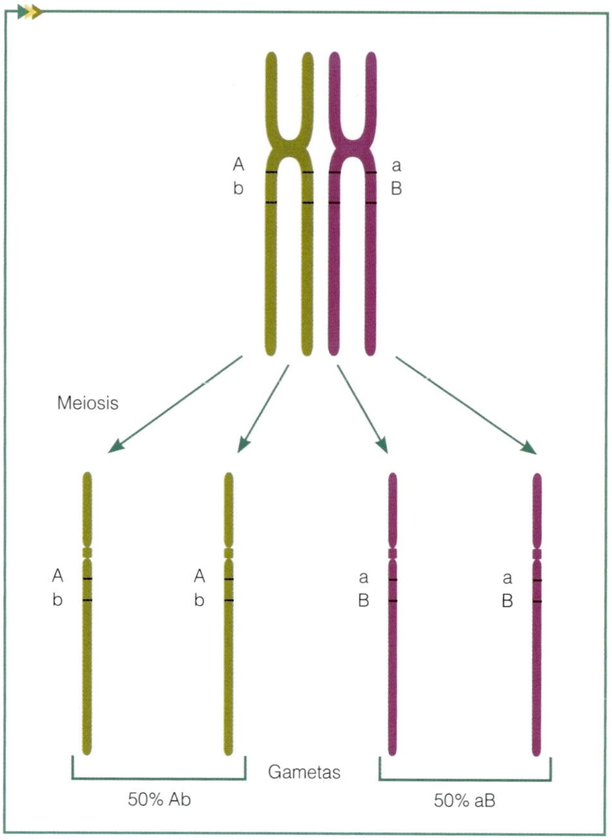

Ligamiento absoluto.

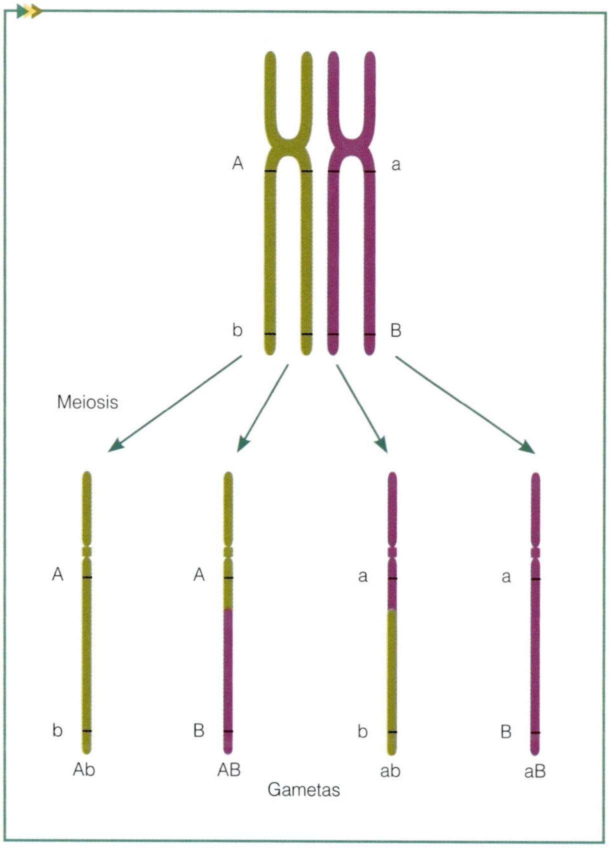

Ligamiento parcial.

Genes ligados

Como se mencionó al principio del capítulo, los genes se disponen uno al lado del otro en los cromosomas, y en un mismo cromosoma puede haber miles de genes diferentes. Aquellos que ocupan diferentes lugares o **loci** (plural de *locus*) del mismo cromosoma se denominan **genes ligados**.

Los genes ligados se heredan en forma conjunta porque durante la meiosis, los cromosomas homólogos se separan y se dirigen como unidades hacia los polos opuestos. Entonces, todos los genes que constituyen uno de los cromosomas del par homólogo quedan en una gameta, y los del otro homólogo quedan en una gameta diferente. Muchas veces ocurre que dos genes o características están ubicados muy cerca entre sí en el mismo cromosoma. Es decir que en un individuo heterocigota para ambos genes, no se producen gametas con todas las combinaciones en iguales proporciones, ya que solo se separarán los alelos si ocurre un entrecruzamiento entre ambos. Cuando los genes están en distintos cromosomas o lejos entre sí, las proporciones entre las gametas obtenidas para un individuo AaBb serían de 25% AB, 25% Ab, 25% aB y 25% ab. Si los genes A y B están ligados, habrá mayor proporción de gametas, según la distribución de los alelos en cada cromosoma. Por ejemplo, si en un cromosoma se encuentra el alelo A y el alelo b y en el cromosoma homólogo a y B, se verá que entre las gametas habrá mayor proporción de gametas Ab y aB (en igual proporción) y menor número de gametas con la combinación AB y ab (en igual proporción también). Esto se debe a que Ab y aB solo se separan en la meiosis y constituirán gametas AB y ab cuando ocurra un entrecruzamiento entre ambos genes. Es así que se dice que habrá **ligamiento absoluto** si los genes están tan cerca uno del otro que nunca se separan los alelos: en el total de las gametas habrá mitad Ab y mitad aB, nunca AB o ab. Se dice que hay **ligamiento parcial** si aparecen gametas AB y ab en menor proporción que las Ab y aB. Así, cuanto más separados estén estos genes entre sí, mayor es la probabilidad de que ocurra entrecruzamiento entre ambos locus y se separen los alelos. Otro punto extremo es que haya proporciones iguales de gametas AB, Ab, aB y ab (25% de cada una), con lo cual se considera que estos genes, si bien se encuentran en el mismo cromosoma, no están ligados y se comportan como genes independientes.

Herencia intermedia

En algunas plantas se observa que cuando se cruzan dos individuos con flores de fenotipos (colores) distintos, la descendencia (F_1) obtenida presenta flores de un color intermedio respecto de los parentales. Por ejemplo, en la cruza de una planta de dondiego de noche (*Mirabilis jalapa*) con pétalos rojos con otra que tenga los pétalos blancos, todos los descendientes tendrán pétalos de color rosa. Si estas plantas de la F_1 se cruzan entre sí, las plantas de la F_2 presentarán una proporción 1:2:1 de flores rojas, rosas y blancas, respectivamente. Las plantas de flores rosas son heterocigotas que tienen un color intermedio entre los colores rojo y blanco de los homocigotas. En este caso, hay un alelo que determina el pigmento de color rojo y otro alelo que da lugar a la ausencia de color (los pétalos tienen un color blanco de fondo). Las flores de los heterocigotas (Rr) tienen aproximadamente la mitad del pigmento rojo presente en las flores de los homocigotas rojos (RR), porque los heterocigotas tienen una sola copia del alelo que produce color, mientras que los homocigotas poseen dos. En algunos casos, se puede representar a cada alelo con una letra, por ejemplo **R** (para rojo), y al otro con otra letra, **B** en caso de blanco, dado que no existe una dominancia de un gen sobre otro.

El genotipo de las plantas con flores rojas se escribirá como RR y el de las plantas con flores blancas, como BB. En la cruza se obtienen:

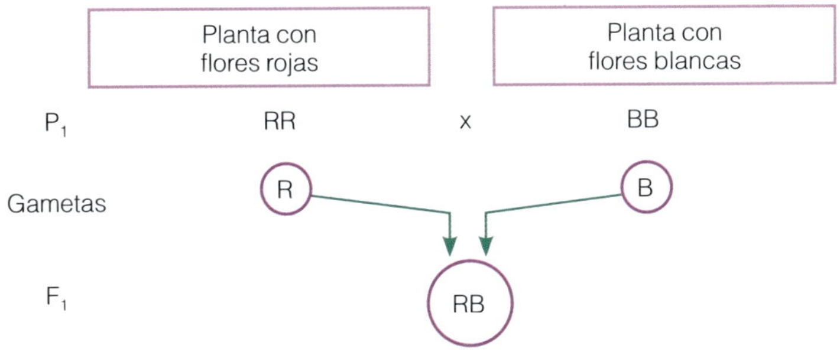

Genotipo	Fenotipo
100% genotipo heterocigota	100% fenotipo flores rosas

En la autofecundación de estas plantas se obtiene:

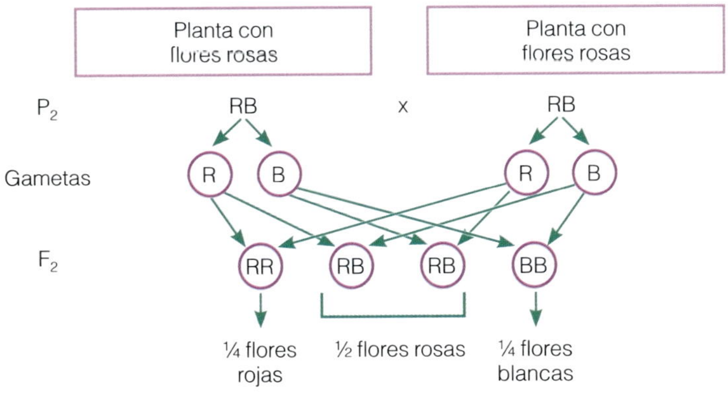

Flores rojas y blancas de dondiego de noche que dan como resultado otras de color rosa (herencia intermedia).

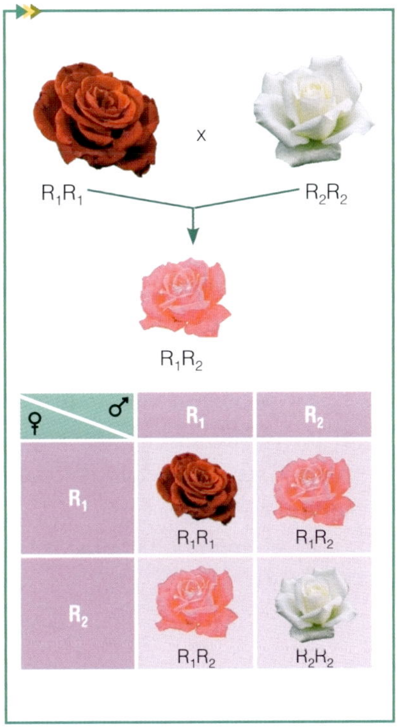

El cruzamiento de dos individuos homocigotas con diferentes fenotipos produce una F_1 con un color intermedio respecto del de los progenitores. En la F_2 se observan los tres fenotipos posibles en proporción 1:2:1.

Rosa o celeste: cómo se define el sexo en los bebés

Están los que esperan la llegada del varoncito, quienes buscan la parejita o los que sueñan con el mundo rosa de las nenas. En materia de fantasías, hay para todos los gustos. Pero, ¿cuál es el mecanismo que determina la formación del sexo en los bebés? ¿De qué depende?

El sexo de un bebé depende de un mecanismo genético azaroso. Se da en la combinación de cromosomas que se produce en el momento de la fecundación.

Tanto el espermatozoide como el óvulo tienen 23 cromosomas, de los cuales uno de ellos es el cromosoma sexual, formado por dos XX en el caso de la mujer, y por un cromosoma X y un cromosoma Y en el caso de los hombres.

Y... sí, el hombre es quien define

En definitiva, el cromosoma de la célula masculina es el que define el sexo del bebé, ya que si un óvulo es fecundado por un espermatozoide X, será una nena y, en caso de serlo por un Y, será varón.

En el hombre, la mitad de sus espermatozoides son X y la mitad son Y, por lo que tienen el 50% de posibilidades de concebir una nena o un varón. Ahora, qué sexo tendrá, nunca se sabe.

¿Podemos elegir el sexo?

Es sabido que los espermatozoides que poseen un cromosoma X y los que poseen un cromosoma Y son diferentes en cuanto a la velocidad de traslado y al tiempo de vida de cada uno de ellos. Es decir, algunos llegan más rápido al óvulo y otros viven más tiempo, lo que da paso a la posibilidad de incidir en la formación del sexo según el momento o día del ciclo en el que se tengan relaciones sexuales y teniendo en cuenta, por supuesto, el momento exacto de la ovulación.

Con el asesoramiento de un profesional, es posible aumentar en un 60 a 70% las posibilidades de favorecer determinado sexo, pero se trata de una especulación que no siempre garantiza el resultado esperado.

Las variables que intervienen son la velocidad y el tiempo de vida de los espermatozoides X e Y. Estos últimos son más rápidos que los X, pero viven menos tiempo, razón por la que hay más probabilidades de concebir un varón si la relación sexual se produce el día exacto de la ovulación a que si esta se realiza en los dos a tres días previos.

De todos modos, cada caso es particular, ya que, además, en el momento de la concepción intervienen otros factores.

Una técnica mundial (pero no argentina)

Desde hace unos años es posible seleccionar el sexo del bebé en el laboratorio mediante la centrifugación de esperma. Esta técnica permite separar los espermatozoides X de los Y que, por ser más livianos, quedan en la parte superior del semen una vez centrifugados. Luego se practican técnicas de reproducción asistida de baja o alta complejidad, según el caso, como la inseminación uterina o la fertilización *in vitro*. Sin embargo, esta tecnología no se encuentra disponible todavía en nuestro país.

Gabriel Fiszbajn, jefe de medicina reproductiva del Centro de Estudios en Ginecología y Reproducción (CEGyR).
Diario *Clarín*, suplemento "Entre mujeres", 19/01/15. (Adaptación).

Actividades

1. Lean el artículo sobre cómo se define el sexo en los bebés y resuelvan las siguientes consignas.

a. En condiciones normales, ¿cuál es la probabilidad de concebir una mujer o un varón? Justifiquen la respuesta.

b. ¿En qué consiste la técnica de selección de espermatozoides?

Herencia ligada al sexo

En los seres humanos, el sexo viene determinado por el par de cromosomas XY. Las mujeres tienen dos cromosomas X y el varón, uno X y uno Y. Estos cromosomas presentan diferencias morfológicas (el Y es más pequeño que el X) y, por lo tanto, tienen distinto contenido de genes. En los cromosomas sexuales se distingue un **segmento homólogo**, donde se localizan genes que regulan los mismos caracteres, y un **segmento diferencial**, donde se encuentran tanto los genes exclusivos del X como los genes exclusivos del Y.

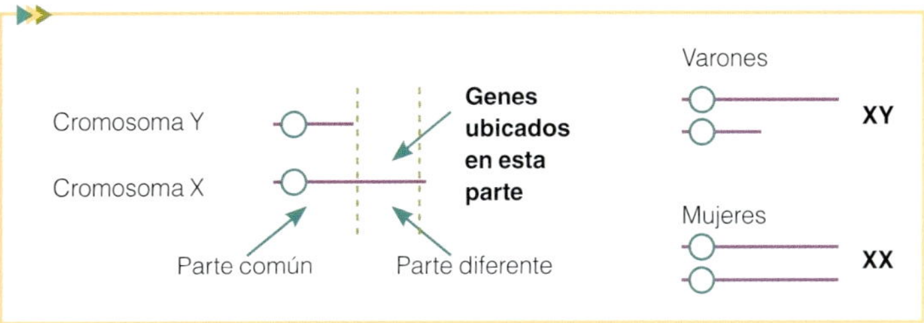

Estructura de los cromosomas X e Y. El cromosoma X posee un segmento diferencial que no tiene el cromosoma Y. Los genes que se encuentran en ese segmento poseen una herencia diferente de acuerdo con el sexo del individuo.

La **herencia ligada al sexo** hace referencia a aquellos genes que se sitúan en el cromosoma sexual X y no en el Y. Por lo tanto, ciertas características cuyo locus se encuentra en la región diferencial del cromosoma X van a presentar variaciones en las proporciones fenotípicas de acuerdo con el sexo del individuo. En los seres humanos, algunos ejemplos son la distorsión en la visión de los colores o daltonismo, la hemofilia o falta de coagulación de la sangre, y la ceguera a la visión nocturna. El **daltonismo** es producido por un alelo recesivo que representaremos en el siguiente esquema con **n**, frente al alelo que produce la visión normal **N**.

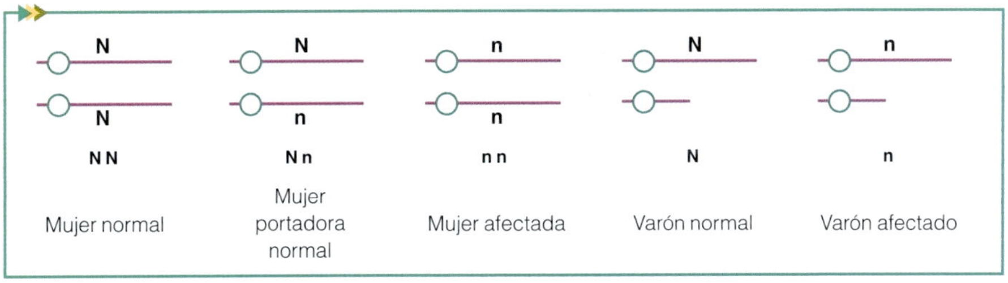

De esta manera, dado que las mujeres tienen dos cromosomas X, tendrán los dos alelos para este gen, mientras que el varón tendrá solo una copia del gen en el cromosoma X. Esto también influirá en las proporciones, ya que para que una mujer sea daltónica debe ser homocigota. Esto sucede porque si tiene un alelo de visión normal y uno que produce el daltonismo, la mujer tendrá visión normal, aunque sea portadora de este último. En los varones no existe el portador normal, ya que al tener una sola copia del gen en el cromosoma X, o es daltónico o posee visión normal, según el alelo que haya heredado.

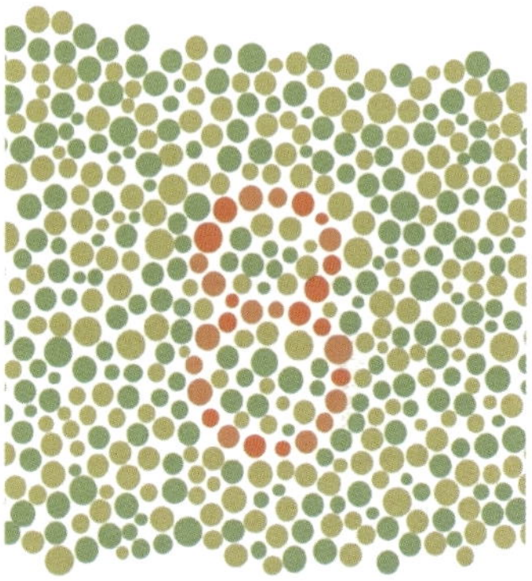

Prueba para detectar el daltonismo. Las personas que no ven el número escondido padecen daltonismo para esos colores.

Si una mujer portadora del gen del daltonismo tiene hijos con un hombre que no es daltónico, tendrá las siguientes probabilidades de tener hijas o hijos daltónicos:

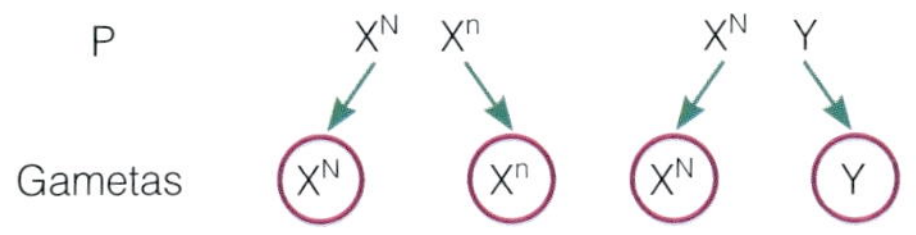

♀ \ ♂	X^N	Y
X^N	$X^N X^N$	$X^N Y$
X^n	$X^N X^n$	$X^n Y$

½ de las mujeres tendrán visión normal ($X^N X^N$)
½ de las mujeres serán portadoras con visión normal ($X^N X^n$)
½ de los varones tendrán visión normal ($X^N Y$)
½ de los varones serán daltónicos ($X^n Y$)

Los fenotipos se nombran con distinción de sexo.

Las moscas encierran muchos secretos sobre el comportamiento humano

El trabajo con insectos ha permitido detectar genes involucrados en enfermedades como el Alzheimer y el Parkinson, y conocer cómo y por qué se alteran nuestros "relojes biológicos", los ciclos de vigilia y el descanso.

Entrar en un laboratorio científico de avanzada como el que dirige Fernanda Ceriani –doctora en Ciencias Biológicas de la UBA, con estudios posdoctorales en California, investigadora independiente del Conicet y autora de quince trabajos publicados en revistas científicas internacionales– es una experiencia fascinante. Su grupo de investigación trabaja sobre el comportamiento en moscas *Drosophila*, a las que Ceriani define como "hombrecitos con alas". Allí, dentro de esos bichitos, se introducen para conocer más sobre los mecanismos celulares y moleculares básicos que desencadenan, por ejemplo, las llamadas "enfermedades de la vejez" o las razones por las cuales se alteran los ritmos de actividad y descanso. Un mundo sugestivo en el que se encuentran la genética y las neurociencias.

¿Qué es lo que aporta el trabajo con moscas a la biología y la medicina?

La mosca empezó a ser utilizada como modelo experimental hace más de cien años. Se la eligió, justamente, porque había aspectos de la mosca que son fáciles de identificar en la descendencia. O sea, cómo los padres transmiten a los hijos esas semejanzas que uno siempre está buscando en la descendencia. Uno de los pioneros en estos estudios, Thomas Hunt Morgan, Premio Nobel de Medicina en 1933, descubrió uno de los primeros mutantes. La mosca *Drosophila* silvestre (o mosca de la fruta, con la que trabajamos) tiene unos ojos rojos impresionantes. Un buen día Morgan encontró una mosca con ojos blancos que se destacaba entre las de ojos rojos, a la que llamó *white*. Contar con este mutante le permitió iniciar sus estudios de herencia ligada al sexo, y de paso confirmar las leyes de la herencia propuestas por Mendel unas décadas antes. Con estas primeras observaciones se dio inicio al empleo de *Drosophila* como sistema modelo, en una disciplina que hoy definiríamos como genética clásica.

¿Cuál es la ventaja de la mosca sobre otros organismos de experimentación?

Tiene una genética sencilla, o sea un número pequeño de cromosomas; un ciclo de vida corto, es decir, desde que un adulto da origen a la siguiente generación de adultos pasan apenas doce días. Se pueden criar en grandes números porque son muy pequeñas. Son fáciles de mantener, a temperatura ambiente en un estante, con un poco de polenta y levadura. Además, desde que se secuenció el genoma de la *Drosophila* y posteriormente el de humanos, se encontró que un porcentaje muy alto de los genes, que pueden ser causales de enfermedades en el hombre, tienen su correlato en la mosca, y estos genes están altamente conservados.

¿Y estas similitudes permiten investigar sobre enfermedades en humanos, por ejemplo?

Bien, es notable que un 70% de los genes relacionados con cáncer se puedan encontrar en moscas *Drosophila*, indicando que el proceso que está afectado es muy básico. Pero no es eso solo. Muchos años después de Morgan, en los años 60, otro investigador, Seymour Benzer, propuso que la mosca podía ser también un modelo para estudiar el origen del comportamiento. Es asombroso lo que nos pueden contar las moscas sobre el comportamiento humano;

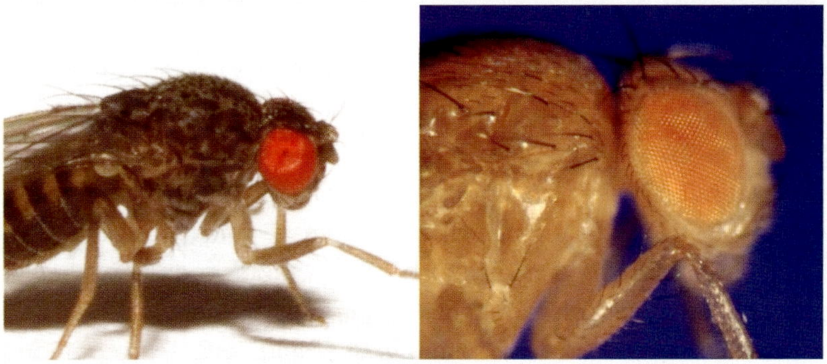

La mosca de la fruta (*Drosophila melanogaster*) es un modelo animal para el estudio de la genética. El carácter color de ojos es también un ejemplo de herencia ligada al sexo. *Drosophila* de tipo silvestre (ojos rojos) y mutante *white* (ojos blancos).

aspectos tan complejos como percepción olfativa, apareamiento, cortejo, adicciones a cocaína y etanol, agresión; y en nuestro caso, un modelo para estudiar los ciclos de sueño y vigilia.

¿Cómo se trabaja en las moscas para conocer todo eso?

Lo que se quiere encontrar son genes que al ser alterados modifiquen sutil o groseramente un comportamiento. En nuestro laboratorio, por ejemplo, nos interesan los mutantes con alteraciones en el reloj biológico. Las moscas, normalmente, son activas durante el día e inactivas durante la noche. Lo mismo que el humano. Sobre la base de este comportamiento tan simple y que podemos medir en forma automatizada, se buscan moscas idénticas a las otras, pero con una pequeña variación que justamente afecte los ciclos de sueño y vigilia. Para lograr una pequeña alteración en el material genético, se consigue un mutante...

¿Qué es, en este caso, un mutante?

Es un individuo igual a sus hermanos en el 99,9% de sus genes, pero con una modificación en su genoma que redunda en una alteración que se puede ver o medir.

¿Tenemos todos un "reloj biológico" incorporado?

El reloj biológico está presente en todas las especies en las que se estudió y se buscó. El reloj biológico de la mosca es increíblemente similar al del humano, solo que este es un poco más complicado. Por cada pieza en *Drosophila*, en el humano hay dos o tres. Porque eso le da un mayor grado de sutileza, o de perfección. No perfección temporal, porque son igualmente muy buenos relojes, los de la mosca y los del humano. Pero lo que tiene el de los mamíferos es mayor complejidad.

¿Cuáles son los temas que investigan en el laboratorio?

Nosotros estamos estudiando cómo un conjunto muy discreto de genes puede regular una acción tan compleja como son los ciclos de actividad y reposo, sueño-vigilia. Como si esto no fuera suficiente para mantenernos ocupados por algunos años, cuando se secuenció el genoma y se hizo evidente la homología entre las dos especies, se me ocurrió que el comportamiento que nosotros estudiamos lo podemos usar también como una manera de mirar qué les pasa a las neuronas que controlan la actividad rítmica del animal. Entonces, estamos usando los ciclos de sueño y vigilia como una manera de identificar genes que puedan causar neurodegeneración, es decir, muerte prematura de una neurona, y cuya disfunción se manifieste como un cambio en el patrón del comportamiento. Esto que en las neuronas de un mamífero puede tardar más de un año en desarrollarse y manifestarse, en el caso de la mosca *Drosophila* se pone de manifiesto en apenas unas semanas.

Fabián Bosoer. Diario *Clarín*, 08/02/09. (Adaptación).

Actividades

1. Resuelvan las siguientes consignas.

a. ¿Por qué la mosca de la fruta puede ser un modelo de estudio de enfermedades humanas?

b. ¿Qué ventajas presenta trabajar con estos organismos?

c. ¿Cómo ayudan las moscas mutantes en los diferentes estudios?

Herencia poligénica

Algunas características, como la altura y el color de la piel, entre otras, no están determinadas por un solo gen, sino que varios genes participan en la formación del fenotipo. A estos tipos de caracteres se los denomina **cuantitativos** o **continuos**, en los cuales cada gen actúa en forma independiente y aditiva, es decir, mediante la suma de sus efectos. Por lo tanto, en los fenotipos se observan gradientes sin que sea posible establecer grupos claramente distinguibles, por ejemplo en el color de la piel, en el color de pétalos de flores o entre las diferentes alturas de personas o plantas, entre otros.

En este tipo de caracteres, el ambiente tiene mayor influencia que en los caracteres discretos o cualitativos antes estudiados.

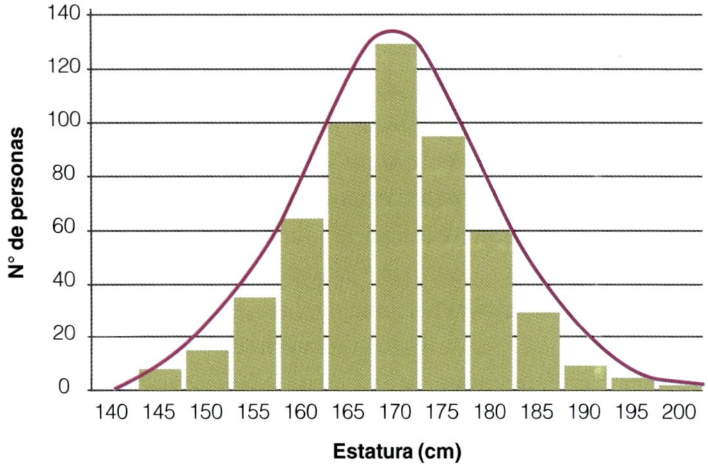

Los caracteres cuantitativos, como la altura en los seres humanos, muestran un rango de fenotipos que no pueden individualizarse y que, al ser graficados, muestran una distribución continua.

Actividades

1. Lean el texto y, luego, resuelvan las siguientes consignas.

Descubren qué genes determinan que seamos altos o petisos

Científicos determinaron que la altura de una persona está dada por la combinación de más de 400 genes.

¿Por qué hay personas más altas que otras? La respuesta desvela a muchos científicos. Ahora, una investigación internacional reveló que la altura de una persona no está determinada por un único gen, sino por la combinación de muchos.

El estudio, publicado en la revista *Nature Genetics*, identificó más de 400 genes que podrían influir en la altura de una persona.

"La altura se determina casi por completo por la genética, pero nuestros estudios previos solo habían sido capaces de explicar el 10% de esta influencia genética", explicó Joel Hirschhorn, del Hospital Infantil de Boston, en Estados Unidos, y uno de los principales investigadores de este trabajo.

Diario *Clarín*, 06/10/14. (Adaptación).

a. ¿Cómo se denominan los rasgos que están determinados por muchos genes?

b. Los investigadores encontraron que este rasgo está determinado casi en su totalidad por factores genéticos. ¿Qué otro factor podría ser considerado?

c. ¿Qué utilizaron los investigadores para estudiar este rasgo?

Interacción entre genes

Existen casos en los que dos genes participan para producir un fenotipo en un organismo. Un ejemplo de ello es la manera como se determina la forma de las crestas de una variedad de gallos. Para este fenotipo participan dos genes, el **P** y el **R**. Cuando se encuentra al menos un alelo **P** dominante y **r** en homocigosis recesiva, se obtiene una cresta en forma de poroto o guisante. Si, en cambio, se encuentra al menos un alelo **R** dominante y **p** en homocigosis recesiva, se obtiene una cresta con forma de roseta. Si están presentes al menos un alelo dominante **P** y **R**, la cresta es en forma de nuez. Y si ambos genes están en homocigosis recesiva, los gallos tendrán cresta simple. De esta manera, si se cruzan dos líneas puras de gallinas que poseen crestas en forma de poroto (PPrr) con otra que posee crestas en forma de roseta (ppRR), obtendremos una F_1 homogénea. Todos los descendientes serán entonces heterocigotas (PpRp) y, por lo tanto, el fenotipo que veremos será con cresta en nuez.

Apuntes breves

En los márgenes del libro de estudio pueden anotar información o nuevos ejemplos que el docente agregue a la explicación.

	Gallina línea pura con cresta en forma de poroto		Gallina línea pura con cresta en forma de roseta
P_1	PPrr	x	ppRR
Gametas	Pr		pR
F_1		PpRr	

Genotipo	Fenotipo
100% genotipo heterocigota	100% fenotipo con crestas en nuez

Cuando obtenemos la F_2, es decir la cruza entre individuos de la F_1, tendremos las siguientes gametas:

					x				
P_2	PpRr				x	PpRr			
Gametas	PR	Pr	pR	pr		PR	Pr	pR	pr

La grilla de Punnett con estas gametas muestra la siguiente F_2:

♀ \ ♂	PR	Pr	pR	pr
PR	PPRR en nuez	PPRr en nuez	PpRR en nuez	PpRr en nuez
Pr	PPRr en nuez	PPrr en poroto	PpRr en nuez	Pprr en poroto
pR	PpRR en nuez	PpRr en nuez	ppRR en roseta	ppRr en roseta
pr	PpRr en nuez	Pprr en poroto	ppRr en roseta	pprr simple

P_R_ tendrán cresta con forma en nuez en la proporción 9/16.
P_rr tendrán cresta con forma de poroto en la proporción 3/16.
ppR_ tendrán cresta con forma de roseta en la proporción 3/16.
pprr tendrán cresta simple en la proporción 1/16.
Como la proporción fenotípica 9:3:3:1 se conserva, se dice que esa interacción entre genes es **independiente**.

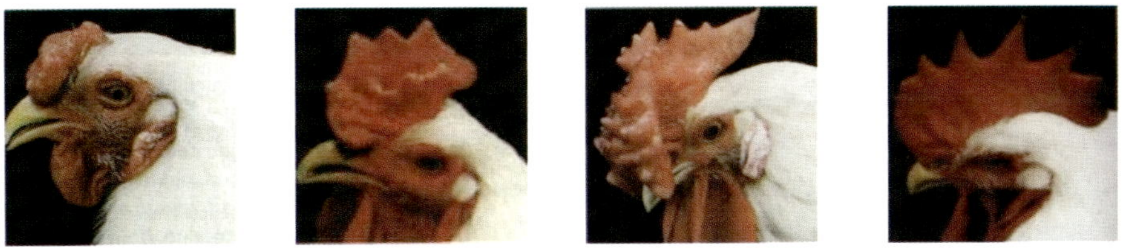

La forma de las crestas de los gallos está determinada por la interacción de dos genes de manera independiente.

Desequilibrios hereditarios

Muchos avances en genética humana fueron impulsados por el estudio de enfermedades que eran heredadas o que aparecían en alguna familia sin ningún antecedente.

Se pueden diferenciar dos tipos de alteraciones genéticas: las producidas por una anomalía en un gen o las que ocurren por la presencia, ausencia o reordenamiento en los cromosomas. Es decir, en las primeras solo están involucrados genes y en las otras existen alteraciones a nivel de la estructura o en el número de cromosomas presentes.

Desequilibrios a nivel génico

Con el análisis de los datos obtenidos en el Proyecto Genoma Humano, se logró identificar los genes alterados que producen muchas enfermedades conocidas. Esto permitió, a su vez, realizar investigaciones que lleven a la curación o alivio de los síntomas para las personas que las padecen.

- **Fibrosis quística**: es una enfermedad autosómica recesiva, es decir que se manifiesta cuando el individuo es homocigota recesivo para el gen responsable. Esta enfermedad se caracteriza por una disfunción de las secreciones de glándulas exocrinas. Suele afectar las vías respiratorias y causa la secreción de moco viscoso y espeso, que se acumula en ellas y altera su funcionamiento. El exceso de moco predispone a infecciones bacterianas.
- **Enanismo acondroplásico**: es una condición autosómica dominante, es decir que la anomalía en el crecimiento está regulada por un alelo dominante. El individuo homocigota para ese alelo, o heterocigota, tiene brazos y piernas cortas, mientras que la cabeza y tronco se desarrollan con normalidad.

Peter Dinklage, actor de *Game of Thrones* y *Las crónicas de Narnia*, presenta enanismo acondroplásico.

- **Hemofilia**: es una enfermedad recesiva ligada al sexo, ya que el locus del gen se encuentra solo en el cromosoma X. Se caracteriza por la falta de coagulación de la sangre, ya que el gen que sufre la alteración contiene la información para la producción de una proteína contenida en la sangre que participa en la coagulación. Estas proteínas son el factor VIII o el factor IX, y producen los tipos de hemofilia A y B, respectivamente. Las personas con hemofilia pueden tener hemorragias internas o externas. La mayoría de las hemorragias se dan en las articulaciones y los músculos. El suministro de los factores de coagulación a estos pacientes permite que tengan una vida normal. Como en todo tipo de herencia ligada al sexo, los varones presentan mayor probabilidad de padecer la enfermedad que las mujeres. Los varones con solo un alelo recesivo tendrán la enfermedad; en cambio, la mujer debe ser homocigota recesiva para padecerla ya que, en estado de heterocigosis, es portadora sana.

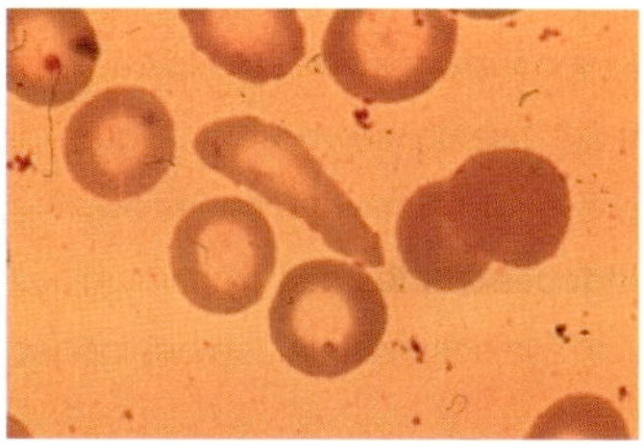

Glóbulos rojos normales y en forma de hoz o medialuna en un individuo que posee un alelo que produce la anemia falciforme.

- **Anemia falciforme**: es una enfermedad autosómica recesiva causada por una mutación en el gen de la hemoglobina. La hemoglobina anormal producida se aglutina y hace que los glóbulos rojos se endurezcan, se vuelvan pegajosos y tengan forma de hoz o de medialuna. Estos glóbulos afectados mueren antes de tiempo, lo que ocasiona una constante deficiencia de glóbulos rojos, es decir, anemia. Los individuos heterocigotas llevan una vida normal y no presentan síntomas.

Desequilibrios a nivel cromosómico

Los desequilibrios cromosómicos pueden ser de dos tipos.

▸ **Desequilibrios cromosómicos estructurales**: afectan grandes porciones del material genético y producen cambios en la estructura de los cromosomas, como inversiones, duplicaciones, translocaciones y deleciones, entre otros.

Las **inversiones** se reconocen porque existe una porción del brazo del cromosoma que se ha cortado y vuelto a unir con modificaciones en su orientación.

Las **duplicaciones** consisten en la presencia de una copia extra de un fragmento del cromosoma.

Las **translocaciones** se producen cuando dos cromosomas no homólogos intercambian fragmentos cromosómicos.

En las **deleciones**, un fragmento del cromosoma se pierde, por lo que el individuo queda sin un grupo de genes en un cromosoma homólogo.

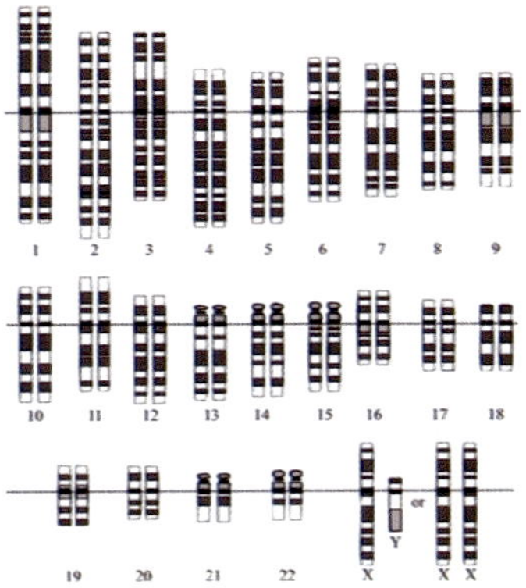

Cariotipo humano normal = 46.

Esquemas de desequilibrios cromosómicos estructurales

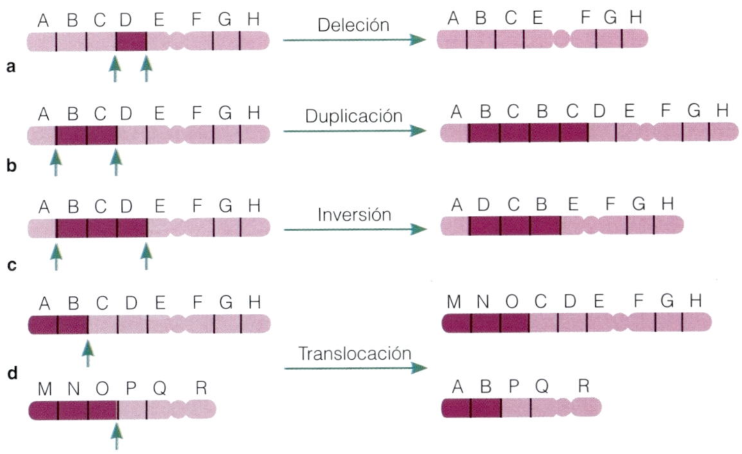

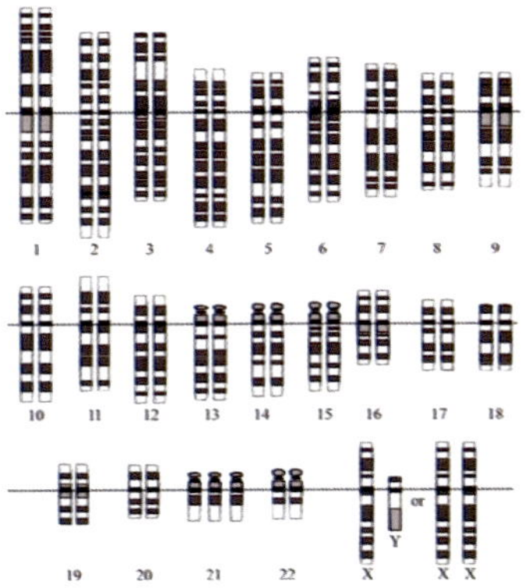

Cariotipo con trisomía del cromosoma 21 (síndrome de Down) = 47.

▸ **Desequilibrios cromosómicos numéricos**: son producto de un aumento o disminución en el número de cromosomas. En los seres humanos, puede haber trisomías y monosomías, y algunas de ellas pueden ser letales. Estos desequilibrios se originan por una distribución anormal de los cromosomas durante la meiosis.

▸ En las **trisomías** hay tres cromosomas en lugar de dos cromosomas homólogos. Un ejemplo es la trisomía del par 21 o síndrome de Down.

▸ En las **monosomías** falta uno de los cromosomas homólogos. En los seres humanos, solo se da en los cromosomas sexuales. El síndrome de Turner es un caso que ocurre en mujeres con un solo cromosoma X, por lo que se dice que su cariotipo es X0.

Para conocer más

Dotto, J., *Genética: cómo puede cambiar nuestras vidas*, Buenos Aires, Paidós, 2014.

Kornblihtt, A., *La humanidad del genoma: ADN, política y sociedad*, Buenos Aires, Siglo XXI Editores, 2013.

Onna, A., "De Mendel al ADN". En *Las raíces y los frutos. Temas de filosofía de la ciencia*, Buenos Aires, CCC Educando, 1999.

Retrato de Carlos II "el Hechizado"

Juan Carreño de Miranda, *Retrato de Carlos II el Hechizado* (ca. 1685), óleo sobre lienzo, 75 x 60 cm. Museo del Prado, Madrid, España.

Cuando Carreño realizó este soberbio retrato de Carlos II, el monarca tenía aproximadamente 25 años. Era el último hijo de Felipe IV y Mariana de Austria, y siempre había sido una persona de aspecto enfermizo y triste. Fue criado por 31 nodrizas durante casi cuatro años y no caminó hasta que cumplió los 10. A pesar de sus achaques físicos, tenía una inteligencia desarrollada y era muy aficionado al arte. Sus últimos años estuvieron marcados por la preocupación de quién lo sucedería en el trono. Se llegó a exorcizar al monarca, de allí su apodo de "el Hechizado". El pintor nos presenta al rey Carlos de medio cuerpo, con ropajes negros, y la golilla blanca y el collar de la orden del Toisón como únicos adornos. Una espada y un cinturón plateados completan los accesorios. Pero el centro de atención del retrato es el rostro, donde se destaca la expresión melancólica del rey y en la que el artista manifiesta incluso cierto cariño hacia el retratado.

Carlos II "el Hechizado" fue una de las víctimas de las numerosas uniones entre parientes próximos que se dieron en sus antepasados, tanto recientes como remotos. Científicos españoles hallaron que su coeficiente de consanguinidad era altísimo, similar al del fruto de una relación entre padre e hija, o entre hermano y hermana. El primer estudio que aplica la genética a una dinastía española, la de los Austrias, ha confirmado la hipótesis de muchos historiadores de que la consanguinidad fue el factor clave en la extinción de esa casa real, cuando murió Carlos II en 1700 sin descendencia. También ha permitido esclarecer los principales trastornos que sufría el rey.

Desde que Felipe el Hermoso inauguró la dinastía al casarse con Juana la Loca, los matrimonios entre parientes en las diferentes casas reales europeas, para conservar el poder, fueron la norma. El **coeficiente de consanguinidad** indica la proporción de genes idénticos que se reciben del padre y de la madre.

"En el análisis de la consanguinidad nos hemos remontado 16 generaciones desde Carlos II, con un total de 3.000 personajes", explica Gonzalo Álvarez Jurado, catedrático de Genética en la Universidad de Santiago de Compostela. Lo que han encontrado Álvarez y sus colegas es que pesan tanto las relaciones de parentesco entre el padre y la madre del individuo como las acumuladas en varias generaciones.

Al estudiar la genealogía de estos monarcas, se observan los casamientos entre familiares cercanos. Por ejemplo, Carlos II era hijo de tío y sobrina, con un alto coeficiente de consanguinidad.

"Para probar la influencia de la consanguinidad, fuimos a los efectos", indica Álvarez. "Analizamos la mortalidad infantil en los descendientes de cada rey hasta los 10 años y observamos una relación directa entre el coeficiente de consanguinidad y la tasa de mortalidad". Ya los testimonios de la época se extrañaban de la cantidad de abortos y de niños que nacían muertos o morían pronto en la familia mejor cuidada de la España de entonces.

Además, los científicos españoles han estudiado los trastornos de los reyes y, sobre todo, de Carlos II, desde el punto de vista genético. "Disponemos de los mejores retratos de todos ellos, de grandes pintores, que son muy informativos para los médicos", recuerda Álvarez. Sin embargo, aclara, la barbilla prominente de Carlos II no se relaciona con la consanguinidad.

Dos enfermedades atribuibles a mutaciones genéticas recesivas, que necesitan heredarse de los dos progenitores, explicarían los trastornos de Carlos II, que era raquítico, no tuvo hijos y a los 30 años parecía un anciano. Estas mutaciones causan un déficit hormonal múltiple de la hipófisis (de la hormona de crecimiento, entre otras) y acidosis tubular renal, que es una de las causas de raquitismo.

En la lotería genética salió mejor parada la infanta Margarita, hermana del rey y una de las famosas meninas de Velázquez, que se casó y tuvo hijos.

http://www.artehistoria.com/ (adaptación).
Diario *El País*, 15/04/2009. (Adaptación).

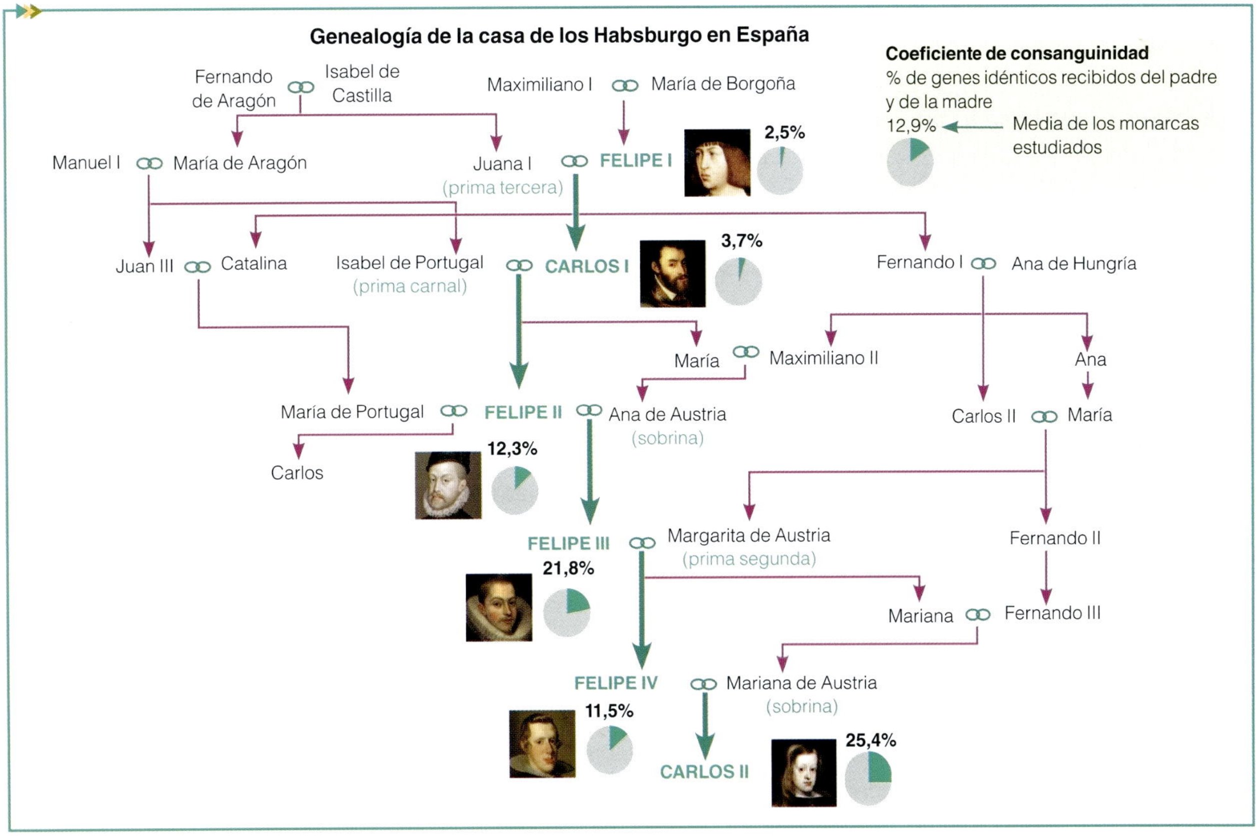

Actividades

1. ¿Cuál es la causa de los problemas de salud que tenía el rey Carlos II?
2. ¿Por qué esas enfermedades no aparecían también en los padres?
3. ¿Por qué la unión entre parientes puede producir problemas en los descendientes? Justifiquen su respuesta.

1. Escriban un texto donde establezcan similitudes y diferencias entre los conceptos: herencia y genética.

2. Definan los siguientes términos: genotipo, fenotipo, alelo, homocigota y heterocigota.

3. Elijan una característica no mencionada en el capítulo y determinen los fenotipos que pueden reconocer.

4. Mencionen todos los genotipos posibles para cada uno de los siguientes grupos sanguíneos: A, B, 0 y AB.

5. Si en la característica color del pelaje en cobayos hubiera herencia intermedia, ¿qué fenotipos podrían encontrar?

6. ¿Qué es la herencia ligada al sexo?

7. ¿Cuál es la probabilidad de que un hombre daltónico que tiene hijos con una mujer homocigota normal tenga hijos varones daltónicos?

8. Un par de alelos informa para la característica tipo de pulgar. Pulgar curvo es dominante (F) y pulgar recto es recesivo (f). Indiquen las proporciones fenotípicas y genotípicas de la F_1 y la F_2 del cruzamiento de un hombre de pulgar recto con una mujer homocigota de pulgar curvo.

9. La miopía es una disfunción visual codificada por un alelo dominante (M); el alelo recesivo (m) informa para visión normal. Una pareja miope tiene un hijo de visión normal. Indiquen el genotipo de los padres y del niño.

10. Una pareja está preocupada porque padece enfermedades de origen genético y se entera de que las mismas pueden ser transmitidas a sus hijos. El hombre tiene cataratas (pero su padre tenía ojos normales) y la mujer tiene huesos extremadamente frágiles (aunque su padre tenía huesos normales). Ambas afecciones parecen depender de genes dominantes, ubicados en cromosomas diferentes.
a. ¿Hay probabilidades de que sus hijos padezcan alguna de esas enfermedades?
b. ¿Es posible que alguno de sus hijos tenga ambas enfermedades?

11. Si el grupo sanguíneo de un padre es 0... ¿Puede tener un hijo de grupo A? Justifiquen su respuesta indicando posibles genotipos de cada uno.

12. ¿Cuándo se dice que dos genes están ligados?

13. ¿En qué casos se dice que la característica estudiada posee herencia poligénica (carácter cuantitativo)? Busquen ejemplos que no estén presentes en el texto del capítulo.

14. Se cruza una planta de tomates rojos alargados (tipo perita) con una planta de tomates rojos redondos. De esta cruza se obtienen más de 100 plantas, entre las cuales solo se observan plantas que producen frutos alargados rojos y plantas con frutos alargados amarillos. Mencionen el genotipo de los parentales, y las proporciones de los fenotipos y de los genotipos posibles de los hijos.

15. Los gatos macho domésticos pueden ser negros o amarillos. Las hembras pueden ser negras, barcinas (con manchas amarillas y negras) o amarillas.
a. Si estos colores son determinados por un gen ligado al sexo, ¿cómo pueden explicarse estos resultados?
b. Determinen los fenotipos esperados en la descendencia al cruzar una hembra amarilla con un macho negro.
c. Un apareamiento produce la siguiente camada de gatitos: machos amarillos ½, machos negros ½, hembras barcinas ½ y hembras negras ½. ¿Qué colores tienen los progenitores?
d. Otro apareamiento produce la siguiente camada de gatitos: machos amarillos ½, machos negros ½, hembras amarillas ½ y hembras barcinas ½. ¿Qué colores tienen los progenitores?

16. Una planta de jardín presenta dos variedades: una de flores rojas y hojas alargadas, y otra de flores blancas y hojas pequeñas. Si se cruzan dos líneas puras, aparecen todas plantas que dan flores rosas y hojas alargadas.
a. ¿Qué proporciones genotípicas y fenotípicas aparecerán en la F_2?
b. ¿Qué proporción de las flores rojas y hojas alargadas de la F_2 serán homocigotas?

Del ADN al organismo

7

Contenidos

> Las proteínas determinan las características de los organismos
> Composición y funciones de las proteínas
> El ADN como centro de la información genética
> Composición y estructura de los ácidos nucleicos
> Duplicación del ADN
> Transcripción de los ARN
> Traducción: síntesis de proteínas
> Mutaciones
> Agentes mutagénicos
> Epigenética
> Secuenciación de genomas

Seguramente su mamá siempre les dice que si quieren crecer, tienen que comer carne y tomar leche porque tienen proteínas. En la clase de Biología habrán oído que las células del cuerpo fabrican sus proteínas. Pero entonces, ¿para qué sirven las proteínas? ¿Para qué comer proteínas, si las células fabrican sus propias proteínas? ¿Y cómo sabe el cuerpo qué proteína tiene que producir? Las proteínas de la carne de vaca, ¿son iguales a mis proteínas? ¿Dónde está la información para fabricar las proteínas y cómo es este proceso? ¿Siempre son iguales o pueden cambiar? Todos estos interrogantes tienen respuesta. La ciencia ha avanzado mucho y, a través del Proyecto Genoma Humano, se puede conocer cómo es la composición de las proteínas de nuestro cuerpo. Aunque todavía queda mucho más por conocer...

EN ESTE CAPÍTULO...

Se explica cómo las proteínas son las responsables de que presentemos ciertas características o fenotipos. Se estudia cómo la información genética contenida en el ADN se duplica, se copia a ARN y se sintetizan las proteínas. Además, se muestra cómo puede mutar o cambiar la información del ADN.

También se analiza cómo los cambios en la información genética generan variabilidad, y permiten variaciones entre los organismos y la evolución de las poblaciones.

Contenido digital adicional

www.tintaf.com.ar/BIO3C7

Alimentos que poseen alto contenido de proteínas.

Cisteína	Serina	Glicina
Alanina	Ácido glutámico	Ácido aspártico
Asparagina	Glutamina	Prolina
Histidina*	Tirosina	Arginina
Fenilalanina	Treonina	Triptófano
Lisina	Leucina	Metionina
Valina	Isoleucina	

Nombre de los 20 aminoácidos que componen las proteínas.
En color, los aminoácidos esenciales.
* Aminoácido esencial solo en los niños.

Actividades

1. Busquen un yogur, un paquete de papas fritas y un frasco de mermelada, entre otros alimentos.
a. Miren las etiquetas con el detalle de sus componentes y registren el porcentaje de proteínas.
b. Ordenen los alimentos desde el de mayor contenido de proteínas al de menor contenido.
c. Analicen cuáles de esos alimentos se consumen con mayor frecuencia.
d. Busquen en los alimentos que contienen menores niveles de proteínas, qué otro tipo de biomoléculas poseen en mayor abundancia.

Glosario

pepsina: principal proteína del jugo gástrico que participa en la digestión de las proteínas ingeridas con los alimentos.

Las proteínas determinan las características de los organismos

Siempre se dice que la información genética está en los genes. Pero, ¿qué tipo de información llevan los genes? ¿Cómo se determinan las características con esa información? Los **genes** llevan información para la síntesis de proteínas. Algunos contienen la información de cómo debe ser la proteína, mientras que otros producen elementos que participan en esa síntesis.

Las **proteínas** son las encargadas de producir las características que poseemos: son las moléculas que determinan las características particulares de cada individuo y de la especie en general.

El ADN tiene la información de cómo serán las proteínas, y son estas las que realmente ejecutan las funciones del organismo y las que determinan las características particulares de cada uno.

Para poder comprender cómo ocurre todo esto, se comenzará con la descripción de las proteínas: cómo están compuestas y cuáles son sus funciones principales.

Composición de las proteínas

Las proteínas determinan la forma y la estructura de las células, y regulan casi todos los procesos vitales. Son un tipo de biomoléculas o macromoléculas formadas por cadenas de moléculas más pequeñas, denominadas **aminoácidos**. Los aminoácidos están compuestos por átomos de carbono (C), hidrógeno (H), oxígeno (O) y nitrógeno (N), aunque dos de ellos también contienen azufre (S). Las proteínas se forman por la combinación de solo 20 aminoácidos, y cada proteína puede contener desde unos cientos a varios miles de ellos. Algunos de estos aminoácidos pueden ser producidos por el organismo humano a partir de azúcares, lípidos u otros aminoácidos, pero existe un grupo, los llamados **aminoácidos esenciales**, que se deben ingerir con los alimentos ricos en proteínas, como carnes, lácteos, huevos, legumbres y cereales.

La secuencia de aminoácidos en forma de cadena lineal corresponde a la **estructura primaria** de una proteína, y está dada por el orden y tipo de aminoácidos que contiene. Este orden o secuencia de los aminoácidos es lo que determina cada tipo de proteína.

Si bien los aminoácidos se unen y forman una cadena lineal, esta cadena se pliega y permite que los aminoácidos cercanos se unan (con uniones químicas más débiles) para formar la **estructura secundaria** de la proteína. Por otra parte, la proteína puede seguir plegándose y formar lo que se denomina la **estructura terciaria**. Esta estructura determina la función de las proteínas en el organismo. Algunas toman forma de filamento alargado o de fibra: son las proteínas fibrosas, como el **colágeno** de los tendones o la **miosina** y **actina** que forman las fibras musculares. Otras, en cambio, toman una estructura más compacta: son las proteínas globulares, como la **insulina**, la **pepsina*** y la **hemoglobina**.

En algunos casos, ocurre que varias cadenas de aminoácidos o **polipéptidos** con estructura terciaria se unen entre sí para formar una proteína, en este caso se denomina **estructura cuaternaria**. Vale aclarar que no todas las proteínas poseen una estructura cuaternaria, solo aquellas que son más complejas y poseen varias cadenas en su composición. Un ejemplo es la hemoglobina, que está formada por cuatro cadenas de aminoácidos agrupadas.

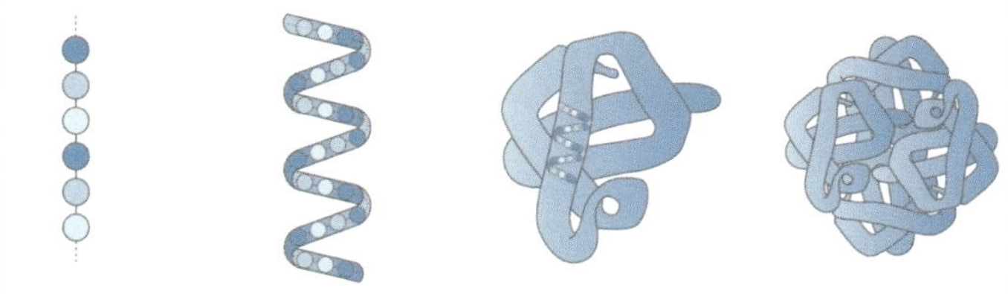

Esquema de las diferentes estructuras que se pueden reconocer en una proteína.

Funciones de las proteínas

Las funciones de las proteínas son muy diversas. Algunas poseen función **reguladora**, como las hormonas insulina y glucagón, que mantienen estable la concentración de glucosa en la sangre. Otras participan en el **transporte** de sustancias, como la hemoglobina de los glóbulos rojos, que transporta oxígeno y dióxido de carbono. Las proteínas que se encuentran en las membranas celulares también participan en el transporte de sustancias, y seleccionan lo que entra o sale de la célula. También están compuestos por proteínas los anticuerpos producidos por los glóbulos blancos, cuya función es la **defensa** del organismo. Muchas proteínas poseen función **estructural**, es decir que forman estructuras en los seres vivos, como la actina y la miosina de las fibras musculares, que permiten la contracción y relajación de los músculos; o el colágeno, que forma los tendones que unen los músculos con los huesos. La queratina también es una proteína estructural, ya que forma parte de los pelos, uñas, piel, plumas y escamas. Algunas proteínas pueden comportarse como **reserva** de nutrientes. Este es el caso de la ovoalbúmina o clara de huevo, y la gliadina (componente del gluten) del trigo. Otra función importante de las proteínas es la actividad enzimática. Las **enzimas** son proteínas que aceleran las reacciones químicas que ocurren en el organismo. La mayoría de las reacciones químicas que ocurren en las células tardarían mucho tiempo, si no fuera por las enzimas.

La falta de pigmentos en los organismos suele deberse a la pérdida de función de alguna enzima que participa en la formación de los pigmentos.

Las proteínas producen las características de los organismos

Algunas de las proteínas de nuestro cuerpo influyen de manera directa sobre el fenotipo. Pero, en la mayoría de los casos, no es la proteína la que participa directamente en el fenotipo, sino su actividad. Esto se observa en el caso de las enzimas, que ayudan a acelerar reacciones que, por ejemplo, producen un pigmento. De este modo, según los alelos que posean el gen o los genes que determinan la formación de un pigmento, el color puede variar. En algunos casos, la falta de pigmentación se debe a que alguna enzima que participa en la producción del pigmento no posee ningún alelo funcional (homocigota). Por lo tanto, la enzima no funciona y el pigmento no se produce. El cabello, la piel o los pétalos quedan entonces despigmentados o blancos, según el caso. Por lo tanto, hay una combinación de factores que producen las características más complejas.

El drama de Franco: el niño que envejece demasiado rápido

Tiene tres años y sufre progeria, una enfermedad muy rara que afecta a unos 300 chicos en todo el mundo.

Franco Villavicencio nació con 2,6 kilos, a los ocho meses de gestación. Salió del hospital junto a Yésica, su mamá, como un bebé de apariencia normal. Seis meses después, ya no lo era. Su piel era más seca y tensa que la de un niño de su edad, el color rosado había mutado a un color morado y sus articulaciones eran demasiado rígidas. Tras el desconcierto de los médicos, el diagnóstico llegó desde Estados Unidos: Franco padecía **progeria**, que significa vejez prematura, una enfermedad genética poco común y mortal que padecen tan solo unos 300 niños en todo el mundo. **Él es uno de los tres niños argentinos que la sufren.**

Si bien hay diferentes formas de progeria, el tipo clásico es el síndrome de Hutchinson-Gilford. Los niños que sufren esta enfermedad lucen saludables al nacer, pero empiezan a mostrar características de la patología durante el primer año de vida: menor crecimiento, pérdida de grasa corporal y cabello, piel envejecida y rigidez de las articulaciones, entre otros signos. A medida que pasa el tiempo, empiezan a sufrir osteoporosis, aterosclerosis generalizada, problemas cardíacos y apoplejía. **La expectativa de vida promedio es de 13 años.**

La causa de la progeria fue descubierta en 2003 por impulso de los pediatras Leslie Gordon y Scott Berns, quienes en 1999 crearon la **Fundación para la Investigación de la Progeria**, en Boston, Estados Unidos, con el objetivo de encontrar tratamiento y cura para la enfermedad que padecía su hijo Sam, nacido tres años antes. El origen de la vejez prematura se debe a la mutación de un gen denominado *LMNA*, encargado de producir la proteína Lamina A/C, cuya función es mantener unido el núcleo de una célula. La proteína anormal que causa la progeria se llama **progerina**, que torna inestable el núcleo, y esa inestabilidad es la que conduce al envejecimiento prematuro. **Se trata de una mutación extremadamente poco común, que se da en uno de cada 4 a 8 millones de recién nacidos.**

En 2012 se descubrió que el fármaco empleado, un inhibidor de la farnesiltransferasa (FTI), era el que daba mejores resultados. Mientras tanto, **se continúa con la búsqueda de otros fármacos que puedan ser más eficaces e incluso curar la progeria.**

Hoy en día **hay 125 niños diagnosticados con progeria distribuidos en 43 países** (los expertos creen que hay entre 175 y 225 más). Muchos viajan periódicamente a Boston, donde se les realiza un estricto seguimiento y reciben, en forma gratuita, los fármacos que necesitan. Además de Franco, hay otros dos niños en la Argentina que sufren progeria: Mateo y Julieta, dos niños salteños de 12 años que, por casualidad, nacieron en el mismo hospital el mismo año. En 2014, a los 18 años, murió Sam Berns, el hijo de los pediatras que crearon la fundación. Su historia fue contada por el documental de HBO *Life according to Sam*.

Diario *Clarín*, 30/04/2015. (Adaptación).

Actividades

1. Lean el artículo periodístico y resuelvan las siguientes consignas.

a. ¿Cuántos genes mutados son los responsables de la progeria?

b. ¿Qué proteínas están alteradas? ¿Qué función poseen esas proteínas dentro de la célula?

c. ¿Qué síntomas padecen los niños con esta enfermedad?

2. Busquen información sobre qué características o síntomas poseen las afecciones mencionadas en la nota: osteoporosis, aterosclerosis y apoplejía, y armen un cuadro comparativo en sus carpetas.

Las enzimas

Las enzimas son catalizadores biológicos que aceleran las reacciones químicas. Muchas reacciones químicas no ocurren con rapidez en las condiciones en las que se encuentran las células, pero sí ocurrirían si aumentara la temperatura, dado que se produciría un aumento en el movimiento de las moléculas. Al moverse con mayor velocidad, aumenta la probabilidad de choques entre las moléculas. Estos choques entre moléculas proporcionan la energía necesaria para que las moléculas se rompan y se combinen para formar otras diferentes. Como los organismos no pueden elevar demasiado su temperatura, deben recurrir a las enzimas, que aceleran las reacciones químicas sin necesidad de "sobrecalentar" las células.

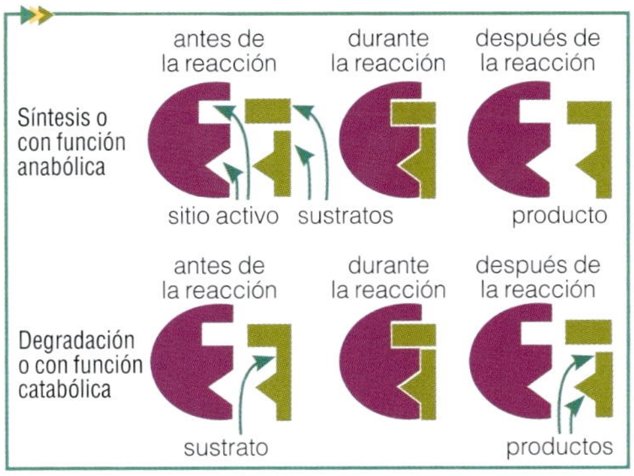

Mecanismo de acción de enzimas con función anabólica o con función catabólica.

En toda reacción química se produce una transformación de las sustancias iniciales, también llamados reactivos o **sustratos**, a partir de los cuales se obtienen las sustancias finales o **productos**.

El lugar de la enzima en donde el sustrato se une a la enzima se denomina **sitio activo**, y está determinado por la configuración tridimensional de la proteína. En este lugar solo se une un determinado sustrato; por consiguiente, cada enzima es específica de un sustrato y de una reacción química en particular.

Las enzimas pueden actuar de dos maneras. Algunas se fijan fuertemente al sustrato, de modo que debilitan sus enlaces y así no hace falta tanta energía para romperlos y producir dos o más productos. A este tipo de transformación se lo llama **degradación** o **con función catabólica**. Otras enzimas, en cambio, atraen a las sustancias reaccionantes hacia su superficie, de modo que aumenta la posibilidad de encuentro; entonces, la reacción se produce más fácilmente y se obtiene un producto. A este tipo de transformación se lo llama **síntesis** o **con función anabólica**.

Actividades experimentales

Actividad de la catalasa en el hígado

La siguiente experiencia tiene como objetivo observar la actividad de la catalasa, y evidenciar el efecto de la temperatura y el pH sobre la actividad de las enzimas.

Necesitan:

- trocitos de hígado de vaca
- agua oxigenada
- 5 tubos de ensayo
- gradilla
- mechero
- vinagre
- agua
- astillas de madera
- pinza de madera

Paso 1. Tomen dos tubos de ensayo y coloquen tres trocitos de hígado en cada tubo. Enumeren los tubos.

Paso 2. Viertan 3 mℓ de agua en el tubo 1. Tómenlo con la pinza y calienten pasándolo sobre la llama del mechero hasta que el agua hierva.

Paso 3. Viertan 3 mℓ de vinagre en el tubo 2 y déjenlo 5 minutos.

Paso 4. Pasen los trozos de hígado de los tubos 1 y 2 a dos tubos limpios, sin el agua y sin el vinagre. En otro tubo limpio, coloquen trocitos de hígado fresco.

Paso 5. Agréguenle a cada tubo 3 mℓ de agua oxigenada, registren y analicen lo observado.

Paso 6. Para corroborar que la reacción observada se debe a la catalasa, acerquen a la boca de los tubos una astilla de madera encendida y observen.

a. ¿Reaccionaron todos los tubos de la misma manera, cuando se les agregó el agua oxigenada? Expliquen los resultados en cada tubo.

b. ¿Qué datos nos proporciona la astilla de madera encendida?

El ADN como centro de la información genética

Cada célula contiene la información completa para sintetizar todas las proteínas, y cada tipo de célula sintetiza las proteínas que necesita de acuerdo con la función que cumpla en el organismo. Por ejemplo, algunas células del páncreas producen insulina y otras glucagón, para regular los niveles de glucosa en la sangre.

Muchas de las proteínas que se producen en el cuerpo son iguales en todas las células, aunque cada tipo celular también sintetiza proteínas exclusivas. Por ejemplo, una glándula salival no produce hemoglobina y sí sintetiza enzimas (amilasa salival) para formar la saliva. Por otra parte, un glóbulo rojo contiene hemoglobina y no queratina, como sí posee una célula de la piel.

Las proteínas son las que finalmente definen, de forma directa o indirecta, las características propias de cada individuo como, por ejemplo, el color del cabello, el tamaño y la forma de la nariz, y la estatura, entre otras. A su vez, existen pequeñas variantes entre las proteínas de los diferentes individuos. Estas diferencias nos hacen únicos, definen nuestro fenotipo exclusivo. Cabe recordar que nuestro fenotipo no solo está dado por el componente genético (genotipo), sino también por la influencia del ambiente.

La información para sintetizar las proteínas está en el ADN de las células. El ADN se encuentra en el núcleo celular y también en organelas celulares, como las mitocondrias y los cloroplastos.

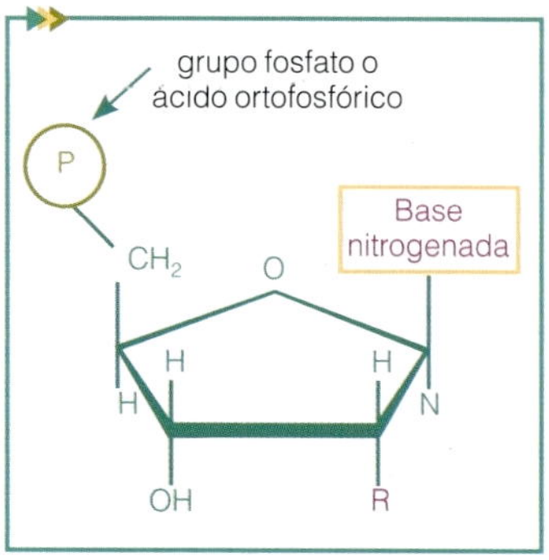

Si **R** = H, el azúcar es desoxirribosa. Si **R** = OH, el azúcar es ribosa. Las bases nitrogenadas pueden ser: adenina, guanina, citosina, timina o uracilo.

Composición y estructura de los ácidos nucleicos

El **ADN** (ácido desoxirribonucleico), al igual que los **ARN** (ácidos ribonucleicos) y el **ATP** (adenosín-trifosfato) pertenecen al grupo de biomoléculas denominadas **ácidos nucleicos**. El ADN y los ARN son cadenas o polímeros de cientos o miles de nucleótidos. Los **nucleótidos** son los monómeros o unidades estructurales de los ácidos nucleicos.

Existen diferentes nucleótidos, aunque todos tienen una estructura común formada por un azúcar, una base nitrogenada y un grupo fosfato.

Los nucleótidos pueden tener dos tipos de azúcares diferentes, la **desoxirribosa**, que forma los nucleótidos de ADN, y la **ribosa**, que forma los nucleótidos de ARN.

Las bases nitrogenadas pueden ser adenina, guanina, citosina, timina o uracilo. Las tres primeras son comunes al ADN y al ARN. La timina solo está presente en los nucleótidos de ADN, mientras que el uracilo, solo en los nucleótidos de ARN. Por lo tanto, existen ocho nucleótidos diferentes, de los cuales cuatro forman parte del ADN y contienen desoxirribosa como azúcar, y cuatro forman parte de los ARN y contienen ribosa como azúcar.

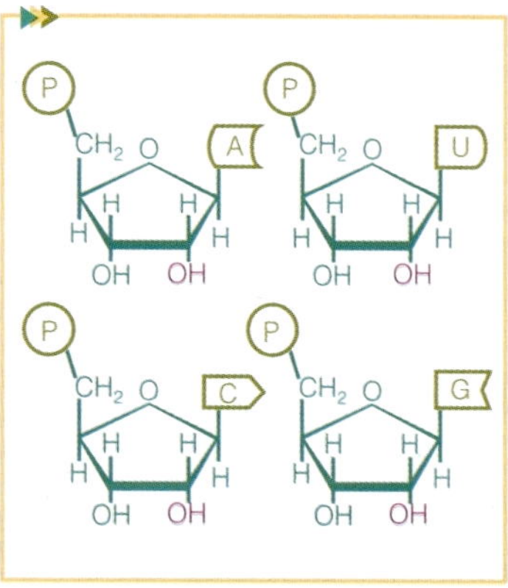

Cuatro nucleótidos que forman ARN.

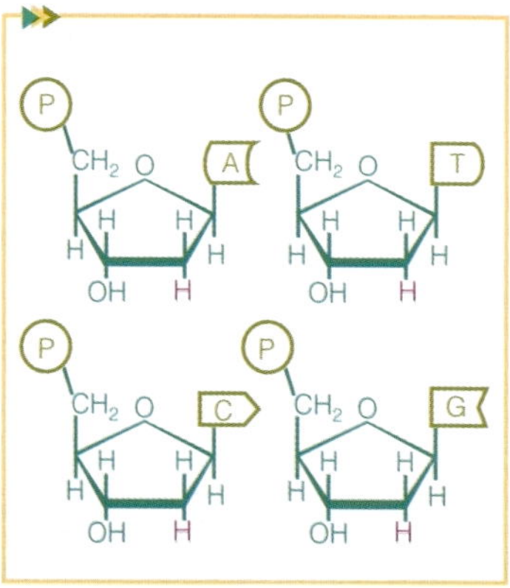

Cuatro nucleótidos que forman ADN.

Los nucleótidos se unen entre sí y forman cadenas. Las uniones de los nucleótidos se producen a través del grupo fosfato de un nucleótido con el azúcar del siguiente y forman hebras de nucleótidos. El ADN, a diferencia de los ARN, está formado por dos hebras de nucleótidos enfrentadas por sus bases nitrogenadas, de modo que se aparean y se unen por enlaces del tipo puente de hidrógeno. Existe siempre una **complementariedad** entre las bases, de modo que los nucleótidos con adenina se unen con los nucleótidos con timina (A-T), y la citosina con la guanina (C-G). Las dos hebras enfrentadas son **antiparalelas**, ya que cada hebra tiene dirección contraria. Por eso se dice que una molécula o cadena de ADN está formada por dos hebras antiparalelas y complementarias.

En general se compara la molécula de ADN con una escalera de caracol, por la configuración en el espacio que toman las dos hebras apareadas, pero esa no es la verdadera forma del ADN. Sí podemos compararla con una escalera, pero con una escalera común, a la cual se la toma de ambos extremos y luego se los gira en direcciones contrarias. Así, los costados de la escalera representan los fosfatos y azúcares unidos, mientras que los peldaños, las bases nitrogenadas apareadas. De este modo, toma una forma de doble hélice.

Los ARN, en cambio, son cadenas formadas por una sola hebra de nucleótidos. Hay varios tipos de ARN, pero tres de ellos son los más comunes, presentes tanto en las células procariotas como en las eucariotas:

- Los **ARN mensajeros** (ARNm) llevan la información para sintetizar una proteína hasta los ribosomas. Suelen ser cadenas lineales, y en su secuencia de nucleótidos está codificada la secuencia u orden de aminoácidos que tendrá la proteína.
- Los **ARN ribosomales** (ARNr) tienen función estructural, ya que junto con proteínas ribosomales forman los ribosomas, lugar donde se realizará la síntesis de proteínas.
- Los **ARN de transferencia** (ARNt) se encargan de transportar los aminoácidos hasta los ribosomas para la síntesis de proteínas. Como los demás, están formados por una sola hebra de nucleótidos, pero que se pliega y adquiere una estructura tridimensional en L; en general se lo grafica en forma de trébol. En su estructura se destacan dos partes importantes: una de unión al aminoácido y otra formada por tres nucleótidos, denominada **anticodón**, que se utiliza para el reconocimiento o lectura de los ARNm. Existen 61 ARNt diferentes, y cada uno transporta un aminoácido específico.

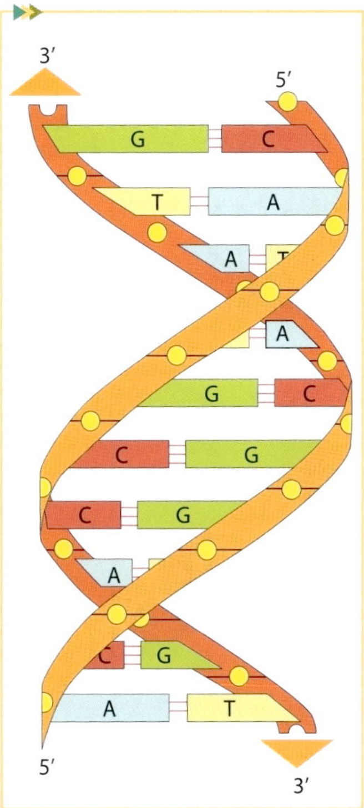

Una cadena de ADN está formada por dos hebras de nucleótidos complementarias. Cada cadena de nucleótidos tiene una dirección determinada, que siempre es desde el extremo 5' hacia el extremo 3'.

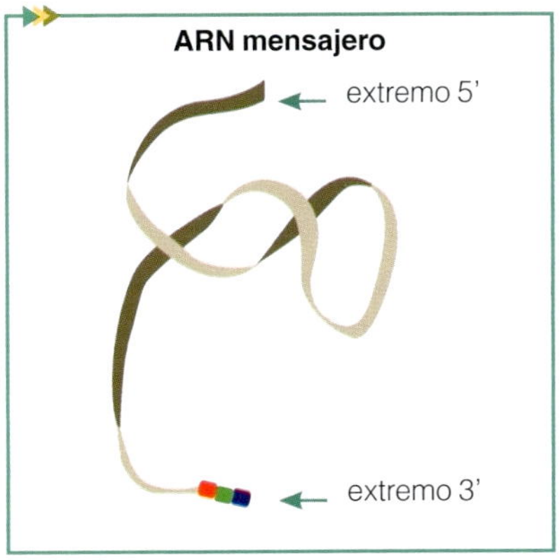

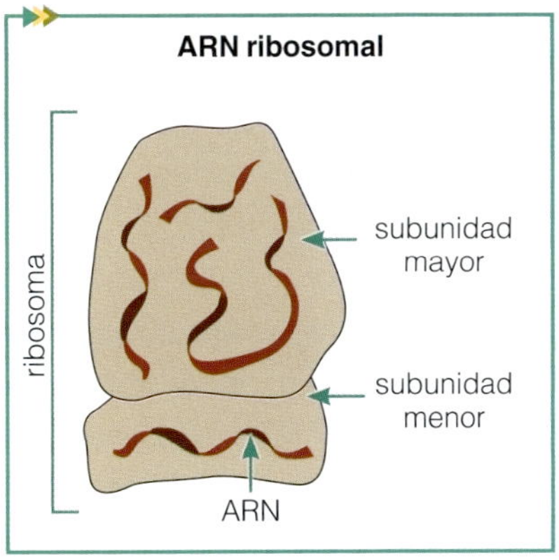

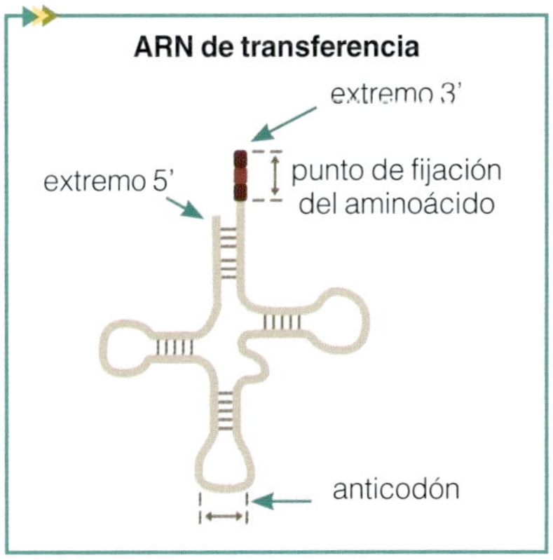

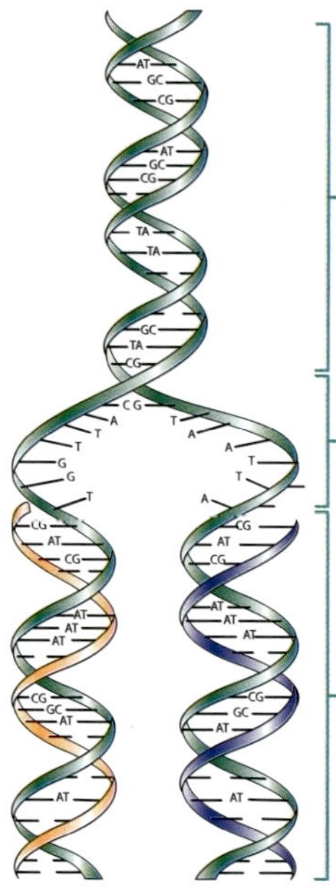

La duplicación de la molécula de ADN es semiconservativa.

Autoduplicación del ADN

A diferencia de los ARN, el ADN tiene la capacidad de autoduplicarse y producir copias exactas de sí mismo. Este proceso de **replicación** o duplicación del ADN solo se realiza antes de que la célula se divida en dos células hijas. De este modo, cada una recibirá una copia completa y exacta de la información que poseía la célula madre.

Durante la duplicación del ADN, las dos hebras son separadas por unas enzimas denominadas **helicasas**, que desarman la estructura de doble hélice. Cada hebra de nucleótidos queda expuesta para que los nucleótidos con desoxirribosa que se encuentran en el núcleo se unan o apareen en forma complementaria. Una enzima denominada **ADN polimerasa** une los nucleótidos que se aparearon a cada una de las hebras del ADN para formar una nueva hebra de nucleótidos. De esta manera, en cada una de las hebras se forma una hebra nueva complementaria y, por lo tanto, se formarán dos cadenas idénticas de ADN. Este modelo de replicación del ADN se denomina **semiconservativo**, porque en cada una de las cadenas obtenidas luego de la replicación se conserva una hebra vieja u original del ADN del que se partió.

Actividades experimentales

Extracción de ADN de frutilla

Necesitan:

- tres frutillas
- una licuadora
- dos tazas o vasos de plástico
- una cucharita de plástico
- 50 mℓ de agua destilada
- champú o detergente claro transparente
- un filtro de papel
- sal fina
- un tubo de ensayo
- alcohol puro de 96° frío
- un recipiente con hielo
- una varilla de vidrio o pipeta Pasteur

Paso 1. Coloquen las tres frutillas con 10 mℓ de agua destilada en la licuadora.

Paso 2. Licuen durante 30 segundos, hasta que la solución se mezcle bien.

Paso 3. Coloquen una cucharadita de champú o detergente, dos pizcas de sal y 10 mℓ de agua destilada en una de las tazas o vasos de plástico.

Paso 4. Revuelvan suavemente para disolver la sal y el champú. Traten de no formar espuma.

Paso 5. Incorporen la solución de frutillas licuadas a la mezcla de agua, champú o detergente, y sal.

Paso 6. Mezclen despacio la solución con la cucharita durante 5 a 10 minutos.

Paso 7. Coloquen el filtro de papel sobre una taza o vaso limpio, de modo que no toque el fondo.

Paso 8. Filtren la mezcla y dejen pasar unos minutos hasta obtener al menos 5 mℓ de solución filtrada. Viertan la solución en un tubo de ensayo limpio.

Paso 9. Inclinen el tubo de ensayo con los 5 mℓ de la solución filtrada y agreguen, suavemente y haciéndolo chorrear por la pared, alcohol puro previamente enfriado. Eviten que se mezclen la solución y el alcohol.

Paso 10. Dejen reposar la solución por 4 a 5 minutos, sin mover ni batir el tubo.

Paso 11. Observen el material de color blanco a transparente que precipita en la interfase con el alcohol: es el ADN.

Paso 12. Cuando se obtienen buenos resultados, habrá suficiente ADN como para enrollar con una varilla de vidrio o una pipeta Pasteur. El ADN tiene la apariencia de moco blanco y fibroso, y es visible a simple vista debido a la gran cantidad de moléculas obtenidas.

Científicos argentinos hallan un gen clave relacionado con el autismo

Secuenciaron el genoma de tres hermanos con trastornos del espectro autista y detectaron una mutación genética que puede causar la patología.

Un equipo de científicos del Consejo Nacional de Investigaciones Científicas y Técnicas (Conicet) realizó un importante descubrimiento para el diagnóstico del **autismo** y la epilepsia: secuenciaron y decodificaron, por primera vez, el genoma completo de tres hermanos con trastorno autista y descubrieron la alteración genética que puede causar la patología.

El proyecto fue liderado por el neurólogo Marcelo Kauffman, el químico especialista en bioinformática Adrián Turjanski y el biólogo molecular Martín Vázquez.

Los tres hermanos cuyos genes analizaron los investigadores sufren la misma patología, relacionada con desórdenes del espectro autista y epilepsia. La secuenciación y posterior decodificación de sus genomas completos permitió identificar una alteración en el gen *SHANK3*. Luego del análisis de más de tres millones de variantes, los resultados sugieren que esta alteración tendría como consecuencia una variación en los niveles sinápticos adecuados del **glutamato**, un neurotransmisor crucial para la comunicación entre neuronas, lo que sería la causa de su afección.

La utilización de herramientas de diagnóstico genómico mediante el uso de técnicas de secuenciación masiva de ácidos nucleicos permite a los profesionales –médicos e investigadores– analizar millones de variantes en el genoma, con el fin último de identificar la causa de las enfermedades.

Los resultados obtenidos abren nuevos caminos que impactan de manera directa en la atención clínica de pacientes y mejoran los procesos diagnósticos y el tratamiento de enfermedades poco frecuentes (EPOF), a través de la utilización de tecnología local con recursos humanos altamente calificados. Se definen como **EPOF** aquellas patologías que presentan una prevalencia menor a cinco personas cada 10.000 habitantes. Según la Federación Argentina de Enfermedades Poco Frecuentes (Fadepof), la cantidad de afectados por EPOF en la Argentina asciende a 3.200.000 personas. En su mayoría, son enfermedades causadas por alteraciones genéticas y conllevan difíciles procesos diagnósticos.

Adrián Turjanski, director de la Plataforma Bioinformática Argentina de la Facultad de Ciencias Exactas y Naturales de la Universidad de Buenos Aires (FCEN-UBA), sostuvo que "un aspecto muy importante para destacar es que ahora la Argentina cuenta con la tecnología necesaria para que este tipo de análisis puedan ser realizados a otros pacientes".

Por su parte, Kauffman, del Laboratorio de Neurogenética del Hospital Ramos Mejía, explicó que "este trabajo pone de relieve los alcances de la medicina genómica y abre oportunidades a la investigación de tratamientos para los desórdenes del espectro autista que se caracterizan por una sociabilidad reducida, comportamientos repetitivos, trastornos conductuales, fallas severas en el desarrollo del lenguaje y otras manifestaciones clínicas". Además agregó que "si bien no hay un tratamiento específico conocido para corregir alteraciones en *SHANK3*, existen tratamientos en fase de investigación que, una vez aprobados, podrían beneficiar a estos y otros pacientes en el futuro".

Diario *Clarín*, suplemento Sociedad, 07/05/15. (Adaptación).

Actividades

1. Lean el artículo y respondan las siguientes preguntas.

a. ¿Qué son las enfermedades EPOF?

b. ¿Cuál fue la estrategia y la técnica que utilizaron los investigadores para encontrar el gen clave para la anomalía estudiada?

c. ¿Cuál fue el gen alterado que encontraron y qué efecto tiene esa alteración?

d. ¿Es posible corregir estas alteraciones genéticas?

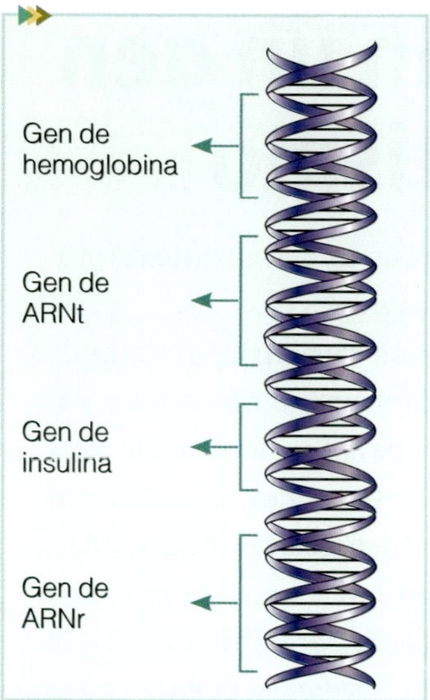

Los genes tienen una disposición lineal en las moléculas de ADN.

Síntesis de proteínas

Aunque el ADN contiene la información genética, no controla de forma directa la síntesis de proteínas. Las proteínas se sintetizan en los ribosomas del citoplasma, y esto ocurre en la célula de manera constante. Si el ADN tuviera que trasladarse hasta los ribosomas, no sería un mecanismo práctico ni eficiente. Por lo tanto, el ADN envía copias de la información genética a través de los ARNm, donde se establece el orden de los aminoácidos que tendrá esa proteína. Se podría comparar el ADN con el disco rígido de una computadora. Por ejemplo, cuando se necesita pasarle a alguien un documento de Word, no se saca el disco rígido de la computadora, sino que se realiza una copia en un CD, un *pendrive*, o cualquier dispositivo portátil de almacenamiento de información.

Todos los ARN se sintetizan a partir de la información contenida en el ADN por un proceso llamado **transcripción**.

Los fragmentos de ADN que contienen información para sintetizar proteínas, ARNt o ARNm, son los genes. Estos se encuentran distribuidos a lo largo de las moléculas de ADN.

Proceso de transcripción de los ARN

La transcripción de los ARN a partir del ADN es realizada por la enzima **ARN polimerasa**, que une los nucleótidos formando las cadenas de ARN. Cada ARN se transcribe de acuerdo con las necesidades de la célula, y no todos los genes se traducen en proteínas, ya que algunos codifican para producir ARNt o ARNr.

Delante de cada gen existe una región denominada promotor* que regula cuándo y en qué célula se transcribe ese gen. Al promotor se pega la ARN polimerasa, junto con otras proteínas denominadas **factores de transcripción***. De esta manera, según los factores de transcripción presentes en una determinada célula, se realiza la transcripción de algunos genes específicos. Por ejemplo, en algunas células del páncreas hay una serie de factores de transcripción que permiten que se transcriba y se sintetice la insulina. Esa combinación de factores de transcripción no existe en otras células, por eso no hay otras células que produzcan insulina.

La síntesis de ARN comienza con la separación de las dos hebras del ADN en la porción que contiene el gen a transcribir. Una de las hebras tiene la información para el ARN y la otra sirve como molde para que se unan los nucleótidos con ribosa de manera complementaria. La dirección de la transcripción siempre es en **sentido 3' a 5'**. Cuando en el ADN hay un nucleótido con timina, se une una adenina; cuando hay una citosina, se une una guanina, y viceversa. Cuando encuentra una adenina, se une un nucleótido con uracilo. La ARN polimerasa une los nucleótidos entre sí para formar la cadena de ARN. Una vez terminada la transcripción, el ARN se desprende de la hebra molde del ADN y las dos hebras vuelven a aparearse. Si es un ARNm, sale del núcleo al citoplasma para unirse a los ribosomas. Si se trata de un ARNt en el citoplasma, llevará el aminoácido que le corresponda. En cambio, si es un ARNr, se une a proteínas en el nucléolo de la célula y forma las subunidades de los ribosomas, que también migran al citoplasma para la síntesis de proteínas.

Glosario

factores de transcripción: grupo de proteínas que se unen a los promotores de los genes y permiten que la ARN polimerasa transcriba un gen específico.

promotor: región regulatoria presente delante de cada gen, que es reconocida por los factores de transcripción y la ARN polimerasa para que se produzca la transcripción.

Actividades

1. Dada la siguiente hebra de ADN, escriban la hebra complementaria.
TGA-CGC-ATG-CCC-GAG-GGT-TCG-ACG-TGA-CGA
2. Sobre la base de la hebra obtenida como molde, realicen la transcripción del ARNm.

Francis Crick y James Watson

Se dice que el 28 de febrero de 1953, Francis Crick entró en un bar de Cambridge en el Reino Unido junto a su compañero de trabajo James Watson y alardeó ante los presentes acerca de que habían descifrado "el secreto de la vida". Este anuncio les valdría el Premio Nobel en 1962. Watson y Crick habían encontrado algo que ponía a la humanidad más cerca de una respuesta a la eterna pregunta de cómo es posible la vida: la famosa estructura de "doble hélice" del ácido desoxirribonucleico, más conocido como ADN, un misterio que le había quitado el sueño a los científicos durante décadas. Antes que ellos, otros científicos habían deducido de qué estaba formado el ADN, pero no se sabía cómo esos componentes estaban combinados y ubicados en la molécula. Watson y Crick, en lugar de realizar experimentos en el laboratorio, decidieron realizar modelos de cómo debería verse el ADN de acuerdo con los datos obtenidos hasta el momento. Propusieron una estructura en doble hélice de la molécula de ADN, que coincidía con el patrón de difracción de rayos X que habían realizado Rosalind Franklin y el equipo de Wilkins: ambos habían empleado la cristalografía de rayos X para obtener "fotografías" de la molécula de ADN. La figura helicoidal "par" presentaba en su exterior las moléculas de azúcar y las cadenas de fosfatos, y guardaban en su interior las bases emparejadas de forma complementaria (adenina con timina y citosina con guanina). El nuevo modelo, caracterizado por el sumo rigor del trabajo y del informe, permitió obtener la información que hace posible la vida en los genes, y entender el proceso de replicación que permite la transmisión del material hereditario de unas generaciones a otras. "La estructura del ácido nucleico que proponemos –publicaban los dos investigadores en la prestigiosa revista científica *Nature*– puede contribuir a resolver uno de los problemas biológicos fundamentales: la base molecular de la plantilla necesaria para la autorreproducción genética". Ambos sintieron desentrañar con su hallazgo "el secreto de la vida".

James Watson y Francis Crick.

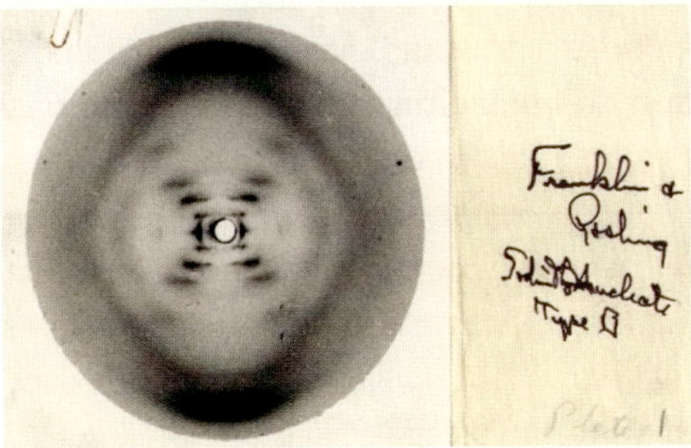

"Fotografía 51", tomada por Rosalind Franklin. Imagen del ADN obtenida mediante difracción de rayos X.

Revista *Nature*, vol. 171, 1953.(Adaptación).

Actividades

1. ¿Qué fue lo que descubrieron Watson y Crick en 1953?
2. ¿Qué otros científicos colaboraron en ese descubrimiento?
3. ¿Mediante qué experiencia llegaron a ese descubrimiento?

U U U	U U C	U U A	U U G
1	2	3	4
C C U	C C C	C C A	C C G
5	6	7	8
A A U	C A C	A A A	A A G
9	10	11	12
G G U	G G C	G G A	etc.
13	14	15	
64 > 20, más que suficiente			

Un código en tripletes especifica 4 × 4 × 4 = 64 aminoácidos.

Proceso de traducción de las proteínas

El ADN posee la información para sintetizar las proteínas, pero su lenguaje es el de los nucleótidos, mientras que las proteínas tienen un lenguaje de aminoácidos. Por eso se establece un proceso de traducción que relaciona el lenguaje de nucleótidos del ADN con el de aminoácidos de las proteínas. En el ADN se combinan cuatro tipos diferentes de nucleótidos y existen veinte aminoácidos que tienen que estar codificados de alguna manera con las combinaciones de estos cuatro nucleótidos. Se supone que si cada nucleótido se corresponde con un aminoácido, se estarían codificando solo para cuatro aminoácidos. Pero si la información se leyera de a dos nucleótidos, se estaría codificando para 16 aminoácidos; pero son 20 los aminoácidos que se utilizan para sintetizar proteínas. Hoy se sabe que si los nucleótidos fueran leídos en tripletes*, se estarían codificando para 64 aminoácidos.

Una vez que se dedujo que cada aminoácido se corresponde con cada codón, se realizó una especie de tabla o "diccionario", llamado **código genético**, en el cual cada codón se corresponde con un aminoácido. Es muy común escuchar que se leyó el código genético de un organismo. Pero en realidad, lo que se leyó fue el **genoma** de un organismo, es decir, toda la información genética contenida en el ADN de ese organismo. El código genético es **universal**, ya que todos los organismos utilizan este mismo código, aunque pueda tener algún cambio pequeño. Además, se dice que es **redundante**, ya que un aminoácido puede estar codificado por más de un codón.

De los 64 codones que se pueden formar, solo 61 codifican para un aminoácido. Los tres restantes son señales de terminación de la proteína y se los denomina **codón terminador**, **codón parar** o **codón stop**.

Cuando se sintetiza una proteína, se transcribe la información del ADN en un ARNm, que es procesado hasta su maduración para salir del núcleo. El ARNm maduro llega al citoplasma y se une con la subunidad menor del ribosoma. Este se desplaza hasta encontrar el **codón de iniciación** AUG, que codifica para el aminoácido **metionina**.

Glosario

triplete: conjunto de tres nucleótidos que son leídos juntos.

Primera letra	Segunda letra: U	Segunda letra: C	Segunda letra: A	Segunda letra: G	Tercera letra
U	UUU UUC Fenilalanina; UUA UUG Leucina	UCU UCC UCA UCG Serina	UAU UAC Tirosina; UAA UAG Código de parada (codón stop)	UGU UGC Cisteína; UGA Código de parada; UGG Triptófano	U C A G
C	CUU CUC CUA CUG Leucina	CCU CCC CCA CCG Prolina	CAU CAC Histidina; CAA CAG Glutamina	CGU CGC CGA CGG Arginina	U C A G
A	AUU AUC AUA Isoleucina; AUG Metionina (iniciación)	ACU ACC ACA ACG Treonina	AAU AAC Asparagina; AAA AAG Lisina	AGU AGC Serina; AGA AGG Arginina	U C A G
G	GUU GUC GUA GUG Valina	GCU GCC GCA GCG Alanina	GAU GAC Ácido aspártico; GAA GAG Ácido glutámico	GGU GGC GGA GGG Glicina	U C A G

Código genético.

Un ARNt se une al codón AUG del ARNm por complementariedad con las bases de los tres nucleótidos de reconocimiento o **anticodón**. En el caso del ARNt complementario al codón AUG, es el que tiene el anticodón UAC y lleva el aminoácido metionina. Luego de unirse el primer ARNt, se une la subunidad mayor del ribosoma, para constituir así un ribosoma funcional y completo. El próximo ARNt cargado con un aminoácido entra en el ribosoma y permanece si existe una complementariedad entre el codón y el anticodón. Cuando se une el segundo ARNt, el aminoácido del primero se desprende y se une al aminoácido del segundo ARNt. El primer ARNt se separa del ribosoma para volver a cargarse con el aminoácido correspondiente. El ribosoma ahora se corre un codón hacia la derecha y deja lugar vacío en el ribosoma para que entre otro ARNt cargado con otro aminoácido. Un tercer ARNt entra y, si su anticodón es complementario al codón del ARNm, los aminoácidos del ARNt que estaban en el ribosoma se desprenden y se unen al aminoácido del ARNt que entró en último lugar. Luego, el ribosoma se corre un codón hacia la derecha y el ARNt vacío se desprende. Este proceso se repite tantas veces como codones tenga el ARNm o aminoácidos posea la proteína. Cuando se llega a un codón terminador o *stop*, que señala la terminación de la proteína, culmina la síntesis de esa proteína. Al no existir ningún ARNt cuyo anticodón pueda unirse a los codones parar, la proteína se desprende y las subunidades de los ribosomas se separan a la espera de otro ARNm para traducir. El proceso de síntesis es **endergónico**, ya que por cada aminoácido que se agrega se gasta energía.

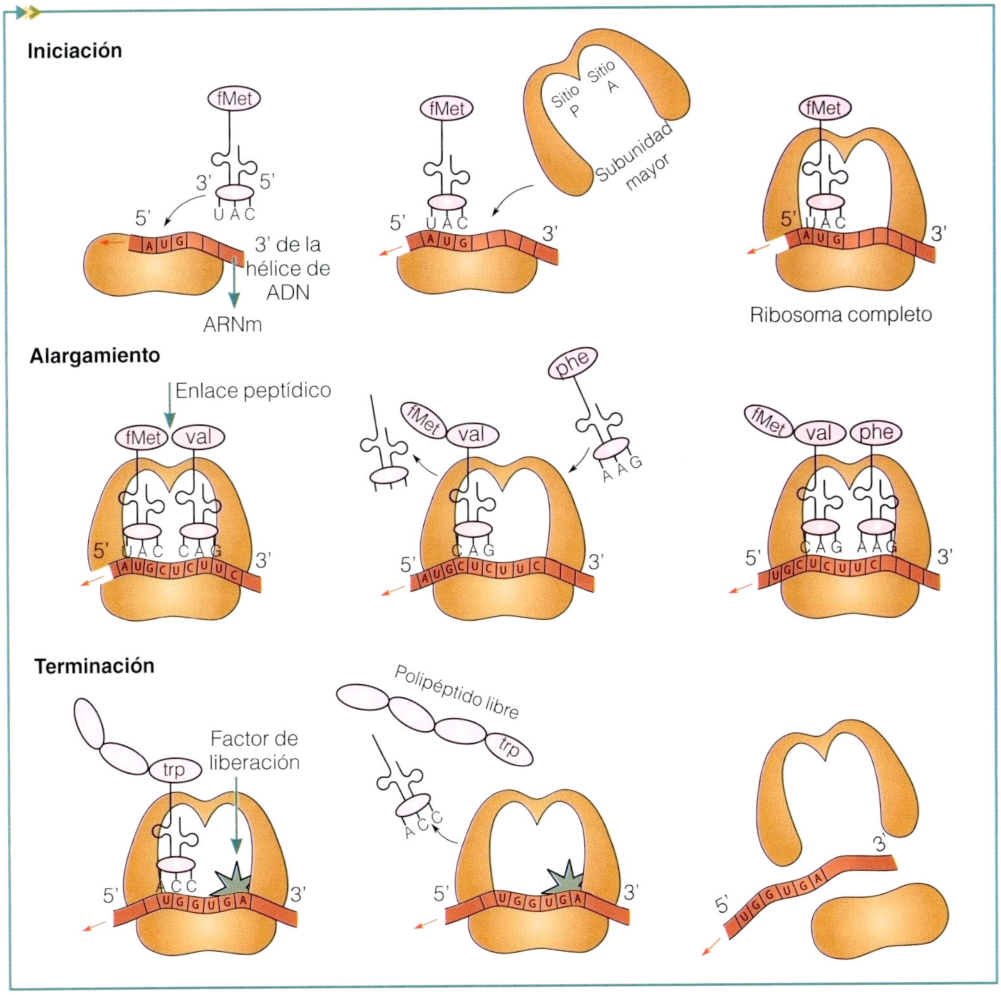

Proceso de traducción de proteínas.

Actividades

1. Dada la siguiente secuencia de ARNm, realicen su traducción en proteína. Empleen el código genético.

GCA-UGG-CCA-CGU-UGA-CCU-CAC-GUU-GAG-AGU

Berenjena mutante.

Margarita mutada.

Mutaciones génicas

Si bien la duplicación del ADN genera dos copias exactas de la molécula original, muchas veces ocurren cambios que no son reconocidos y no se agregan los nucleótidos exactos. Si cambian uno o más nucleótidos en una secuencia de ADN, ocurre una **mutación**. Las mutaciones son generadas por una gran cantidad de factores físicos, químicos o biológicos, denominados **agentes mutagénicos**, tales como radiaciones (rayos ultravioleta, rayos X, rayos gamma), compuestos químicos y algunos virus que se insertan en el ADN de algunas células. Existen diferentes sistemas de corrección de los cambios ocurridos en el ADN, pero si el ADN se duplica antes de que se corrijan esos errores, la mutación queda establecida en la nueva cadena de ADN, y la mutación queda fijada. Es importante destacar que si una mutación ocurre, por ejemplo, en una célula de la piel, esta solo quedará en estas células y no será transmitida a la descendencia. Si la mutación ocurre en las células sexuales o gametas, esa mutación se transmitirá a los descendientes.

Siempre que se habla de mutaciones o mutantes, se piensa en deformidades y cambios fantásticos en los organismos, pero esto no siempre es así. Muchas mutaciones pueden ser beneficiosas o producir pequeños cambios en el fenotipo de los organismos; en general son mutaciones puntuales, en la que cambia un solo nucleótido por otro. Esto puede dar lugar a que la proteína siga siendo funcional y la mutación pase desapercibida. Este tipo de mutaciones es el que ayuda a la aparición de alelos o variantes de un gen; por ejemplo, podría producir un cambio en el color de los ojos o de otras características. Gracias a estas mutaciones que ocurren de manera espontánea, se produce gran variabilidad entre los organismos, lo que permite su evolución. Otras mutaciones pueden ser más drásticas, como por ejemplo cuando se eliminan o se añaden uno o varios nucleótidos en el ADN. En estos casos, la alteración puede ser tan grande que la proteína deja de ser funcional y causa una enfermedad genética o, incluso, la muerte.

Existen diferentes tipos de mutaciones, que se clasifican en **mutaciones por sustitución**, **por adición** o **inserción**, y **por deleción** o **supresión**.

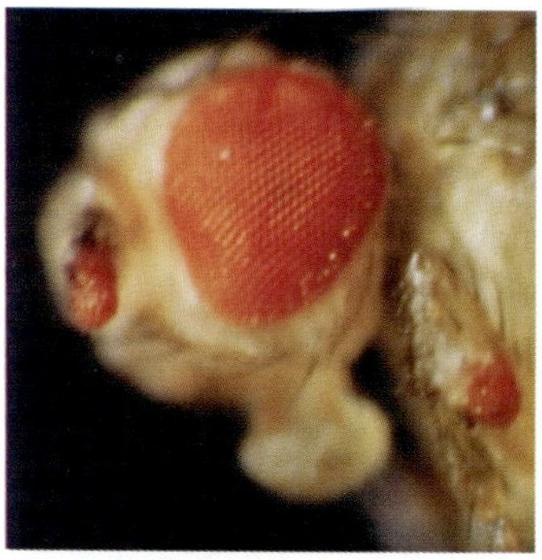

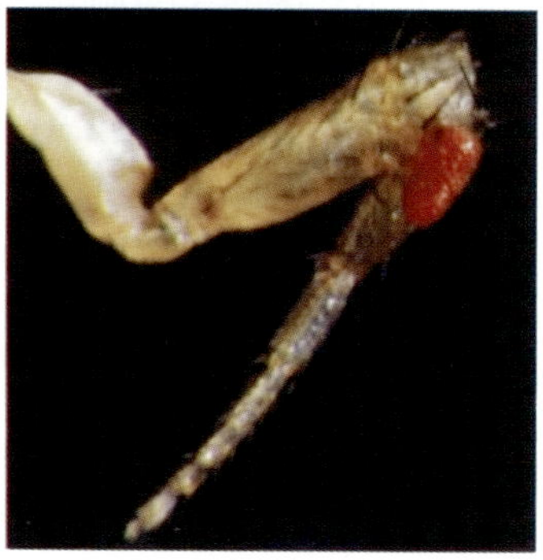

Mutación en *Drosophila melanogaster* o mosca de la fruta, en la cual aparecen ojos no funcionales en las patas delanteras.

Mutaciones por sustitución

Son las mutaciones que ocurren cuando un nucleótido es cambiado por otro. Si esta mutación ocurre en un gen que codifica para una proteína, se produce un cambio en un codón y cambia el aminoácido de la proteína. En este caso se denomina **mutación con cambio de sentido**. A veces, cuando muta el tercer nucleótido del codón, el codón cambia, pero el aminoácido sigue siendo el mismo. A este tipo de mutación por sustitución se lo denomina **mutación silenciosa**, ya que el nucleótido cambia en el ADN, pero la proteína no cambia sus aminoácidos. Esto es posible gracias a que hay varios codones que codifican para el mismo aminoácido.

Si ante un cambio de un nucleótido se formara un codón de terminación, se dice que se produjo una **mutación sin sentido**. En este caso, cuando se produzca la traducción de la proteína y llegue a ese codón mutado, se producirá una terminación antes de tiempo en la proteína. Cuando ocurre esto, la proteína puede ser no funcional.

En el genoma existen grandes porciones que no forman parte de los genes. Estas regiones, denominadas **no codificantes**, pueden soportar más mutaciones, ya que al producirse no alteran el fenotipo ni la supervivencia del individuo. Por otro lado, si se producen mutaciones en las regiones regulatorias, también se puede alterar la normal transcripción de los genes que regulan. De este modo, podría reducirse la cantidad de proteína que se produzca, o directamente no sintetizarse, por no producirse la transcripción.

Mutaciones por adición o inserción

Son las mutaciones que se producen cuando se agregan uno o más nucleótidos en una secuencia de ADN. En este caso, si se agregan tres nucleótidos o múltiplos de tres, se estarán agregando uno o más aminoácidos a la proteína. Pero cuando no son múltiplos de tres, la proteína cambia de manera notable a partir de los nucleótidos que se insertaron, dado que los codones serán modificados y, por ende, se cambiarán los aminoácidos.

Mutaciones con cambio de sentido, silenciosa y sin sentido

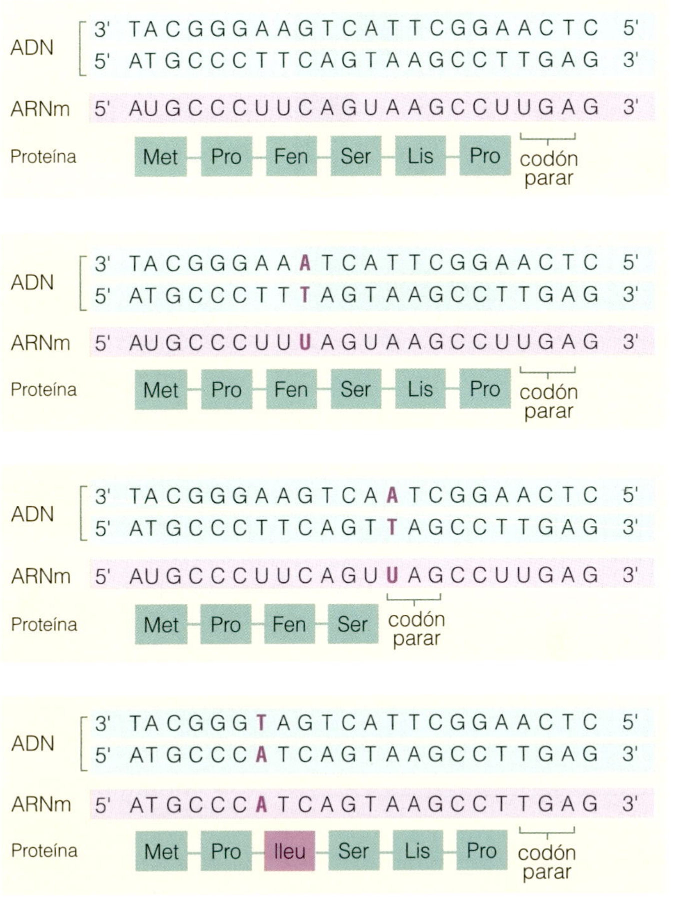

Mutaciones por deleción o supresión

Estas mutaciones se producen cuando se eliminan uno o más nucleótidos en una secuencia de ADN. Si se eliminan tres nucleótidos o múltiplos de tres, se pierden uno o más aminoácidos de la proteína. Pero si no son múltiplos, la proteína también se modifica a partir del comienzo de la mutación, ya que los codones cambian y, por ende, también los aminoácidos de la proteína.

Actividades

1. Con las proteínas de los siguientes casos, decidan y argumenten qué tipo de mutación pudo haber ocurrido.

Proteína normal: metionina - lisina - cisteína - fenilalanina - serina

a. metionina - lisina

b. metionina - lisina - triptófano - fenilalanina - serina

c. metionina - lisina - cisteína - valina - alanina - lisina

d. metionina - lisina - cisteína - histidina - fenilalanina - serina

Agentes mutagénicos

Los pomelos rosados se obtuvieron por irradiación con rayos X.

Los **agentes mutagénicos** son factores que interaccionan de manera directa o indirecta con el ADN y que provocan mutaciones. Aceleran la tasa de mutación que ocurre de manera espontánea por errores que cometen las enzimas durante la replicación del ADN o por falta de detección de los sistemas de reparación del ADN que poseen las células. Muchos agentes mutágenos se usan en el mejoramiento de cultivos para generar variabilidad genética. De este modo, las mutaciones que podrían ocurrir de manera espontánea se aceleran.

Existen diferentes tipos de mutagénicos, que se pueden clasificar en mutagénicos químicos, físicos y biológicos.

- **Mutagénicos químicos**: son compuesto químicos capaces de alterar la estructura del ADN. Algunos producen cambios en las bases nitrogenadas, de modo que cuando la ADN polimerasa replica el ADN, lo lee como si fuera otra base. En otras ocasiones, los productos químicos pueden eliminar alguna base nitrogenada, en general adenina o guanina. Si los sistemas de reparación del ADN no detectan esta falla antes de la duplicación del ADN, la ADN polimerasa coloca cualquier nucleótido. Otras sustancias mutagénicas son las llamadas **intercalantes**. Estas se ubican entre dos bases nitrogenadas consecutivas, por lo que la ADN polimerasa, en lugar de leer dos bases, lee tres e introduce una base más en el ADN. Esto produce una adición y corrimiento en la lectura de los codones.
- **Mutagénicos físicos**: son los diferentes tipos de radiaciones que pueden alterar la estructura o la secuencia del ADN. La radiación ultravioleta suele actuar cuando hay dos bases nitrogenadas de timina consecutivas y que están unidas, de modo que se forma lo que se denomina un **dímero de timina**. Durante la replicación, la ADN polimerasa lee una sola timina y causa una deleción en el ADN. Las llamadas **radiaciones ionizantes**, como los rayos X y gamma, provocan daños a veces irreparables. Generan roturas en el ADN, que son subsanadas por los sistemas de reparación. Muchas veces, esas uniones no se realizan de manera correcta y se generan alteraciones en la estructura del cromosoma. Es decir, se producen mutaciones cromosómicas, como inversiones o deleciones de fragmentos de ADN en los cromosomas.
- **Mutagénicos biológicos**: son los provocados por algunos virus o por *transposones*. Algunos virus, sobre todo los retrovirus (virus con genoma de ARN), se insertan en el genoma de las células infectadas. Estas inserciones pueden interrumpir o alterar la expresión de algún gen. Los **transposones** son fragmentos de ADN que pueden moverse en forma autónoma a otras partes del genoma. Están presentes en todos los organismos, incluso en el ser humano, pero suelen estar silenciados y, por ende, inmóviles. También, algunas toxinas producidas por hongos generan compuestos mutagénicos cuando se metabolizan en el hígado. Este es el caso de las aflatoxinas que, al ser degradadas por el hígado, producen un compuesto que actúa como un **intercalante**.

Curiosidades

Los virus que poseen ARN como material genético tienen una alta tasa de mutación. Esos cambios permiten evadir al sistema inmune, ya que varían de un año a otro, como en el caso del virus de la gripe.

Actividades

1. Analicen y propongan una explicación para las siguientes afirmaciones.

a. No se debe realizar radiografías a mujeres embarazadas.

b. En los casos de exposición al sol, se debe usar protector solar.

Epigenética

A veces, en la ciencia aparecen hechos inesperados e inexplicables. Esto hace que se comience a investigar sobre el tema. Así fue cómo surgieron las investigaciones en lo que se denomina *epigenética*.

Un investigador tenía dos líneas puras de plantas de maíz, cada una con un color de grano diferente, es decir, homocigotas para el gen en estudio. Una de las líneas producía granos morados y la otra, granos blancos. Según las leyes de herencia mendeliana, al cruzarlas deberían haber aparecido todas plantas heterocigotas cuyo fenotipo debería haber sido con granos morados, ya que se sabía que el alelo morado era dominante sobre el alelo blanco.

El color morado en el grano de maíz está determinado por un alelo que domina sobre el blanco.

Pero esto no fue lo que ocurrió: se obtuvieron todas plantas con granos blancos. Cuando las plantas que producían granos morados se autofecundaban, sí había granos morados, pero al cruzarlas con la otra línea de granos blancos, siempre se obtenían blancos. Los científicos comenzaron a recopilar datos de resultados de cruzamientos inesperados y encontraron muchos otros casos similares. También se preguntaron por qué dos gemelos idénticos tienen enfermedades y personalidades distintas, si poseen el mismo ADN. Ahora sabemos que los gemelos idénticos presentan diferencias epigenéticas.

Se define entonces la **epigenética** como los cambios heredables en el fenotipo sin que haya cambios en la información o secuencia del ADN. Es decir, el orden de los nucleótidos permanece igual, no hay ninguna mutación, pero el fenotipo cambia.

Dos hermanas gemelas tienen la misma información genética pero fenotipos diferentes. El ambiente puede influir sobre el genotipo para determinar las características de los organismos.

Con los estudios realizados, se demostró que los genes podían silenciarse ante la presencia de **factores ambientales**. Es decir, un gen que en condiciones normales se encuentra "encendido", y transcribe y sintetiza la proteína que codifica, deja de hacerlo. El ambiente tiene gran influencia en nuestros genes, aunque sin cambiar la información. No se producen mutaciones en los genes que dejan de producir las proteínas correspondientes, sino que "se apagan". Además, estos genes apagados se heredan. Los hijos y nietos de los individuos que de alguna manera silenciaron ciertos genes, también los tendrán silenciados. A su vez, cuando estos individuos se cruzan con otros, también silencian estos genes.

Los mecanismos de silenciamiento sobre los genes ocurren por modificaciones sobre el ADN o sobre las proteínas (histonas) que acompañan a ese ADN. Esto hace que se produzca un fenotipo diferente del esperado, a partir de los alelos que porta el individuo.

Los últimos estudios revelan que estos cambios son causados por la alimentación, el estrés o algunos productos tóxicos, como la nicotina del cigarrillo. Se ha comprobado que la alimentación que se recibe en los primeros años de vida puede influir en el desarrollo de enfermedades como la diabetes. Pero también se ha descubierto que las características propias de cada uno no son solo afectadas por el estilo de vida, sino a veces también por el de nuestros padres y aun el de nuestros abuelos.

Por lo tanto, se puede afirmar que los fenotipos de los individuos no son solo el resultado de los genotipos, sino que también reciben la influencia del ambiente.

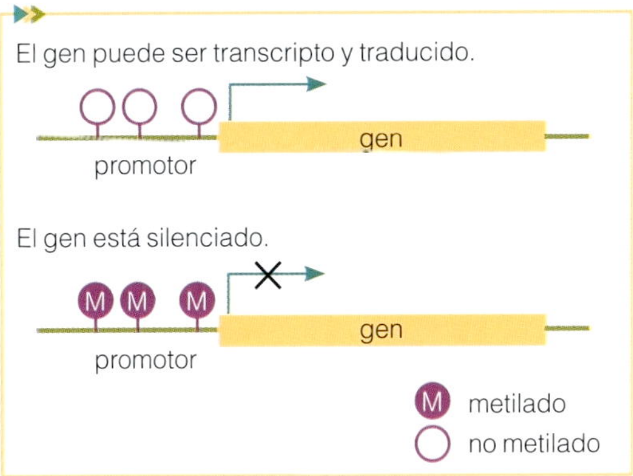

Cuando las regiones regulatorias de un gen se metilan, ese gen no será transcripto ni traducido.

Epigenética: conocé cómo podés "alterar" tus genes

El médico genetista Jorge Dotto explica cómo los factores externos como la alimentación, el estrés, la meditación, el consumo de vino o de algunos productos muy tóxicos como el cigarrillo influyen de manera positiva o negativa en la expresión de nuestros genes, es decir, en nuestro genoma.

El médico patólogo y genetista Jorge Dotto, autor de *Genética. Cómo puede cambiar nuestras vidas*, comparte algunas pautas de por qué los seres humanos somos responsables de nuestros genes y cómo podemos modificarlos.

Entender los efectos de la epigenética permite salirnos un poco del "corsé" de la genética, por el cual parece que todo ya está dado y no podemos cambiar nuestro ADN. Las acciones que tomamos en el presente pueden tener un impacto en nuestros hijos y nietos. ¿Qué podemos hacer hoy para generar un impacto en la expresión genética, en nuestro legado genético?

Existe la idea de que nuestros genes nos determinan, aunque en realidad esto no es tan así. Los seres humanos también somos responsables y podemos modificar nuestros genes. Hay factores ambientales que actuarían como un botón de la luz, que prende o apaga ciertas áreas. Hay "etiquetas" proteicas que están adheridas a nuestro genoma y hacen que este se relaje o se comprima. Si el ADN se relaja o se "desenrolla", los genes se activan o se expresan; mientras que si la conformación de la doble cadena se comprime, hace que no haya expresión genética, se "apagan". Estos cambios de expresión de genes son causados por la alimentación, el estrés o algunos productos sumamente tóxicos, como el cigarrillo.

Eso sí: no hay una modificación de la secuencia del ADN (genoma) con estas acciones externas que ejerce el ambiente, no ocurren mutaciones. Para pensarlo con un ejemplo: sería como un mismo párrafo escrito solo con algunos cambios en los espacios o en los signos de exclamación o de pregunta; el mismo contenido, pero con otro impacto y mensaje al ser leído.

¿De qué manera la meditación puede afectar nuestro ser, nuestros genes?

La meditación tiene como objetivo la relajación y conectarse con el aspecto más espiritual. Es muy interesante el efecto que incluye la práctica de respiraciones profundas y una concentración focalizada, cuyo efecto positivo, además de lo emocional, también está presente en nuestro genoma.

Recientemente se demostró que, después de ocho horas de práctica de meditación, hay una disminución de los niveles de genes que participan en el mecanismo de la inflamación y, a su vez, se relaciona con una recuperación física más rápida después de vivir una situación estresante. Esta práctica podría permitir el desarrollo de estrategias de meditación orientadas al tratamiento de enfermedades inflamatorias crónicas. Será un gran avance poder combinar la parte espiritual con la medicina, especialmente en el campo de la genética.

El efecto positivo que tiene la meditación en nuestros genes es un ejemplo de epigenética, o sea, el impacto que generan los factores externos en nuestro genoma.

La dieta mediterránea disminuye el riesgo genético de sufrir un ACV. ¿De qué manera puede influenciarnos lo que comemos, nuestra alimentación, en nuestro cuerpo?

La dieta mediterránea, originaria de Italia, España y Grecia, está compuesta principalmente por verduras, frutas, nueces, pollo, pescados, mariscos y aceite de oliva extra virgen. También se considera parte de esta dieta una baja cantidad de carne roja y el consumo moderado de vino, preferentemente el tinto.

Un reciente estudio demostró que esta dieta disminuye los niveles de glucosa ("azúcar") y los lípidos en sangre, y el riesgo de ACV en personas que tienen una variante del gen *TCF7L2* localizado en el cromosoma 10.

Las personas que tienen un riesgo cardiovascular alto (riesgo de tener un infarto de corazón) y consumen una dieta mediterránea con aceite de oliva extra virgen o nueces, logran disminuir ese riesgo. A su vez, las personas que consumen nueces (porciones de 28 gramos) siete o más veces a la semana tienen una disminución de la mortalidad precoz de un 20%, un número realmente significativo.

La alimentación –y en este caso, esta dieta en particular– tiene un efecto claramente positivo en la expresión de genes y es un claro ejemplo de lo que es la epigenética, de cómo nosotros con nuestras acciones podemos afectar positivamente nuestro genoma.

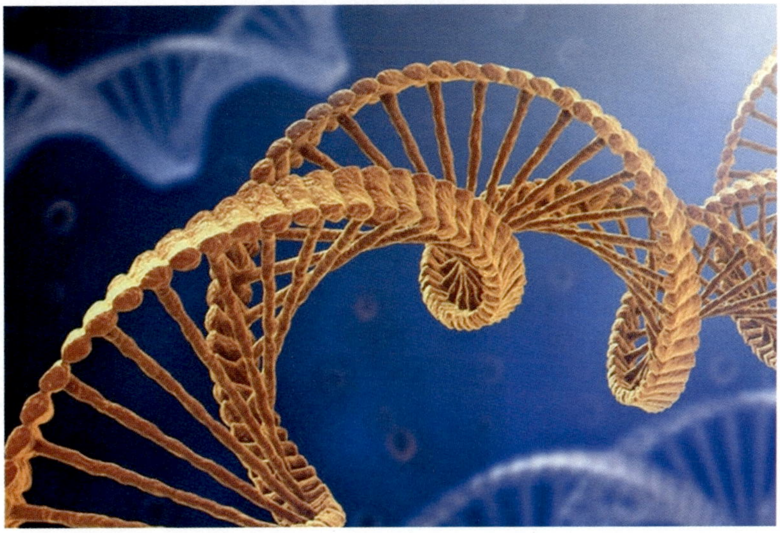
Representación de la molécula de ADN.

Con todos estos avances, ¿todos tendríamos que salir corriendo a hacernos estudios genéticos?

Todos los avances a nivel tecnológico y médico nos permiten tener una gran cantidad de información valiosa. Es información personal, sería como descubrir quién sos a nivel genético, descifrar un código secreto o entender el significado de las líneas que conforman tus huellas digitales, que son únicas.

No todas las personas reaccionan ante los alimentos o los medicamentos de la misma manera. No todas las personas tienen los mismos riesgos para desarrollar una misma enfermedad. Ahora, con un test de saliva, una persona puede analizar su ADN (genes) y puede saber cómo reacciona ante ciertos alimentos, entender cómo puede llegar a ser su rendimiento deportivo, cómo reacciona ante ciertos medicamentos, si tiene riesgo para desarrollar una enfermedad o si tiene "protección" para ciertas enfermedades.

¿Qué deberíamos buscar?

Lo más importante es tener el asesoramiento de un médico genetista que indique cuál será el panel de genes apropiado para estudiar de acuerdo con esa persona y, a su vez, que interprete los resultados de las variantes genéticas entendiendo que la persona es "un todo", esto significa poner en práctica la "medicina personalizada".

¿Cuánto sale hoy un estudio genético aproximadamente?

Hay diferentes paneles de genes que se pueden estudiar dependiendo de lo que la persona necesita y lo que el médico genetista interpreta que es lo indicado, luego de hacer una entrevista en formato de consulta. El costo de los tests de saliva (paneles de análisis de variantes genéticas) es de 6.000 pesos en adelante.

Diario *Clarín*, 22/12/14. (Adaptación).

Actividades

1. Lean el artículo periodístico y resuelvan las siguientes consignas.

a. Mencionen qué factores pueden influir (a nivel epigenético) sobre nuestros genes.

b. En el estudio mencionado, ¿qué efectos tuvo la meditación sobre la salud?

c. ¿Cómo influyó la dieta mediterránea sobre algunos individuos estudiados?

d. ¿Qué información puede darnos un análisis genético y cómo podríamos utilizarla para mejorar nuestra salud?

Secuenciación de genomas

La secuenciación del ADN es un conjunto de métodos y técnicas bioquímicas cuya finalidad es determinar el orden de los nucleótidos (A, C, G y T) en un fragmento de ADN. **Secuenciar un genoma** es leer la información completa del ADN de ese organismo. Conocer los genes de un organismo permite entender su estructura, su función y sus mecanismos de regulación.

Las técnicas actuales permiten realizar esta secuenciación a gran velocidad, lo cual ha sido de gran importancia para proyectos a gran escala, como el **Proyecto Genoma Humano**. Este proyecto original comenzó en 1990, y en el año 2003 se presentó el genoma humano completo, con entre 25.000 y 30.000 genes identificados. Si bien se conoce toda la secuencia del ADN y de los genes humanos, ahora falta conocer las funciones de esos genes y, entre otras cuestiones, estudiar las proteínas que producen y sus funciones en el organismo. Con las nuevas tecnologías, hoy solo se demora dos meses para leer todo el genoma humano.

Saber cómo se regulan nuestros genes es útil para controlar enfermedades, por ejemplo el cáncer o las enfermedades autoinmunitarias (que ocasionan que las defensas ataquen al propio cuerpo). También permite profundizar en el conocimiento y proporcionar tratamientos para enfermedades genéticas poco comunes. En la actualidad, se está secuenciando el genoma de personas de más de 100 años. En noviembre de 2014 se publicaron los genomas de 17 de las personas más longevas del planeta (mayores de 110 años). Sin embargo, aún no se ha logrado identificar los genes asociados con la longevidad extrema.

Otros proyectos relacionados han establecido la secuencia completa de ADN de muchos genomas de animales, plantas y microorganismos. Se secuenciaron los genomas de más de 1.000 bacterias, tanto de las que tienen un efecto protector como de las que producen enfermedades. Esto permite conocer proteínas bacterianas con funciones particulares que podrían ser útiles al ser humano. Por otro lado, en las bacterias patógenas se pueden encontrar proteínas específicas que sean el blanco de medicamentos, para poder combatirlas.

Ya se conoce el genoma de muchas de las plantas que cultivamos. El estudio de sus genes permitirá aumentar su producción y combatir mejor las plagas o enfermedades que las atacan.

La comparación de los genomas de diferentes organismos permite determinar su parentesco y estudiar su evolución. Las sorprendentes semejanzas e increíbles diferencias entre los genomas de seres humanos, moscas de la fruta, gusanos, plantas y levaduras, constituyen un hallazgo científico que ayuda a comprender mejor cómo funcionan los genes.

Curiosidades

Algunos datos del Proyecto Genoma Humano:

- El ser humano tiene el doble de genes que la mosca del vinagre, un tercio más que el gusano común y apenas 5.000 genes más que la planta *Arabidopsis*.
- Cada persona comparte un 99,99% del mismo código genético con el resto de los seres humanos.
- Es decir, solo 1.250 nucleótidos separan una persona de otra.
- Hasta el momento, se han encontrado 223 genes humanos que resultan similares a los genes bacterianos.
- Solo un 5% del genoma codifica proteínas. El 25% del genoma humano está casi desierto, existiendo largos espacios libres entre un gen y otro.
- Algo más del 35% del genoma humano contiene secuencias repetidas, que se denomina ADN basura.

Arabidopsis thaliana fue la primera planta cuyo genoma se secuenció en forma completa.

Para conocer más

Alzogaray, R. A., *Una tumba para los Romanov (y otras historias con ADN)*, Buenos Aires, Siglo XXI Editores, 2004.

Dotto, J., *Genética. Cómo puede cambiar nuestras vidas*, Buenos Aires, Paidós, 2014.

Vázquez, M., *La intimidad de las moléculas de la vida: de los genes a las proteínas*, colección "Ciencia joven", Buenos Aires, Eudeba, 2006.

X-Men

Personajes de la película *X-men.*

X-Men es un grupo de superhéroes del Universo Marvel, creado por Stan Lee y Jack Kirby en 1963. Sus aventuras han sido publicadas en diversos cómics de Marvel Comics y, además, se han realizado varias adaptaciones en series de animación y películas.

El tema principal de sus historias es el llamado "sueño de Xavier": la integración de los mutantes en una sociedad humana que les teme y que a la vez necesita su protección. Así, los protagonistas utilizan principalmente sus poderes para combatir a otros mutantes que se dedican al crimen o a formas de terrorismo que pretenden crear una sociedad en la que los mutantes gobiernan y los humanos son esclavos.

Hoy en día se publican, de manera simultánea, tres colecciones diferentes protagonizadas por ellos:

- *The Uncanny X-Men*
- *Astonishing X-Men*
- *X-Men*

Además de estas tres, existen muchas otras series regulares o limitadas que parten de personajes o conceptos de la serie, entre las que se destacan:

- *Wolverine* (Guepardo), protagonizada por Guepardo, el más conocido de los *X-Men.*
- *New X-Men* (antes *New Mutants* o *New X-Men: Academy-X*), protagonizada por los estudiantes adolescentes del Instituto Xavier.
- *New Excalibur*, protagonizada por un nuevo equipo de mutantes en Inglaterra.
- *Ultimate X-Men*, donde se vuelve a contar la historia de los *X-Men*, con otro enfoque y en un universo distinto, fuera de la continuidad tradicional.

Foto de tapa del cómic *X-men.*

En la pantalla del cine estuvieron: *X-Men* (2000), *X-Men 2* (2003), *X-Men: La batalla final* (2006), *X-Men los orígenes: Wolverine* (2009), *X-Men: primera generación* (2011), *Wolverine* (2013) y *X-Men: días del futuro pasado* (2014). Se esperan futuras películas como *Deadpool* (2016), *X-Men: Apocalipsis* (2016) y *Wolverine 2* (2017).

En estos cómics o películas, como en tantas otras, se recurre al ejemplo de las mutaciones como una manera de "crear" superhéroes, como una manera de crear nuevas formas y nuevos superpoderes. Pero si se analizan estas mutaciones, ¿qué gen o genes deberían mutar para producir estos niveles de cambio? Por otra parte, salvo algún caso particular, los nuevos fenotipos mutantes son tan espectaculares que cualquiera de nosotros estaría contento de poseerlos.

http://xmen.publispain.com/ (Adaptación).

Actividades

1. ¿Les parece que es posible que alguna mutación pueda hacer aparecer algún superpoder? ¿Por qué?

2. Si las mutaciones son heredables, ¿por qué los padres de los *X-Men* no tienen algún poder?

3. ¿Se podría decir que esos mutantes dejaron de ser humanos? Argumenten.

1. Respondan las siguientes preguntas.
a. ¿Cómo están compuestas las proteínas?
b. ¿Qué funciones pueden tener las proteínas?
c. ¿Qué es una enzima?
d. ¿Qué significa que una enzima tenga función anabólica o catabólica?
e. ¿Cuál es la importancia de las enzimas en las células?
f. ¿Qué estructuras se pueden reconocer en una proteína?
g. ¿Todas las proteínas poseen estructura cuaternaria?
h. ¿Por qué se dice que las proteínas participan en la formación del fenotipo?

2. Resuelvan las siguientes consignas.
a. ¿Cómo están compuestos los ácidos nucleicos?
b. ¿Qué nucleótidos pueden formar ADN? ¿Y ARN?
c. Describan la estructura y función del ADN.
d. ¿Por qué se dice que la duplicación del ADN es semiconservativa?
e. Describan la estructura y funciones de los diferentes tipos de ARN.
f. ¿Cómo se realiza la transcripción?
g. ¿Por qué un gen se transcribe en una célula y no en otra, si el ADN es igual en todas?
h. ¿Cómo se sintetizan las proteínas? Describan el proceso con al menos tres dibujos.

3. Respondan las siguientes preguntas.
a. ¿Qué es una mutación?
b. ¿Cómo surgen las mutaciones?
c. ¿Cuál es el resultado de las mutaciones?
d. ¿Las mutaciones pueden ocurrir en cualquier célula del organismo? ¿Cuáles son las mutaciones importantes para toda una especie? ¿Por qué?
e. ¿De qué depende el beneficio o perjuicio que las mutaciones puedan otorgar a la población?

4. Expliquen qué ocurre en los siguientes tipos de mutaciones: mutación silenciosa, mutación sin sentido, mutación con cambio de sentido, mutación por adición y mutación por deleción.

5. ¿Qué mutaciones mencionadas en el punto anterior piensan que pueden producir más cambios en las proteínas?

6. Inventen una cadena de ADN de unos 33 nucleótidos de largo. Luego, realicen la transcripción y la traducción correspondientes.

7. Utilizando la cadena de ADN del punto anterior, realicen las siguientes mutaciones. Luego, analicen la proteína obtenida en cada caso.
a. Mutación silenciosa.
b. Mutación sin sentido (en el primer tercio de la cadena).

8. Enumeren y expliquen cómo actúan los distintos tipos de agentes mutagénicos.

9. ¿Qué agentes mutagénicos físicos les parece que presentan mayor peligrosidad? ¿Por qué?

10. Expliquen cómo son los mecanismos de regulación epigenéticos.

11. A partir de los siguientes ejemplos, indiquen de qué tipo de mutaciones se trata y justifiquen su respuesta.
a. El "síndrome de boca de carpa" se produce por pérdida de un sector del brazo largo del cromosoma. Se caracteriza por la forma particular de la boca de los individuos que lo padecen, y en ocasiones también produce microcefalia.
b. La anemia falciforme es una enfermedad que se produce por una alteración en la molécula de hemoglobina, que genera glóbulos rojos con forma de hoz, los cuales se atascan en los vasos sanguíneos pequeños o capilares y forman coágulos, dificultando la llegada de oxígeno a los tejidos. La anormalidad en la hemoglobina es causada por una mutación en el triplete que codifica el aminoácido 6 (cambia GAG por CTG) y se manifiesta en individuos recesivos para dicho alelo.

12. Completen las secuencias de bases nitrogenadas o aminoácidos faltantes.

ARNt	UAC	CAG	GCA	UGG	CGU
Aminoácidos	AA_9	AA_2	AA_{13}	AA_6	AA_{15}

ADN									
ARNm									
ARNt									
Proteína	AA_6	AA_2	AA_2	AA_{15}	AA_6	AA_9	AA_{13}	AA_9	AA_6

Evolución

8

Contenidos

Nacho despertó después de haber tenido un sueño extraño. Estaba en un mundo diferente. No había flores, y a su alrededor se movían sin cesar unos mamíferos del tamaño de un ratón que perseguían a una araña enorme. Agazapado entre unos matorrales, pudo distinguir a una especie de felino raro. Se parecía mucho a uno que había visto en una película. Sí, era un tigre dientes de sable. De repente, la tierra comenzó a temblar. Vio acercarse a un dinosaurio inmenso, de casi 30 metros de largo, que se desplazaba pesadamente sobre sus cuatro patas. Respiró aliviado: se trataba de una especie herbívora. Lamentó haberse despertado y recordó lo que le habían contado sobre el Argentinosaurio en su visita al Museo de Ciencias Naturales. Le quedaba tanto por aprender sobre la vida en el pasado... ¿Podría ver a esas criaturas desaparecidas solo en sueños? ¿Convivieron los seres humanos y los dinosaurios? ¿Por qué hay especies que vivieron en el pasado y hoy no están?

EN ESTE CAPÍTULO...

Se analizan los procesos que impliquen cambios evolutivos. Se estudian las evidencias que confirman la teoría de la evolución. Además, se estudian los postulados de Darwin sobre la evolución y los de otros científicos que elaboraron la teoría sintética de la evolución.

Contenido digital adicional

www.tintaf.com.ar/BIO3C8

Los cambios a lo largo de la historia de la Tierra

La Tierra no es un lugar estable. Si se pudiera viajar en el tiempo y recorrerla desde sus orígenes hace 4.500 millones de años hasta el día de hoy, se podrían experimentar varios cambios: en el **clima** como resultado de erupciones volcánicas y de la caída de meteoritos, en la **composición de la atmósfera**, y hasta cambios en la **disposición y el tamaño de los continentes**. Se estima que los primeros organismos vivos aparecieron hace 3.500 millones de años, y que eran similares a las bacterias. En aquellos tiempos no había árboles, ni peces, ni insectos. Mucho después, hace 600 millones de años, aparecieron los primeros organismos ya considerados animales, muy pequeños, por cierto. Hace tan solo 250 millones de años surgieron los primeros mamíferos, junto con los dinosaurios. En aquel entonces, la Tierra tenía un único y gran continente, llamado **Pangea**, que se dividió en dos hace 200 millones de años. Uno de los continentes resultantes, **Gondwana**, quedó en el hemisferio sur y el otro, **Laurasia**, en el hemisferio norte. Los organismos que habitaban en Pangea quedaron distribuidos en estos dos continentes nuevos. Las grandes placas de tierra que los conformaban sufrieron cambios y desplazamientos durante millones de años. Las masas continentales que hoy forman los seis continentes tienen solo 60 millones de años de antigüedad.

A pesar de todos estos cambios, la vida en la Tierra persistió, aunque los organismos que la habitaban en los comienzos eran muy distintos de los que conocemos hoy. De aquí surgen algunas de las preguntas fundamentales de la Biología: ¿cómo se origina la biodiversidad, es decir, toda la variedad de formas de vida actuales, cuando al principio solo había bacterias? ¿Qué sucedió durante estos 3.500 millones de años? Estudiar la evolución es estudiar las respuestas a estos interrogantes. *Evolución* quiere decir "cambio". Son los cambios que se produjeron en los organismos que poblaron la Tierra y cambios en la biodiversidad. Esto incluye la desaparición de especies, como es el caso de los dinosaurios, y la aparición de especies nuevas que no estaban presentes desde el inicio de la vida, como es el caso del *Homo sapiens**. El proceso evolutivo fue el que dio origen a todos los organismos actuales a partir de un primer antepasado común, surgido sobre la Tierra hace 3.500 millones de años.

Así se trabaja en ciencias

El tiempo que incluye toda la historia de la Tierra desde su formación hasta hoy se denomina **tiempo geológico** y se expresa en millones de años. Para facilitar su estudio, los científicos dividen el tiempo geológico en intervalos denominados **eras geológicas**. Estas, a su vez, se subdividen en períodos. Por ejemplo, la era Mesozoica se extendió desde los 240 millones de años hasta los 65 millones de años atrás, e incluye tres períodos: el Triásico, el Jurásico y el Cretácico.

Glosario

***Homo sapiens*:** especie a la cual pertenece el ser humano actual.

Cambios en la configuración de los continentes

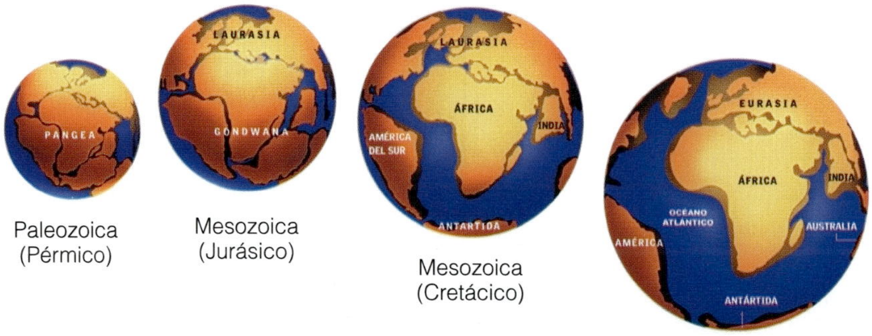

Paleozoica (Pérmico)

Mesozoica (Jurásico)

Mesozoica (Cretácico)

Cenozoica (Cuaternario)

Cambios en la biodiversidad

La aparición de los dinosaurios y de los mamíferos hace 250 millones de años constituye un ejemplo de los cambios en la biodiversidad. Sin embargo, los dinosaurios vivieron en la Tierra algunos millones de años, para luego desaparecer definitivamente. Este evento de desaparición de especies se denomina **extinción**. Desde hace 450 millones de años hasta la actualidad existieron cinco grandes extinciones. Se denominan **extinciones masivas**, puesto que en cada una de ellas desapareció una gran parte de las especies vivas, aunque no todas. La primera de estas extinciones masivas ocurrió hace 440 millones de años en la era Paleozoica. Desapareció aproximadamente el 12% de las especies de la época, entre ellas, diversas familias de artrópodos, incluidos los trilobites. De las cuatro grandes extinciones que sucedieron después, la más conocida es la que ocurrió hace 65 millones de años y que marcó el fin de la era Mesozoica. Como se mencionó, los dinosaurios convivieron con diversas especies de mamíferos de pequeño tamaño, que fueron los primeros mamíferos que aparecieron en la Tierra. Cuando ocurrió la gran extinción de los dinosaurios, las especies de mamíferos que convivían con ellos lograron sobrevivir pese a los cambios en el clima y en los continentes. Hoy, 25 millones de años más tarde, aún existen muchas y variadas especies de mamíferos que surgieron en aquellos tiempos: los canguros en Australia, los pumas en la Argentina, y los elefantes en Asia y en África son sus descendientes. Este proceso de aparición de múltiples especies a partir de una o más especies originales se denomina **diversificación**. En conclusión, no solo hay especies que se extinguen con el paso del tiempo, sino que también aparecen nuevas especies a partir de otras más antiguas. En ambos casos se producen cambios y, por lo tanto, evolución.

Actividades

1. Busquen información y resuelvan las siguientes consignas.

a. ¿Por qué es tan conocida la extinción ocurrida hace 65 millones de años? ¿Cuál se cree que fue la causa? ¿Hay una única explicación posible?

b. ¿Cómo eran los trilobites y a qué grupo de animales pertenecían? ¿Había trilobites en el territorio que es hoy nuestro país?

2. Mencionen tres especies de animales extintos y realicen las siguientes actividades.

a. Armen una línea temporal y ubiquen cada especie en el momento en el cual vivió.

b. Averigüen a qué grupo pertenecía cada una de estas especies.

c. Indiquen cuál se considera la causa de extinción para cada especie.

d. Busquen, en cada caso, si existen especies relacionadas que vivan en la actualidad.

Las cinco extinciones masivas ocurridas a lo largo de la historia de la Tierra

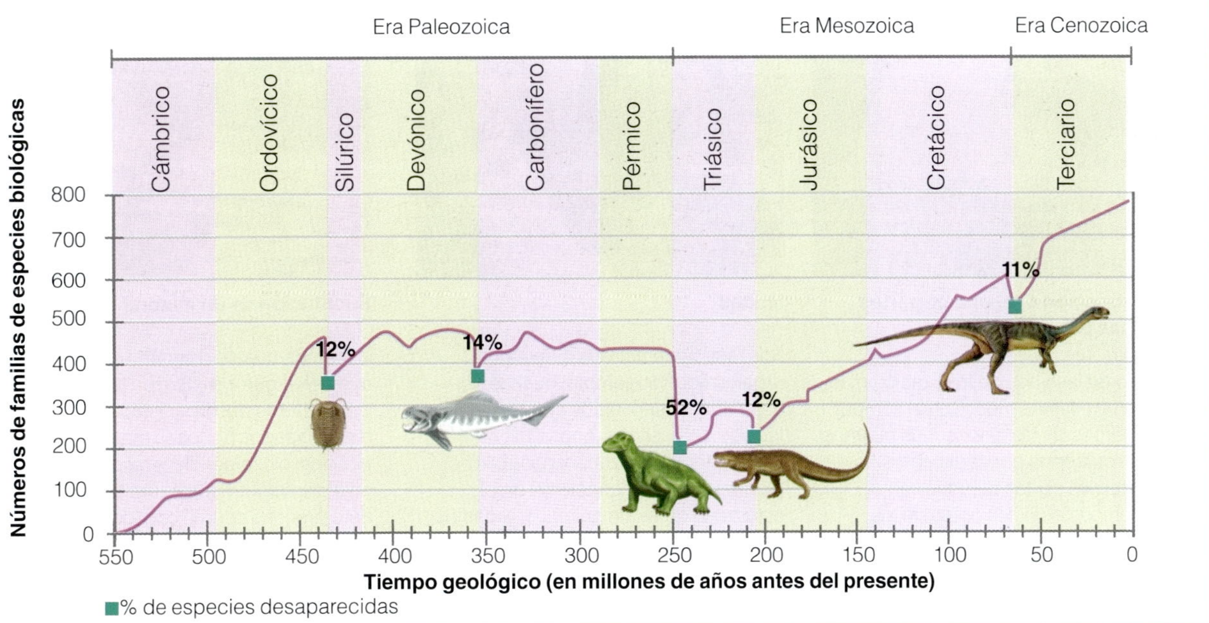

Mamut fosilizado.

Evidencias de la evolución a partir del registro fósil

Cerca del año 1667, un obispo y científico danés llamado Niels Stensen encontró una roca que le llamó la atención mientras caminaba por las montañas. Se trataba de una roca puntiaguda con forma triangular, a las que solían llamar "lenguas de piedra". Stensen las había visto muchas veces, pero hasta ese momento no había notado su gran parecido con un diente de tiburón. Esta observación lo llevó a investigar más sobre la anatomía y características de los dientes de los tiburones, para poder establecer una comparación con la piedra hallada. No tenía duda de que se trataba de una piedra en medio de una montaña y, sin embargo, no pudo ignorar su parecido asombroso con los dientes de los tiburones, aunque estos solo vivan en los océanos. Años más tarde, luego de completar diversos estudios comparativos, Stensen publicó su conclusión en un artículo científico: aquel hallazgo era un registro de la vida en el pasado. Era un diente de tiburón fosilizado. Este fue uno de los primeros fósiles descriptos.

Un **fósil** es cualquier evidencia de la vida pasada: pueden ser restos de individuos completos (se han hallado desde insectos embebidos en ámbar* hasta un mamut siberiano), solo algunos huesos o, como en el caso de los invertebrados, solo las partes duras (el exoesqueleto o las conchas). El registro fósil también puede presentar huellas de animales, nidos con huevos y desechos. Si bien hoy en día se siguen hallando fósiles, lo cierto es que no toda la diversidad de vida del pasado se encuentra representada en el registro fósil.

Estas faltas o hiatos en el registro tienen diferentes causas. Por un lado, no se han descubierto todos los fósiles enterrados y, por otro, no todos los organismos se hallaban en condiciones propicias para el **proceso de fosilización**.

Glosario

ámbar: piedra de resina vegetal fosilizada, de color amarillo. En muchos trozos de ámbar se han hallado insectos completos, preservados en su interior.

Tipos de fósiles

Impregnación o relleno de partes porosas por un mineral

Es uno de los tipos de fosilización más común en dinosaurios. Con el tiempo, los cuerpos de los dinosaurios muertos fueron cubiertos por sedimentos. Mientras las partes blandas se descompusieron, los poros de los huesos se rellenaron con algunos minerales de los sedimentos.

Icnitas

Son rastros de actividad de algún organismo. Por ejemplo, huellas de algún dinosaurio, nidos con huevos, túneles de gusanos, coprolitos o materia fecal fosilizada y gastrolitos, piedras que permanecieron en el estómago de algún animal, pulidas por sus jugos gástricos.

Sustitución de un mineral por otro

A medida que se desintegran los minerales que constituyen las partes duras del organismo, son reemplazados por otros materiales, por ejemplo, algún mineral presente en el sedimento que cubre los restos. Este proceso ocurrió con los troncos petrificados que se encuentran en la provincia de Santa Cruz.

Para que se complete el proceso de fosilización y que los restos queden preservados, deben darse varias condiciones. En primer lugar, los organismos, al morir, deben quedar cubiertos enseguida por sedimentos*. Estos actúan como protección ante otros organismos que podrían afectarlos y ante condiciones climáticas adversas. Después, por la presión del enterramiento, el sedimento blando comienza a comprimirse y se adicionan más capas de sedimento superficial, lo que profundiza el enterramiento. La presión, junto con los minerales que componen el suelo, promueve una sustitución de los tejidos del organismo por compuestos minerales. Esto ocurre por el ingreso de líquidos con minerales que se hallan en la solución del suelo hacia el interior de los poros de los huesos o rellenando las cavidades, para dar origen a un fósil denominado **molde**. Luego de miles de años, lo que fue un organismo vivo se habrá transformado en roca y estará completamente fosilizado.

Glosario

sedimento: material sólido que es transportado por el agua o el viento y que se deposita sobre una superficie.

Proceso de fosilización

Bajo la superficie de un lago, un dinosaurio muerto está a salvo de los grandes carroñeros. Su carne se pudre o la comen los peces, pero el esqueleto queda intacto.

Capas de arena cubren los huesos y no dejan que el agua los afecte. Los huesos son reemplazados gradualmente por minerales más duros que las rocas que los rodean.

Millones de años después, los movimientos de la corteza terrestre suben el esqueleto fosilizado hasta cerca de la superficie, donde finalmente la erosión lo hace aparecer.

Gran parte de la información que se obtiene de los fósiles es por su ubicación en los estratos del suelo. Los **estratos** son capas, en general dispuestas en sentido horizontal, en las que se dividen los sedimentos que se fueron compactando a lo largo del tiempo. Los fósiles más antiguos se hallan enterrados en los estratos más profundos. Los nuevos sedimentos se fueron depositando en las capas superiores a lo largo de millones de años: los estratos más superficiales son los más modernos. Al estudiar la edad de los estratos en los que se hallaron los distintos fósiles, es posible deducir sus edades y determinar en qué momento vivieron esos organismos. Esta información, junto con el uso de técnicas moleculares modernas, permite determinar con relativa precisión la edad de los fósiles y reconstruir los cambios en la biodiversidad ocurridos a lo largo de la historia. El cambio en las faunas y la reconstrucción de la historia de la vida desde los primeros organismos hasta los organismos más modernos son posibles gracias al estudio del registro fósil. El estudio y registro de los fósiles es central para los estudios evolutivos en gran escala. La escala que se refiere a la historia de la vida de manera global se denomina **macroevolución**.

Las rocas más viejas y profundas contienen bacterias y algas unicelulares, y las rocas superiores, más recientes, plantas y animales.

Actividades

1. ¿Qué tipo de fósiles conocen?
2. ¿Dónde se guardan esos fósiles, una vez extraídos de la roca?

Relaciones de parentesco

Glosario

ovíparos: que nacen de un huevo.

vivíparos: organismos que se desarrollan en el vientre de la hembra, que da a luz a crías bien desarrolladas.

Los mamíferos comparten la capacidad de amamantar a sus crías y la presencia de pelos. Sin embargo, algunos son ovíparos*, como el equidna, y otros son vivíparos, como el canguro y la ballena.

Con el paso del tiempo, las especies cambian, evolucionan y se dividen para dar origen a nuevas especies por el proceso de diversificación. Estas especies nuevas heredan algunas de las características que tenían sus antepasados. Por ejemplo, todos los mamíferos que surgieron de la evolución de esos primeros mamíferos pequeños tenían dos características distintivas: el pelo y la capacidad de amamantar a sus crías. Estas características son exclusivas de los mamíferos y todos ellos las comparten, desde los primeros ancestros hasta los actuales. Los hallazgos fósiles que indiquen presencia de pelos o capacidad de amamantar ubican al organismo hallado dentro del grupo de los mamíferos. Sin embargo, incluso dentro de este grupo, hay algunos más parecidos entre sí que otros. Los ornitorrincos son, junto con los equidnas, los únicos mamíferos que ponen huevos para dejar descendencia. Por eso se considera que son más cercanos entre sí, que están más emparentados que con otros mamíferos (por ejemplo, con los marsupiales, como los canguros, que son vivíparos* y tienen una bolsa o marsupio donde transportan a las crías). Esto significa que, al describir y comparar a los organismos fósiles según sus diferencias o similitudes anatómicas y su ubicación histórica, es posible armar el rompecabezas de las relaciones de parentesco. Esto permite volcar toda la información en los llamados **árboles evolutivos**, que representan las relaciones de parentesco que unen a todos los seres vivos de la Tierra. En estos árboles, las raíces representan a los antepasados, también llamados **ancestros**. Estos son los "abuelos" o los "tatarabuelos" evolutivos de los descendientes, que son los que aparecen en las ramas del árbol. Para avanzar en el tiempo, para ir desde lo más antiguo hasta lo más moderno, hay que moverse desde las raíces hacia las ramas. Las líneas por donde se avanza representan un **linaje**, que es la secuencia de ancestros y descendientes. Cada linaje que aparece en un árbol tiene antepasados únicos. Por otra parte, cada linaje también tiene otros antepasados que son compartidos con otros linajes. En este último caso, se los denomina **antepasados comunes**.

Árboles evolutivos: linajes y ancestros

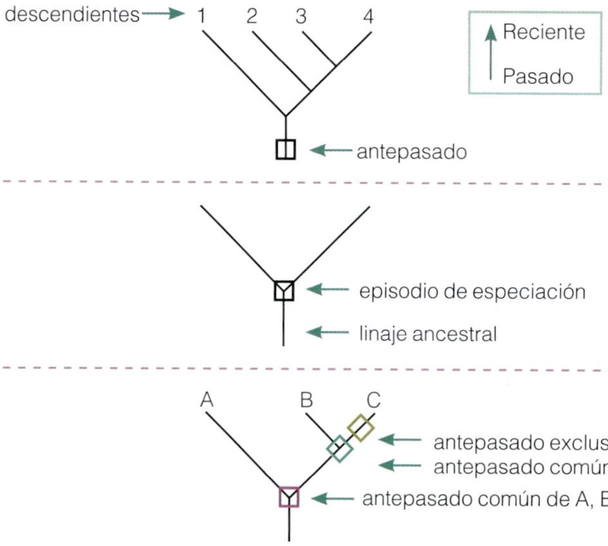

Un ejemplo de estas relaciones de parentesco puede verse en la evolución humana. Hace tan solo unos años, se halló en Etiopía el resto más antiguo que se conoce del género *Homo*. Se trata de una mandíbula con dientes fosilizada de 2,8 millones de años. Esto definió el momento en el que apareció el ser humano moderno. Mientras no se encuentren restos fósiles de *Homo* más antiguos, esta será la fecha estimada de la aparición del ser humano moderno sobre la Tierra. Sin embargo, el ser humano actual no fue el primer ser humano sobre la Tierra. Es decir que el *Homo sapiens* posee ancestros que pertenecían a otras especies de seres humanos más antiguas (por ejemplo, los del género *Ardipithecus* y los *Australopithecus*). La evolución de una de esas especies ancestrales fue la que dio origen al *Homo sapiens*. La comparación de los restos fosilizados hallados de todos estos seres humanos fue lo que permitió reconstruir nuestra historia evolutiva.

Si se retrocede más aún en el tiempo, se llega hasta los ancestros de todos los seres humanos, incluido al más antiguo de ellos (*Ardipithecus kadabba*). Estos ancestros son mamíferos del grupo de los grandes simios (chimpancé, gorila y orangután). El ser humano antiguo evolucionó a partir de un antepasado común que comparte con los chimpancés. La evolución del ser humano antiguo dio origen al *Homo*, y la evolución dentro del género *Homo* (*Homo habilis, Homo erectus*, entre otras especies) dio origen, hace 190 mil años, al *Homo sapiens*. Ese antepasado común, hoy desaparecido, no era ser humano ni chimpancé. Por ese motivo, hoy en día se considera que los seres humanos y los chimpancés son primos evolutivos.

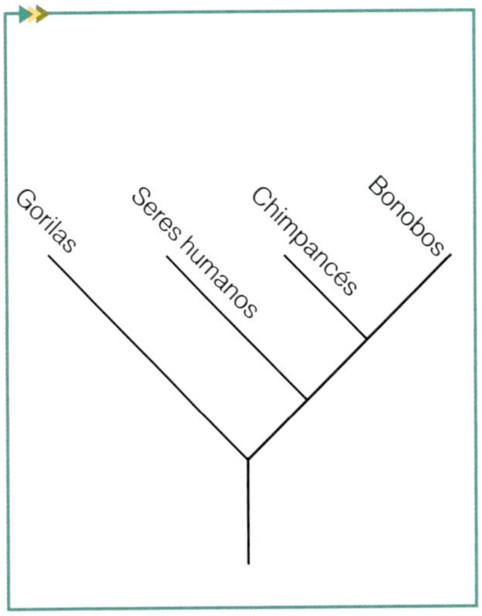

Evolución del ser humano y de los simios.

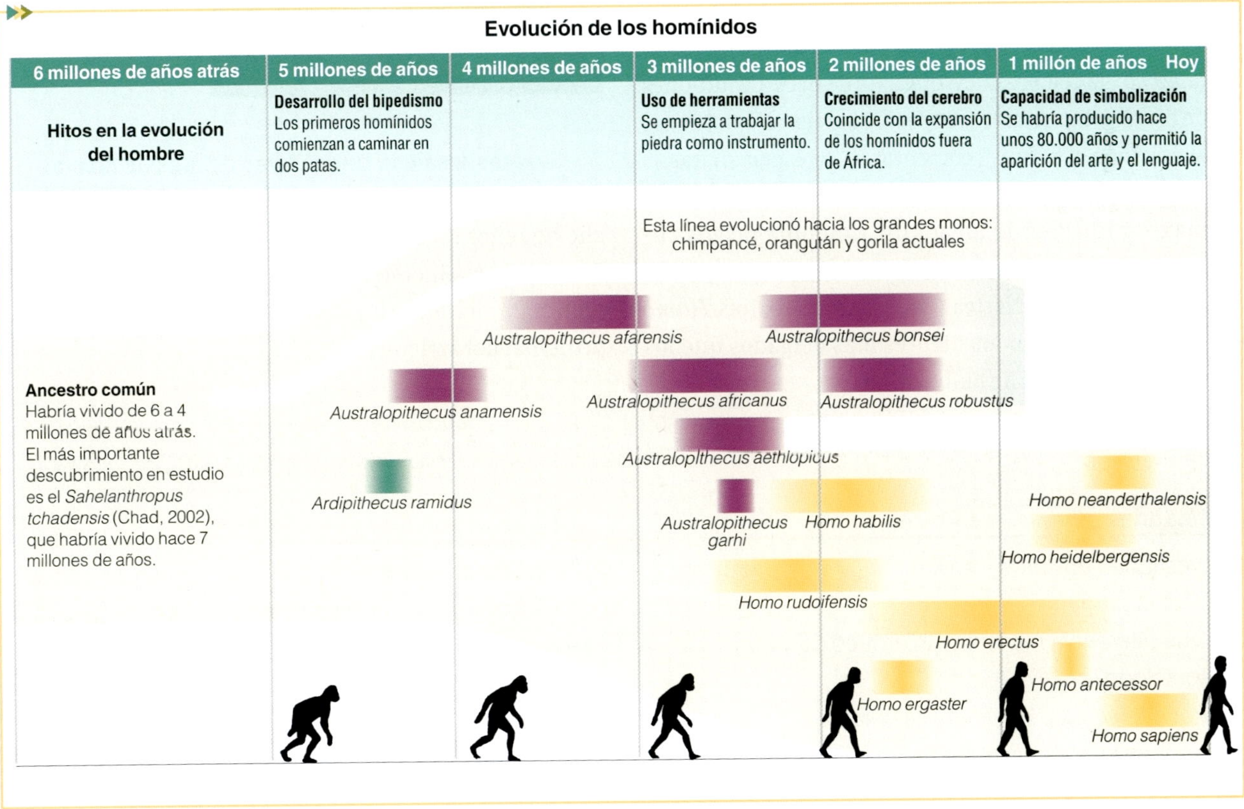

Encontraron los restos del antepasado más antiguo del hombre

En 2013, un estudiante etíope de un posgrado de la Universidad de Arizona encontró el fragmento de una mandíbula con dientes de 2,8 millones de años de antigüedad, mientras trabajaba con el equipo liderado por Kaye Reed, de la Universidad de Arizona, y Brian Villmoare, de la Universidad de Nevada, en una zona de rastreo llamada Ledi-Geraru, en la región Afar de Etiopía. Se cree que es el fósil más antiguo del género *Homo* encontrado hasta ahora. El trabajo, publicado en la revista *Science*, menciona que su hallazgo retrocede 400.000 años el reloj de nuestra especie, es decir, nos "envejece" a los humanos casi medio millón de años. "Este fósil es un excelente ejemplo de una transición de especies en un período clave de la evolución humana", explicaron los paleontólogos que estudiaron el hueso hallado.

El maxilar fue encontrado en un sitio cercano a donde fue dcsenterrado el esqueleto de Lucy, uno de los fósiles más antiguos de los ancestros directos de los humanos. "La época de la que data la mandíbula inferior reduce la brecha en la evolución entre el Australopiteco –la célebre Lucy, que data de hace 3,2 millones de años– y las primeras especies del tipo *Homo*, como el *erectus* o el *habilis*", comentaron los especialistas.

El fósil encontrado es de la parte izquierda del maxilar inferior de un adulto. Combina rasgos ancestrales, como una forma de mentón primitivo, con algunas características halladas en fósiles *Homo* posteriores, como los dientes más delgados que los molares en forma de bulbo de Lucy.

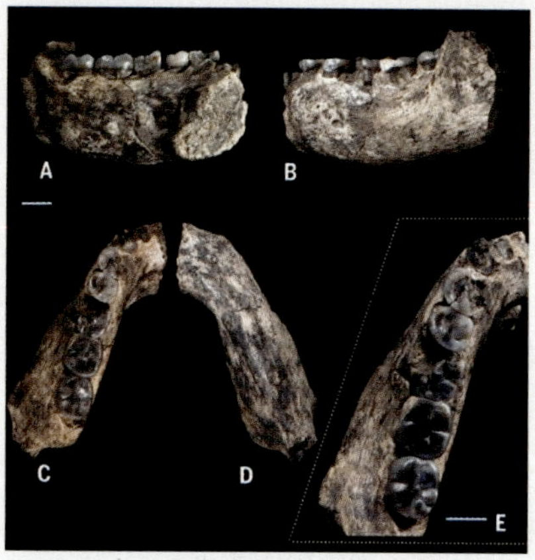

Restos de la mandíbula de *Homo* hallada en 2013.

"Los fósiles de la línea *Homo* de más de dos millones de años de antigüedad son muy raros, y el hecho de tener un esclarecimiento sobre las primeras fases de la evolución de nuestra línea es particularmente emocionante", dijo Brian Villmoare, autor principal del artículo.

Associated Press y Agence France-Presse. Diario *Clarín*, 5/03/2015. (Adaptación).

Actividades

1. Investiguen en libros y en Internet, y respondan las siguientes preguntas.

a. ¿Qué diferencia hay entre un arqueólogo y un paleontólogo?

b. ¿Por qué se dice que Lucy es célebre?

c. Busquen imágenes de Lucy.

2. Ubiquen, en el árbol evolutivo del ser humano en la página anterior, en qué momento vivió la especie a la que pertenece Lucy en relación con las especies *Homo erectus* y *Homo habilis*.

3. Busquen en el artículo periodístico qué características se usan para comparar la mandíbula hallada con Lucy y con el *Homo* más moderno.

Evidencias de la evolución: casos emblemáticos

¿Cómo es posible comprobar la evolución, si nadie vivió lo suficiente como para ver los cambios en los organismos que se vienen sucediendo desde hace 3.500 millones de años? El tiempo que requieren muchos cambios evolutivos es tan prolongado que no es posible verlos mientras suceden. Este hecho no implica que no se puedan reconstruir esos cambios. Para eso se utiliza la información de los fósiles. La única manera de saber cómo eran la Tierra y los organismos en el pasado es mirar los restos que quedaron "guardados" en la roca desde aquellos tiempos. Los ejemplos contenidos en el registro fósil sobre los cambios ocurridos en los organismos son evidencias de que la evolución existe, de que es un hecho y no solo una teoría. A continuación se mencionarán algunas de estas evidencias.

Archaeopteryx, entre los dinosaurios y las aves

En 1861, entre las rocas de una cantera en Alemania, un grupo de trabajadores encontró una roca muy diferente por su color y su textura. Parecían huesos de un animal del tamaño de una paloma grande transformados en piedra. Ese fue el primer ejemplar hallado de *Archaeopteryx*. Las características de este animal hicieron que se lo confundiera con un pequeño dinosaurio carnívoro: tenía mandíbulas con dientes, huesos huecos y cintura de buen corredor. Sin embargo, al realizar un análisis exhaustivo del fósil, se encontraron marcas de plumas. Esta característica confundió a los paleontólogos, puesto que los únicos animales conocidos que poseen plumas son las aves. *Archaeopteryx* tenía características similares a las de los dinosaurios carnívoros, pero también tenía características propias de las aves. Era la primera vez que los científicos se encontraban con un fósil del cual no sabían si pertenecía al grupo de las aves o al de los dinosaurios. Quizás era ambas cosas. Esta es la conclusión a la que llegaron los expertos y, por eso, se considera a *Archaeopteryx* como la primera ave. Hallazgos posteriores de fósiles permitieron reconstruir la evolución de las aves, desde las más antiguas hasta las actuales. El origen se establece a partir de un grupo de dinosaurios carnívoros denominados **raptores** (grupo al que pertenecen los velocirraptores), que son los antepasados del *Archaeopteryx*. En la actualidad, se acepta que las aves son los descendientes vivos más directos de los dinosaurios.

Reconstrucción de un ejemplar de *Archaeopteryx*.

Árbol evolutivo de dinosaurios raptores y aves

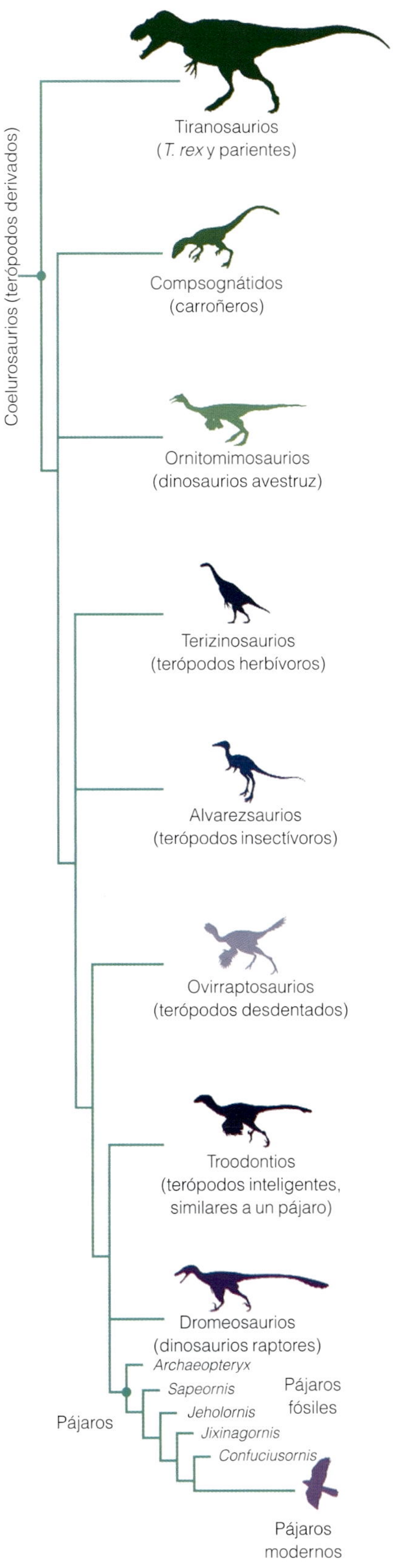

Evidencias evolutivas desde la anatomía

Se puede describir un pájaro con solo observarlo (su cuerpo cubierto de plumas, las patas con garras) o mirarlo por dentro y ver qué órganos tiene, y la disposición y el tamaño de los huesos. De la misma manera, podríamos describir una rana o una serpiente. Al comparar la información obtenida, se pueden establecer diferencias y similitudes para así determinar grados de parentesco. Esta es la base de la **anatomía comparada**. Esta rama de la ciencia también recoge evidencias sobre la evolución, ya que permite establecer relaciones entre los organismos. Cuantas más semejanzas presentan dos especies, más cercanas son entre sí y, en consecuencia, están más emparentadas. Cuando un rasgo anatómico presente en varios organismos, por ejemplo las patas, aparece también en el antepasado compartido por todos esos organismos, recibe el nombre de **estructura homóloga**. Todos los mamíferos tienen patas, al igual que cualquier animal tetrápodo*, como también las tiene el antepasado de todos ellos, *Eusthenopteron*. Sin embargo, es importante remarcar que una estructura homóloga puede tener diferentes funciones en los distintos organismos que la poseen. Las patas del ser humano, la ballena y el murciélago están compuestas por los mismos huesos en las mismas posiciones (el húmero, el cúbito y el radio en los miembros superiores en el ser humano, llamados *miembros anteriores* en los otros animales). Sin embargo, la función de las patas es diferente para cada una de estas especies. La mano del ser humano posee una función de agarre, las alas de los murciélagos permiten el vuelo y las aletas de la ballena posibilitan el desplazamiento en el agua. La presencia de la misma estructura en el ancestro y en toda la diversidad que de este deriva la convierte en una estructura homóloga, cualquiera sea la función que cumpla en cada organismo.

Glosario

tetrápodo: animal vertebrado con cuatro extremidades. Incluye anfibios, reptiles, mamíferos y aves.

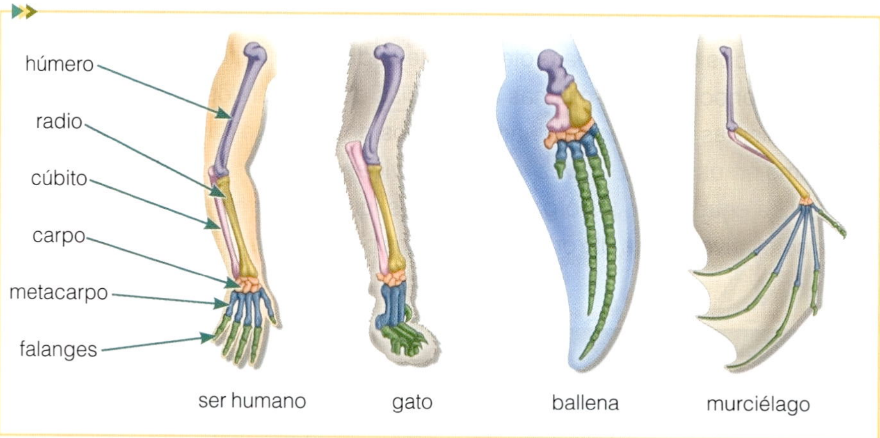

Las patas de los mamíferos son un ejemplo de estructura homóloga.

La evidencia de evolución que implica la existencia de estructuras homólogas no es un descubrimiento actual. Charles Darwin las menciona en su obra *El origen de las especies* y las consideraba indicadores claros de las relaciones de familiaridad entre las especies. A propósito de esto, Darwin escribió: "Qué sería más curioso que el hecho de que la mano del hombre, formada para agarrar, la de un topo para cavar, la pata de un caballo, la aleta de una marsopa y el ala de un murciélago estuvieran construidas según el mismo modelo y tengan los mismos huesos en la misma posición relativa".

Actividades

1. Busquen información en enciclopedias o Internet a cerca de otras evidencias evolutivas de tipo anatómicas. Luego, respondan las siguientes preguntas.

a. ¿Qué son los órganos vestigiales? Escriban dos ejemplos.

b. ¿Qué son las estructuras análogas? Comparen estas estructuras con las homólogas descriptas en el texto. Escriban dos ejemplos de estructuras análogas.

Microevolución

No existen dos personas iguales: ni primos, ni hermanos, ni siquiera padres e hijos. Los hijos reciben genes con la información combinada de su padre y de su madre. Por eso, cada hijo es único y diferente: el azar define qué información hereda de su padre y qué información hereda de su madre. Los genes que heredan es lo que determina la variabilidad entre las personas, incluso entre padres e hijos y entre hermanos.

La **información genética** que está contenida en el genotipo de un individuo difiere entre individuos e incluso puede verse al comparar su fenotipo. Las diferencias pueden ser anatómicas, de comportamiento o, incluso, de funcionamiento. Algunas pueden observarse a simple vista, como el color, y otras son microscópicas, como por ejemplo, diferencias en las enzimas.

Esta variabilidad se acumula con cada generación, de manera que los hijos no solo son diferentes de sus padres, sino que son más diferentes aun de sus abuelos. Estos cambios de generación en generación, dentro de la historia de una familia o de una población, también son cambios evolutivos. Las poblaciones, consideradas como grupos de individuos de una misma especie, pueden experimentar cambios evolutivos. A la evolución que afecta a las poblaciones se la denomina **microevolución**.

Microevolución

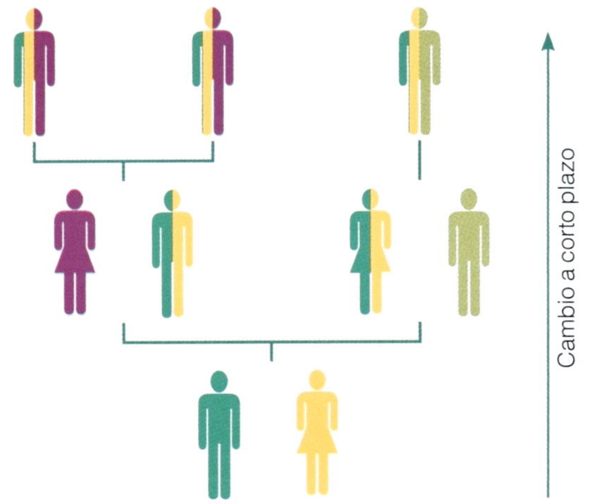

Para que ocurra un proceso de microevolución, el tiempo es un requisito imprescindible, pero no suficiente. Cuando se dice que la evolución es cambio, se refiere a cambios de una generación a otra. Es importante distinguir estos cambios de los que ocurren durante el desarrollo de los organismos o con el paso de las estaciones del año a lo largo de la vida de los organismos. Por ejemplo: la metamorfosis es el cambio que presentan muchos animales mientras crecen y se desarrollan, la pérdida de hojas durante el otoño es un cambio estacional para muchas especies de árboles. Estos cambios no son evolutivos, dado que ocurren durante la vida de los individuos y no con el paso de las generaciones.

Curiosidades

Los mlabri conforman una comunidad de alrededor de 300 personas que habitan las selvas del norte de Tailandia.

Los testimonios de tribus vecinas afirman que esta población fue originada por un niño y una niña abandonados por una comunidad nómada.

Las pruebas genéticas efectuadas recientemente mostraron en la pequeña población una altísima frecuencia de muchos de sus genes.

Evolución de una polilla en unas pocas generaciones

Polillas de *Biston betularia* en su forma clara y en su forma oscura y su camuflaje sobre los troncos de los árboles.

Dentro de una población de individuos, con el paso de unas pocas generaciones, es posible que aparezcan **cambios visibles**, como los que se ven cuando comparamos en una familia a los abuelos con los nietos. En la naturaleza se han encontrado casos de poblaciones de animales que en su hábitat natural han mostrado cambios con el paso de las generaciones. Uno de los casos más conocidos y estudiados es el de la polilla *Biston betularia*. Esta especie de polilla se distribuye a lo largo de toda Gran Bretaña. Los fenotipos más comunes en el siglo XVIII eran los de color claro. En 1848 se documentó el primer caso de *Biston betularia* de color oscuro o melánico. Ya para 1950 las formas más frecuentes eran las oscuras, principalmente, en las zonas altamente contaminadas por la polución producida por las industrias.

La pregunta que les surgió a los científicos al observar estos cambios fue: ¿cuál es la causa por la cual la población de polillas, originalmente compuesta por individuos de color claro, se transformó en unos pocos años en una población de polillas oscuras? Lo primero que puede afirmarse es que estas poblaciones de polillas han experimentado un cambio a lo largo de su historia. Este cambio muestra que en las poblaciones hubo un aumento en la cantidad de polillas de color oscuro y una disminución en la cantidad de polillas de color claro. Los científicos buscaron una explicación a este proceso.

Las polillas de *Biston betularia* suelen posarse sobre los troncos de los árboles. En el siglo XVIII, previamente a la aparición de la contaminación por las industrias, los troncos se encontraban cubiertos por líquenes blanquecinos. Las polillas claras se camuflaban sobre estos troncos blanquecinos y resultaban difíciles de detectar para las aves, sus predadores naturales. Hacia 1830, con la Revolución Industrial y la contaminación de los bosques, murió una gran diversidad de líquenes. Como consecuencia, los troncos quedaron descubiertos y con sus colores oscuros expuestos. En este nuevo escenario posindustrial, fueron las polillas oscuras las que quedaron camufladas sobre los troncos oscuros.

Los ejemplos

Pueden buscar ejemplos diferentes de los que se mencionan en el texto para saber si comprendieron la información.

En la población original de polillas de Gran Bretaña había tanto polillas claras como polillas oscuras. Sin embargo, la proporción de polillas claras y oscuras en la población era diferente. Dada la ventaja de ser menos visibles para los predadores, las polillas claras eran las más abundantes. Estas sobrevivían por más tiempo y dejaban más cantidad de descendientes a lo largo de su vida (los cuales también eran de color claro). Con la Revolución Industrial, las pocas polillas oscuras que habían logrado sobrevivir eran las que resultaban menos visibles para los predadores. En esta nueva época, en troncos expuestos sin líquenes, eran estas polillas oscuras las que vivían por más tiempo y dejaban una mayor cantidad de descendientes, también de color oscuro, a lo largo de su vida. Estos cambios en las proporciones de polillas blancas y oscuras relacionados con los cambios ambientales (contaminación) conforman **cambios evolutivos de la población** de polillas en Gran Bretaña. De manera general, puede decirse que existe evolución en una población cuando dicha población muestra este tipo de cambios de generación en generación.

Darwin y la evolución por selección natural

Charles Darwin fue un naturalista inglés que cambió la historia del pensamiento evolutivo. Logró sintetizar de una manera única las ideas que ya existían sobre la diversidad de organismos, el origen de las especies y los cambios hallados en el registro fósil.

Lo que en gran medida impulsó sus ideas fue el viaje que realizó a bordo del *HMS Beagle*, un barco comandado por el capitán Robert Fitz Roy y en el que recorrió el mundo durante cinco años (1831-1836). La mayor parte de ese tiempo, Darwin lo dedicó a tomar notas, investigar y buscar información geológica y zoológica de las tierras que visitaba, en especial América del Sur, las islas Galápagos y las islas del Pacífico. En 1839 se publicaron los registros que hizo en su diario de viaje, en el libro *Diario y observaciones*, y en cinco volúmenes sobre zoología publicados entre 1838 y 1843.

Sin embargo, su trabajo más conocido es *El origen de las especies*, publicado por primera vez en 1859. En este libro, Darwin explica el mecanismo por el cual evolucionan las especies y asienta lo que luego se denominó la **teoría de la evolución por selección natural**. En forma paralela, otro naturalista británico, Alfred Russel Wallace, había desarrollado una teoría similar. Hoy en día, se conoce esta teoría con el nombre de **teoría evolutiva de Darwin-Wallace**.

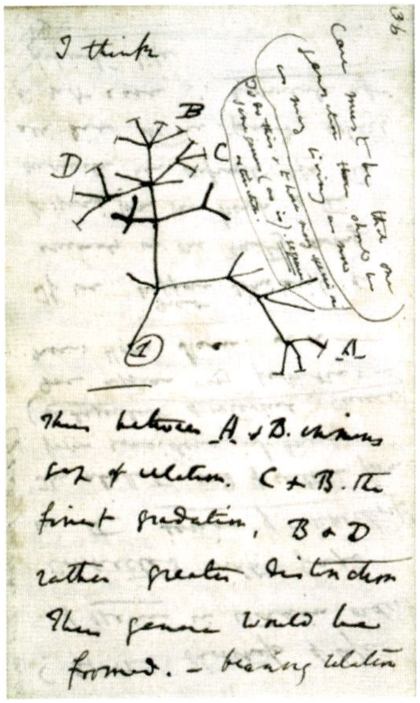

Notas de Darwin.

Para explicar este proceso, se propone un ejemplo concreto. Los individuos de una misma población son diferentes entre sí. Por ejemplo, dentro de un grupo de zorros puede haber individuos con pelaje largo e individuos con pelaje corto (de igual manera que en la población de polillas había polillas claras y polillas oscuras). Estas poblaciones viven bajo ciertas condiciones ambientales, que funcionan como filtros. Los individuos que no toleran las condiciones del ambiente, mueren. Darwin supuso que si hay individuos que logran sobrevivir cuando otros mueren es porque, de alguna manera, están favorecidos. Es decir que los individuos supervivientes poseen alguna característica que les confiere una ventaja en el ambiente en el que viven. Como consecuencia, viven más tiempo y dejan más descendientes a lo largo de su vida. A este proceso de mayor supervivencia y reproducción de los ventajosos lo denominó **selección natural**.

Los descendientes de los individuos ventajosos heredarán de sus padres la misma característica ventajosa. En el caso de los zorros, ante un invierno extremo con temperaturas bajo cero y heladas, los zorros con pelaje más largo tienen más posibilidades de sobrevivir (en comparación con los zorros con pelaje corto). Luego se reproducen y dejan descendientes con pelo largo. En un ambiente frío, el pelaje largo conforma una ventaja. Esto es lo mismo que decir que los zorros de pelo largo están mejor **adaptados** a un ambiente frío. Con el paso de las generaciones, y ante la persistencia de inviernos fríos, esta población de zorros tendrá cada vez más individuos de pelaje largo y cada vez menos con pelaje corto. La población de zorros presentará un cambio evolutivo a lo largo de las generaciones, como resultado de la selección natural ejercida por el ambiente (en este caso, las bajas temperaturas).

Curiosidades ▶

En su vida, una pareja de arenques puede depositar 200.000 huevos; una de ranas verdes, 10.000; y una de moscas, 1.000.

Durante su existencia, una planta de amapola puede producir 100.000 semillas; y una de tabaco, 360.000. Sin embargo, la Tierra no está cubierta de arenques, ranas verdes, moscas, amapolas y tabaco.

Este hecho hizo conjeturar a Darwin que de la sobreproducción de organismos, solo algunos pueden sobrevivir.

Requisitos para que exista selección natural

Glosario

variantes: individuos que presentan diferentes fenotipos.

En los ejemplos analizados de evolución en las poblaciones se cumplen tres condiciones fundamentales. La primera es que dentro de la misma población hay **individuos diferentes**, hay variabilidad (zorros de pelaje largo y de pelaje corto; polillas claras y polillas oscuras). En segundo lugar, en un ambiente dado, esas **variantes*** muestran **diferencias en supervivencia**, en la cantidad de descendientes o en ambos. Esto significa que algunas variantes son más ventajosas que otras. Por último, las **características ventajosas se heredan** porque se encuentran asociadas al genotipo (los hijos de los zorros de pelaje largo también tendrán pelaje largo). Esto nos conduce a los tres principios fundamentales que deben cumplirse para que en una población exista evolución por selección natural: debe existir variabilidad entre los individuos, las características variables deben asociarse con alguna ventaja y dicha característica debe ser heredable de padres a hijos.

Otro ejemplo de proceso de selección natural: en este caso, el ave se alimenta de determinados insectos y condiciona el tamaño de esa variante dentro de la población.

Requisitos para que haya selección natural

V = variabilidad. Hay variabilidad dentro de una población. La selección actúa sobre esa variabilidad.

H = herencia. Los caracteres genéticos se heredan de los progenitores y se transmiten a la descendencia.

S = selección. Los organismos con rasgos favorables para su supervivencia logran sobrevivir y transmitir sus genes a la siguiente generación.

Para que exista evolución deben cumplirse algunos principios básicos.

Actividades

1. Respondan las siguientes preguntas de acuerdo con lo que ocurre en las poblaciones **a** y **b** de mariposas.

a

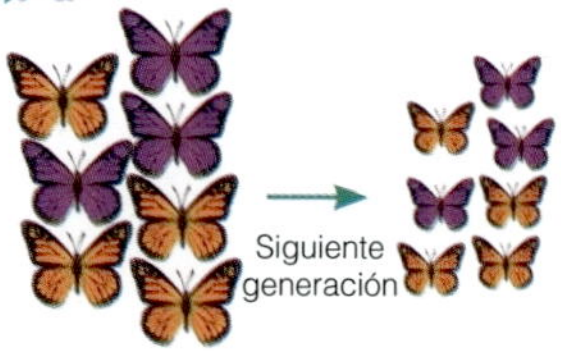

b

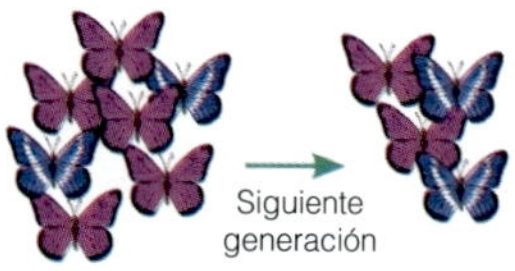

a. ¿Qué diferencia hay entre la generación de los padres y la de sus descendientes, para cada una de las poblaciones **a** y **b**? Expliquen brevemente.

b. ¿En cuál de las dos poblaciones hubo evolución? ¿Por qué?

Teoría sintética

En *El origen de las especies*, Darwin formuló la relevancia que tiene la herencia de las características ventajosas de padres a hijos para el proceso evolutivo. Sin embargo, Darwin no tenía en claro de qué manera ocurría esa herencia. Pasaron más de 40 años hasta que los científicos Hugo de Vries, Carl Correns y Erich von Tschermak redescubrieron los trabajos de Gregor Mendel y dejaron asentada de manera definitiva **la teoría cromosómica de la herencia**. A partir de esta teoría, fue posible saber cómo se heredan los genes de padres a hijos y la información en ellos contenida. Este paso fue crucial para el desarrollo de la **teoría sintética de la evolución** (también denominada *neodarwinismo*). La teoría sintética agrega elementos que permiten complejizar y completar la teoría propuesta por Darwin. En primer lugar, plantea que las características que Darwin denominaba *ventajosas*, es decir, las características adaptativas, se heredan de padres a hijos según los principios mendelianos de la herencia. A su vez, también propone una explicación sobre el origen de la variabilidad entre los individuos, tanto en las características ventajosas como en cualquier otra característica. Esta variabilidad es fundamental, ya que la diferencia entre individuos en características ventajosas es lo que determina si serán favorecidos o no por la acción de procesos como la selección natural.

Hay dos fuentes principales de variabilidad. La primera es la **recombinación cromosómica**, que es el intercambio de material genético entre cromosomas homólogos (el del padre y el de la madre) durante la meiosis. Como resultado, en las gametas de los individuos está combinado de manera azarosa el material genético que le pasarán a sus hijos. La segunda fuente de variabilidad son las mutaciones al azar. Las **mutaciones** son cambios en el ADN que pueden involucrar solo una base o una porción más extendida. Estas mutaciones ocurren de manera fortuita y no son predecibles. Por lo tanto, esos cambios producen novedades en el genoma de los individuos, que pueden significar una ventaja desde el punto de vista darwiniano. A su vez, por tratarse de procesos que ocurren al azar, tienen la cualidad de no presentar una tendencia hacia una mayor complejidad o hacia la perfección. Es decir que las novedades aparecen por recombinación y mutación, pero serán los **procesos evolutivos**, como la selección natural en un determinado ambiente, los que determinarán si estas novedades significan una ventaja para el individuo que las porta. En definitiva, es el **ambiente** el que selecciona a los individuos que poseen las ventajas.

Mutaciones en individuos de la mariposa *Bicyclus anyana* producen diferentes patrones de coloración.

Actividades

1. Expliquen brevemente en qué consisten las leyes formuladas por Gregor Mendel y su relación con la herencia.
2. ¿Qué diferencias hay entre el proceso de mitosis y el de meiosis? ¿Por qué este último es tan relevante para la teoría sintética?
3. Busquen en enciclopedias o en Internet tres ejemplos de mutaciones que producen diferencias visibles entre individuos de una especie; pueden comenzar buscando ejemplos en animales domésticos. Anoten los ejemplos en la carpeta.

La guerra de las bacterias

Los antibióticos no solo están perdiendo poder por un exceso en su uso y el consiguiente desarrollo de resistencia, sino que no se fabrican otros nuevos. Esto constituye un desafío para los médicos, los pacientes y la industria.

En la batalla contra las bacterias, los antibióticos han sido armas formidables. Hemos estado usándolos ampliamente durante solo 80 años. El problema es que los antibióticos no duran por siempre y el motivo es la evolución: las bacterias desarrollan **resistencia**. Los fármacos que habrían matado a sus ancestros ya no hacen efecto en las generaciones más nuevas de bacterias. Cada vez que usamos antibióticos, les mostramos a las poblaciones de bacterias las armas que vamos a utilizar contra ellas. Si los antibióticos se prescriben con excesiva frecuencia, se acelera el problema. Se podrían recetar muchos menos antibióticos: no hacen mucho por la secreción nasal, el dolor de garganta, la bronquitis ni la sinusitis. Incluso tampoco son muy útiles en las infecciones del oído medio.

El uso excesivo y la resistencia de los antibióticos es un problema enorme, pero quienes fabrican los antibióticos también fallan: las compañías farmacéuticas no están inventando nuevas armas para combatir bacterias. No se han descubierto nuevas clases de antibióticos desde 1987. Descubrir nuevos antibióticos es un inmenso desafío; si nos volcamos a los "antibióticos naturales" fabricados por otras bacterias, plantas u hongos, es probable que también ya haya resistencia a esos compuestos. Descubrir fármacos completamente nuevos para matar bacterias también es complicado. Los antibióticos semisintéticos, fabricados mediante la modificación o combinación de moléculas antibacterianas de forma natural, parecen promisorios.

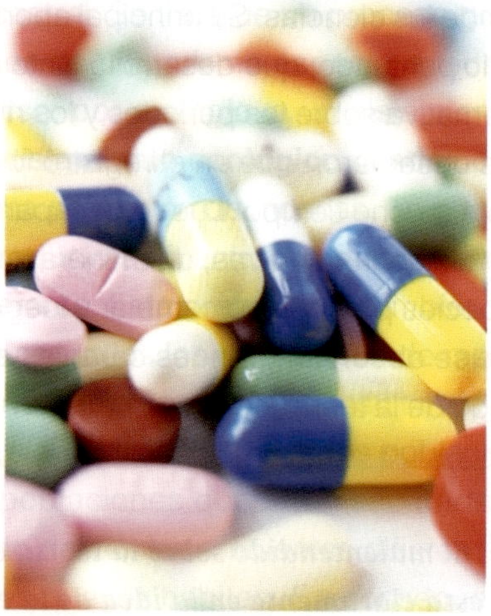

Descubrir nuevas farmacos y métodos para combatir infecciones es el desafío de hoy.

El enemigo invisible

Hemos eliminado o controlado a la mayoría de nuestros depredadores naturales. Pero no es a los lobos, leones y tigres a quienes verdaderamente debemos temer, sino a estos enemigos minúsculos que todavía nos hacen daño hoy. Nunca ganaremos la batalla, pero necesitamos asegurarnos de que ganamos terreno. De algún modo, necesitamos convencer a las compañías farmacéuticas de que apoyen el esfuerzo en esta guerra contra las bacterias y las enfermedades bacterianas. Reexaminar antiguos antibióticos podría ser útil, pero también necesitamos ver otros modos de controlar la infección: expandir nuestro arsenal mediante el uso de vacunas y seguir investigando otras formas de control de las infecciones.

http://www.clarin.com/buenavida/salud/Antibioticos_0_851914983.html.
Diario *Clarín*, 23/01/2013. (Adaptación). Alce Roberts/Guardian News & Media.

Actividades

1. Respondan las siguientes preguntas.

a. ¿Cómo evolucionan las poblaciones de bacterias? ¿Cuáles son los cambios que experimentan de generación en generación?

b. ¿Cuál es el factor o elemento que actúa como seleccionador de los individuos ventajosos?

c. Cuando es el ser humano quien ejerce la acción selectiva, ¿se llama selección natural? ¿Por qué?

2. Averigüen en libros o en Internet a qué se llama *selección artificial*.

3. Busquen especies que conozcan que sean resultado de un proceso de selección artificial realizado por el ser humano.

La evolución en las pantallas y los libros

▸ **Televisión**: la evolución ha servido de inspiración para muchos artistas. Un evolucionista destacado, conocido principalmente como divulgador de la ciencia, llamado Stephen Jay Gould, apareció en un capítulo de la serie de dibujos animados *Los Simpson*. Esa no fue la única conexión entre la evolución y *Los Simpson*. También se abordó el tema en otros capítulos, por ejemplo en la apertura del capítulo "Homerazzi" (episodio 16 de la temporada 18). A través del personaje de Homero, se cuenta la historia de la vida en la Tierra desde los primeros seres vivos unicelulares hasta el ser humano actual, pasando por sucesos conocidos de la historia como la extinción de los dinosaurios. En el capítulo "El traje de mono" (episodio 17 de la temporada 21), los Simpson y los Flanders visitan el Museo de Historia Natural de Springfield. Esta visita al Museo desencadena un debate en Springfield sobre la evolución. Lisa es la única que defiende los trabajos y la figura de Darwin.

▸ **Cómics y humor gráfico**: los cómics y el arte gráfico también han abordado temas evolutivos. En el cómic *X-Men* aparecen individuos mutantes con diferentes poderes, según el tipo de mutación que han experimentado. También el dibujante Gary Larson aborda, en su tira *The far side* (El lado lejano), diversos tópicos sobre la evolución. En América del Sur también tenemos artistas que dedicaron algunos trabajos a estos temas, como es el caso del dibujante argentino Liniers y el del artista chileno Alberto Montt.

▸ **Cine**: la película *La guerra del fuego*, dirigida por Jean-Jacques Annaud y estrenada en 1981, relata la historia de la lucha entre tribus de seres humanos primitivos por el acceso al fuego. Las tribus que aparecen en la película no son similares entre sí: algunas poseen características que las asemejaban con el ser humano más moderno y otras tienen características relacionadas con el ser humano más antiguo. No se puede dejar de mencionar el filme *Jurassic Park*, que trata sobre la posibilidad de resucitar especies extintas a partir de la información genética preservada en los fósiles.

▸ **Videojuegos**: actualmente se encuentra en desarrollo un videojuego denominado *Species*. Se trata de un juego de simulación cuyo punto de partida es una población. Con el paso del tiempo, la población experimenta cambios debidos a la existencia de selección natural y de mutaciones. Esto deriva en la aparición de especies nuevas. Otros de los procesos presentes son las extinciones, como resultado de las fluctuaciones ambientales.

La evolución de Homero Simpson.

Flanders en el Museo de Historia Natural de Springfield.

Tapa de un ejemplar del cómic *X-Men*.

Actividades

1. ¿Les parece que para realizar una obra de arte sobre un tema científico es necesario utilizar de manera precisa los conceptos que provienen de la ciencia? En otras palabras, ¿qué lugar tienen la imaginación y la fantasía en obras de arte que tratan temas científicos?
2. ¿Recuerdan alguna película, serie o lectura en donde se trate algún tema asociado con la evolución? ¿Cuáles?
3. Busquen dos trabajos artísticos de diferentes áreas (cine, fotografía, literatura, artes plásticas, etcétera) en donde se aborde el tema de la evolución.

1. A lo largo del capítulo se estudiaron diferentes árboles evolutivos y cómo esos árboles nos cuentan sobre la relación de parentesco que existe entre los organismos. Sobre la base de lo aprendido y el árbol que aparece a continuación, realicen las siguientes actividades.

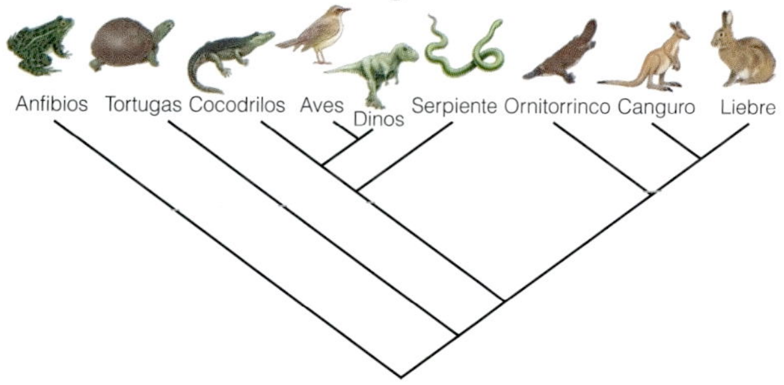

a. Marquen con la letra A el ancestro común a todos los grupos representados.
b. Marquen con la letra B el ancestro común de los tres tipos de mamíferos (ornitorrinco, canguro y liebre).
c. Marquen con la letra C el linaje que corresponde a la liebre actual desde su origen.
d. Marquen con la letra D el linaje que corresponde a las serpientes una vez que se separaron de los cocodrilos.
e. Los mamíferos, ¿son más complejos que las tortugas?
f. ¿Qué linaje apareció antes: el que da origen a los anfibios actuales o el que da origen a los canguros actuales?
g. ¿Qué deberían observar en el árbol, si quisieran hacer un análisis macroevolutivo?
h. ¿Qué deberían observar en el árbol, si quisieran hacer un análisis microevolutivo?

2. Expliquen el significado de las siguientes afirmaciones del naturalista inglés Charles Darwin.
a. "Los organismos provienen de organismos similares a ellos".
b. "Si la selección natural actúa un tiempo suficiente sobre dos poblaciones de una especie, se puede producir una acumulación de cambios tal que esas poblaciones terminen constituyéndose como dos especies diferentes".

3. Numeren, con un criterio temporal, los siguientes eventos en la historia de la vida sobre la Tierra (empiecen por el evento más antiguo y terminen con el más actual).
a. Aparición de los primeros organismos vivos. ☐
b. Extinción de los dinosaurios. ☐
c. Aparición del ser humano sobre la Tierra. ☐
d. Aparición de los primeros mamíferos. ☐
e. División de Pangea en Laurasia y Gondwana. ☐
f. Desaparición de los trilobites. ☐
g. Origen de la Tierra. ☐

4. Escriban en la carpeta a qué concepto se refieren las siguientes definiciones.
a. Proceso asociado con el origen de toda la biodiversidad.
b. Proceso que manifiesta que algunos individuos de una población poseen ventajas sobre otros.
c. Cambios experimentados por las poblaciones con el paso de las generaciones.
d. Proceso que puede producir nuevas variantes.
e. Proceso por el cual se generan nuevas especies.
f. Diagrama que representa las relaciones de parentesco que unen a todos los seres vivos del planeta.
g. Proceso de aparición de múltiples especies a partir de una o más especies originales.

5. Se proponen realizar un experimento para ver cómo la selección afecta a una población. Toman una pecera muy grande y la decoran con piedras blancas en el fondo, luego colocan 50 peces carpa de color naranja. Por supuesto que no todos los peces adquiridos tienen exactamente el mismo color: algunos son más oscuros y otros son más blanquecinos. Por último, compran un pez predador de carpas. Luego, dejan que el tiempo pase y que las cosas sucedan: el predador consume carpas, las carpas que viven se aparean y ponen huevos, nacen nuevas carpas. Sobre la base del ensayo, respondan.
a. En este ensayo, ¿quién ejerce la "selección natural"?
b. ¿Qué efecto esperan que tenga esta selección? ¿Quiénes serán favorecidos y quienes, desfavorecidos?
c. ¿Cómo les parece que será la población de carpas de la pecera, luego de varias generaciones?
d. Describan, paso por paso, cómo será el proceso que llevará a la población desde la situación inicial hasta la obtenida varias generaciones después.
e. ¿Qué hubiera pasado si en lugar de piedritas blancas en el fondo hubieran colocado piedras de color anaranjado oscuro?
f. ¿Se puede decir que estos cambios en la población de carpas son cambios evolutivos?

Ciencia y sociedad

9

Contenidos

> Microorganismos útiles
> Ingeniería genética
> Clonación y transgénesis
> Terapia génica
> Técnicas que utilizan células animales y humanas
> El ADN como "huella dactilar"

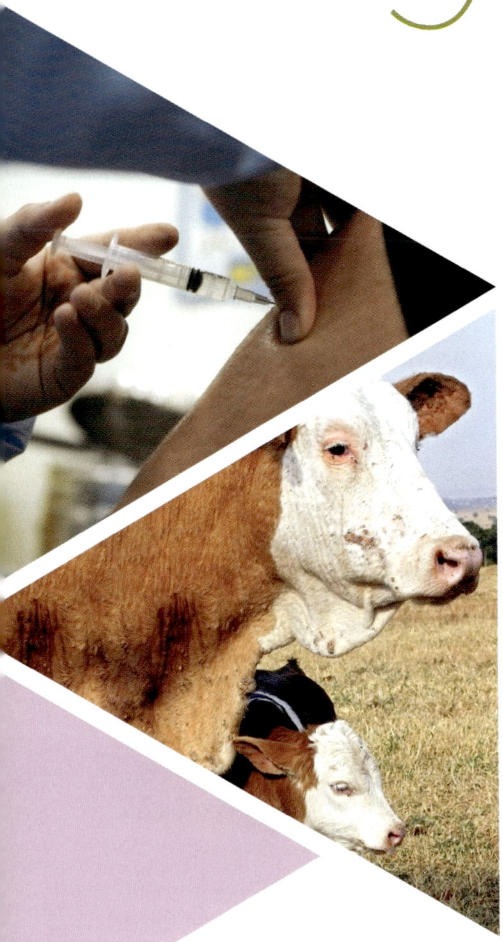

Siempre nos abruman con publicidades de desinfectantes que aseguran eliminar el 99,9% de las bacterias. Pero, ¿todas las bacterias producen daño? No, ingerimos muchas, por ejemplo, con el yogur y el queso. Con otras se puede elaborar productos útiles para el ser humano, como plásticos biodegradables, biocombustibles y antibióticos. También se puede emplear bacterias para que eliminen contaminantes en suelos y aguas. Además, algunas bacterias, como las que viven en el intestino grueso y en la piel, nos protegen de otros patógenos oportunistas. Se puede usar los microorganismos tal como se los encuentra en la naturaleza o se los puede modificar con técnicas génicas, agregándoles genes de otros organismos, por ejemplo, para producir insulina humana o proteínas para fabricar vacunas. Otra opción es modificar organismos más complejos como hongos, plantas y animales en pos de lograr avances importantes para los seres humanos.

EN ESTE CAPÍTULO...

Se describen los distintos usos que se les pueden dar a los microorganismos a través de la biotecnología. Se explican, también, los alcances de la ingeniería genética, la clonación y la transgénesis. Se analiza el uso de la terapia génica como técnica para curar enfermedades genéticas y otras técnicas que utilizan células animales y humanas, como las células madre, los anticuerpos monoclonales y los casos especiales de fecundación *in vitro*.

Contenido digital adicional

www.tintaf.com.ar/BIO3C9

Microorganismos útiles

Desde que el ser humano descubrió que la uva fermentaba y se transformaba en vino y que si se dejaba estacionar la leche, esta se convertía en queso o yogur, empezó a usar los microorganismos, sin saberlo. El empleo de organismos vivos para producir un bien o un producto para el ser humano es lo que se denomina **biotecnología**. Cuando se habla de biotecnología, lo más habitual es escuchar que se refieran a los organismos genéticamente modificados. Pero estos forman parte de una tecnología reciente, que surgieron con la ingeniería genética a fines de la década de 1970.

Productos obtenidos por biotecnología tradicional.

Hace más de 10.000 años, en la Mesopotamia asiática, los sumerios elaboraban cervezas y panes. Y 3.000 años antes de nuestra era, los egipcios y babilonios ya sabían cómo usar la fermentación de levaduras salvajes para hacer unas tortas planas y compactas que hoy son tradicionales en esa región. Si bien en esos momentos el ser humano no comprendía cómo ocurrían esos procesos, los aprovechaba para su beneficio.

Hoy sabemos, por ejemplo, que una de las levaduras más conocidas, cuyo nombre científico es *Saccharomyces cerevisiae*, es una de las responsables de producir el alcohol en las cervezas, o de hacer crecer (levar) la masa para panes y facturas. Pero existe una gran cantidad de productos que también se obtienen mediante el uso de microorganismos.

Por lo tanto, se dice que cuando se emplea un organismo en algún proceso biotecnológico sin ser modificado mediante ingeniería genética, se trata de técnicas de **biotecnología clásica** o **tradicional**.

La biotecnología clásica utiliza los microorganismos tal como los encuentra en la naturaleza. Con la capacidad de manipular el material genético, surgió la **biotecnología moderna**, que permite modificar microorganismos, plantas y animales.

Las modificaciones realizadas producen mejoras en la producción de alimentos, de medicamentos y en el cuidado del ambiente, entre otros beneficios.

Con los avances científicos y tecnológicos se logró también la clonación y manipulación de las células y ADN del ser humano. La utilización de células madre y técnicas como la clonación terapéutica o la terapia génica nos posibilita diagnosticar anomalías genéticas. En algunos casos permiten curar enfermedades, o bien ayudar en futuros tratamientos.

Actividades

1. Abran la heladera y anoten el nombre de cada producto que encuentren.

a. Investiguen cómo se elabora cada producto y observen si en la elaboración se emplea algún microorganismo.

b. Calculen el porcentaje de productos que se obtuvieron por biotecnología.

c. Analicen y discutan los resultados obtenidos.

La levadura de cerveza y sus múltiples usos

La levadura de cerveza que se usa para hacer pizzas, panes, cerveza y otras bebidas alcohólicas es, en realidad, un cúmulo de hongos unicelulares. Estos hongos, cuando están en presencia de oxígeno, tienen respiración celular aeróbica, es decir que obtienen su energía a partir de la glucosa, y liberan dióxido de carbono y agua como desechos. Las levaduras tienen la capacidad de, en ausencia de oxígeno, realizar un proceso denominado **fermentación**. Este proceso también les aporta energía, aunque mucho menos que la respiración aeróbica. La fermentación realizada por las levaduras se denomina **fermentación alcohólica**, dado que como producto final no solo se obtiene energía, sino también dióxido de carbono y alcohol (etanol).

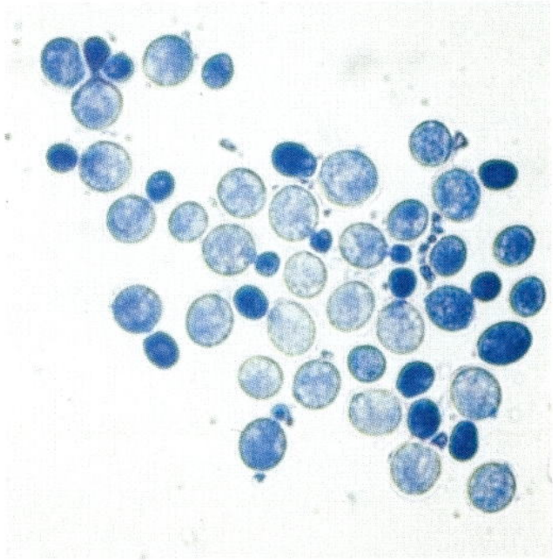

Levaduras de cerveza vistas al microscopio.

Cuando se prepara una masa con levadura, se suele activar la levadura, seca o compactada en cubitos, con agua tibia y azúcar. De esta manera, la levadura, que está inactiva, comienza a reproducirse. Pero cuando se mezcla la levadura activada con la harina y demás ingredientes, se forma un ambiente anaeróbico y la levadura, en lugar de realizar la respiración celular, comienza a fermentar y a producir alcohol y dióxido de carbono. Como la masa no deja escapar los gases, comienza a "inflarse" o levar, además de acumular el alcohol que produce. Cuando se cocina la masa, el alcohol se evapora, y cuando la masa se seca, forma poros que dejan salir el dióxido de carbono que estaba atrapado.

Actividades experimentales

Fermentación alcohólica

Necesitan:

- un frasco de Erlenmeyer o un vaso de precipitado de 250 mℓ de capacidad
- un sobre de levadura de cerveza
- dos cucharadas de azúcar
- 100 mℓ de agua tibia
- dos botellitas de vidrio transparente de boca angosta
- hilo de nailon o dos bandas elásticas
- dos globos
- una cuchara
- una cucharita

Paso 1. Coloquen en un frasco de Erlenmeyer o un vaso de precipitado 100 mℓ de agua tibia y agreguen una cucharadita de levadura en polvo. Mezclen hasta homogeneizar.

Paso 2. Rotulen las botellas de vidrio con los números 1 y 2 e introduzcan una cucharada de azúcar en la botella 1.

Paso 3. Agreguen 50 mℓ de la mezcla de levadura y agua preparada a cada botella y mezclen bien para que el azúcar se disuelva.

Paso 4. Coloquen en la boca de cada botella un globo y sujétenlo con una banda elástica o con hilo.

Paso 5. Dejen las botellas en un ambiente con temperatura templada a cálida durante 24 horas. Luego observen, registren y expliquen lo observado.

Paso 6. Retiren los globos y acerquen suavemente la nariz al pico de la botella. Registren y expliquen los resultados.

1. Respondan las siguientes preguntas.

a. ¿Qué ocurrió en cada botella?

b. ¿Qué hay en cada globo?

c. Cuando acercaron la nariz al pico de la botella, ¿notaron alguna diferencia?

d. ¿Qué hubieran esperado si en lugar de colocar las botellas en un lugar templado a cálido, lo hubiesen colocado en la heladera? Argumenten.

Las levaduras y las bebidas alcohólicas

El caso de la fermentación de la levadura también es válido para la producción de vinos, champañas, sidras y otras bebidas alcohólicas que incluyan fermentación en su proceso.

En ese caso, las levaduras usan la glucosa de las uvas para obtener energía y, como lo hacen en ausencia de oxígeno, eliminan alcohol y dióxido de carbono como desechos.

En el caso de los vinos, se deja escapar el dióxido de carbono, es por esto que los vinos no contienen gas. Lo contrario ocurre con los vinos espumantes y las champañas, cuyas botellas se cierran cuando la levadura todavía está fermentando y el dióxido de carbono queda en la botella; esto es lo que proporciona la espuma y burbujas características. Es interesante destacar que la levadura se encuentra en la cáscara de la uva: si se lavaran las uvas, no se produciría la conversión de jugo de uva a vino. En la actualidad se cultivan diversas variedades o cepas de levaduras que le otorgan sabores y aromas característicos a cada tipo de vino, e incluso se les agregan algunas bacterias que, durante su fermentación, también aportan algunos aromas.

En el caso de la sidra, el fruto que aporta la glucosa para la fermentación de las levaduras es la manzana. En otras bebidas alcohólicas obtenidas por fermentación se usan otros frutos o cereales. En algunos casos, el alcohol producido se somete a un proceso de destilación, como en el caso de *whiskies* y coñacs.

Para la producción de cervezas se emplea la cebada (que aporta el azúcar para la fermentación) y otros componentes como lúpulo, agua y levaduras. Las levaduras no pueden usar el almidón de las semillas del cereal, por lo que se las hace germinar para que se activen enzimas amilasas presentes en los granos y digieran el almidón, con liberación de maltosa. Este proceso se interrumpe cuando se tuestan las semillas germinadas para producir la malta, acción que se conoce como **malteado**. La malta obtenida (con alto contenido de maltosa) disuelta en agua y el lúpulo se ponen a fermentar con levaduras. El lúpulo actúa como un conservante y saborizante de la cerveza, ya que contiene algunos compuestos antibacterianos que permiten almacenar la cerveza sin que se descomponga.

La fermentación alcohólica con levaduras también se realiza sobre desechos obtenidos de cosechas de caña de azúcar y maíz, principalmente. Es útil recordar que los restos de tallos y hojas contienen gran cantidad del polisacárido celulosa, que es tratada con enzimas que ayudan a su degradación y se libera glucosa. La glucosa queda entonces disponible para que las levaduras produzcan etanol. También en los desechos de la caña de azúcar queda sacarosa*, que es aprovechada por levaduras para fermentar en alcohol etílico o etanol. El **etanol** puede usarse mezclado con naftas o puro, como biocombustible para motores. Estos procesos son una fuente de energía alternativa más limpia para el ambiente que los combustibles tradicionales.

Glosario

sacarosa: conocida como azúcar de mesa o azúcar común, es un disacárido formado por la combinación de glucosa y fructosa.

Actividades

Muchas de las bebidas alcohólicas más conocidas se producen a partir de diferentes semillas o plantas.

1. Investiguen a partir de qué plantas o semillas se elaboran el tequila, el *whisky* y el ron.
   a. ¿Cómo es el proceso para la obtención de cada uno? Averigüen si requieren destilación y añejado.
   b. ¿Cuál es la graduación alcohólica que posee cada uno?
2. ¿Qué daños produce en nuestro organismo el consumo excesivo de alcohol?

En nuestro país existen varias plantas de producción de bioetanol a partir de plantas y granos de maíz.

Bacterias lácticas

En la industria alimenticia se suelen añadir cultivos bacterianos* iniciadores adecuados para **acelerar la fermentación** y **evitar fermentaciones indeseables** que echen a perder el producto. Un ejemplo de esto es el repollo con sal fermentado para obtener el chucrut, o de los pepinos y otros vegetales con sal para la producción de *pickles*.

En muchos casos se realizan procesos de fermentación para **aumentar la acidez de los alimentos** (disminuir el pH) y, de esa manera, prevenir la colonización de otros microorganismos patógenos. Esto permite conservar los alimentos durante períodos más prolongados.

También se utiliza la fermentación para **cambiar las características organolépticas*** de los alimentos, como por ejemplo la que se produce naturalmente con el cacao, que quita el sabor amargo y el aroma astringente, además de darle el color marrón de las semillas. Otros productos obtenidos por fermentación son la salsa de soja, los salamines (el pH bajo que producen las bacterias ayuda a coagular las proteínas de la carne y así eliminan el agua y se secan) y el kéfir*.

Para la **producción de yogures** también se emplean bacterias lácticas, como *Lactobacilus bulgaricus y Streptococcus thermophilus*, que transforman la leche en yogur mediante una fermentación láctica y le dan el aroma y sabor típicos al yogur. Estas bacterias utilizan los azúcares y proteínas de la leche y los transforman en ácido láctico en ausencia de oxígeno. La temperatura óptima para el crecimiento de estas bacterias es de 40 °C, por lo que hay que mantener el preparado a esa temperatura. Las bacterias usan la leche para su crecimiento y la transforman en proteínas diferentes de las de la leche.

En la producción de quesos, además de las bacterias, también se agregan hongos. Por ejemplo, con el *Penicillium roqueforti* se logran los quesos roquefort o azules, que poseen las características venas de color formadas por las esporas de estos hongos; con *Penicillium camemberti* se obtiene el queso camembert.

Alimentos conservados gracias al descenso del pH por acción del ácido láctico.

Glosario

cultivo bacteriano: método por el cual se hacen crecer, en el laboratorio, los microorganismos en una superficie sólida o en un medio líquido, e incluso en células.

kéfir: leche fermentada artificialmente, típica de la región del Cáucaso, y que contiene ácido láctico, alcohol y ácido carbónico.

organoléptico: que puede percibirse con los sentidos.

Actividades experimentales

Elaboración de yogur en el aula

Necesitan:

- un litro de leche pasteurizada
- un pote de yogur natural
- una olla de acero o enlozada
- azúcar, frutas, cereales y esencia de vainilla

Paso 1. Calienten la leche en la olla hasta alcanzar los 50 °C.

Paso 2. Agreguen el yogur a la leche y revuelvan para que se disuelva por completo.

Paso 3. Dejen la olla tapada y en un lugar cálido durante 12 a 16 horas.

Paso 4. Una vez obtenido el yogur, fracciónenlo y agreguen el azúcar y la esencia de vainilla, o cereales o frutas cortadas.

Paso 5. Se puede consumir de inmediato o guardar en la heladera durante cuatro o cinco días.

1. Respondan las siguientes preguntas.

a. ¿Por qué hay que utilizar leche pasteurizada?

b. ¿Por qué hay que agregar un pote de yogur?

c. ¿Por qué hay que dejar que la temperatura de la leche sea menor de 50 °C?

d. ¿Por qué hay que guardar el yogur en la heladera?

Microorganismos empleados en la industria farmacéutica

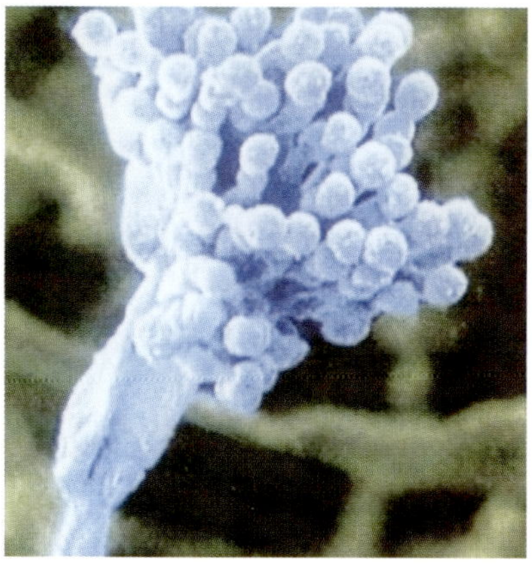

El primer antibiótico aislado fue la penicilina, en 1928. Fue obtenida por Alexander Fleming a partir del hongo *Penicillium notatum*.

Muchas sustancias de interés farmacológico se producen por síntesis química, pero algunas son muy complejas o deben ser muy específicas, por lo que resulta mejor obtenerlas por medio de la biotecnología. Algunas de estas sustancias son aminoácidos, antibióticos, vitaminas y hormonas, y no se usan solo para elaborar productos para los seres humanos, sino también para los animales. La **penicilina** fue el primer antibiótico, descubierto a partir del hongo *Penicillium notatum*, que fue capaz de actuar contra algunas bacterias. En 1994 se aisló la estreptomicina a partir de la bacteria *Streptomyces griseus*. Por ello, la biotecnología ocupará siempre una posición clave en la industria farmacéutica. La biotecnología farmacéutica, además de ocuparse de la producción de medicamentos, también está orientada hacia la agricultura, la medicina veterinaria y la nutrición animal. Otro uso importante es la elaboración de biopesticidas para combatir plagas, o de inoculantes bacterianos o micorrizas* para favorecer el crecimiento de los cultivos.

Glosario

biodegradable: cualquier sustancia que puede ser descompuesta o degradada con determinada rapidez por algún organismo vivo.

micorrizas: grupo de hongos que se unen a las raíces de las plantas en una relación simbiótica. La planta le provee nutrientes al hongo, mientras que este ayuda en la absorción de sales minerales.

Microorganismos que ayudan al ambiente

Existen microorganismos capaces de degradar sustancias contaminantes, como el petróleo y sus derivados, benceno, tolueno, acetona, pesticidas y herbicidas. Algunos lo hacen de manera parcial, de modo que en algunas circunstancias se deben realizar mezclas de microorganismos para que los productos de degradación de uno sirvan de sustrato para los otros. El uso de microorganismos en el foco de la contaminación es lo que se denomina **remediación microbiana**.

Los metales pesados como el cadmio, el uranio y el mercurio no son biodegradables*, pero algunas bacterias pueden concentrarlos para que su eliminación posterior sea más fácil.

También existen plantas que naturalmente pueden absorber y acumular metales pesados en tallos y hojas. Estas plantas se cosechan después de un tiempo de crecimiento. De este modo, se puede extraer estos contaminantes de los suelos y recuperarlos para su reutilización. El empleo de plantas para la eliminación de contaminantes de suelos o aguas se denomina **fitorremediación**. En general, todo proceso en el que se use un ser vivo o derivados de seres vivos para descontaminar un ambiente se denomina **biorremediación**.

Algunos microorganismos permiten la biorremediación de lugares contaminados.

Actividades

1. ¿Es correcto afirmar que la biotecnología farmacéutica solo se ocupa de la producción de medicamentos para los seres humanos? Justifiquen.
2. ¿Qué es la biorremediación? ¿En qué situaciones se usa?

Microorganismos en la producción de biocombustibles

Los microorganismos y las plantas no solo permiten eliminar contaminantes del ambiente, también ayudan en la producción de biocombustibles, como en el caso de las levaduras que generan **etanol**. Por otro lado, la obtención de biogás se da en condiciones anaeróbicas, a partir de estiércol de animales y residuos de cosechas. Muchas veces se cultivan bacterias aeróbicas y bacterias anaeróbicas. Las bacterias metanogénicas pueden aprovechar los residuos solo cuando el oxígeno se agota; por lo tanto, se cultivan con otras variantes facultativas, es decir que pueden usar oxígeno pero también pueden vivir en medios anaerobios. En muchos países se obtiene biogás a partir del estiércol de las vacas (como en el caso de la India) o de desechos de compuestos orgánicos que se recolectan con la basura domiciliaria. Esto permite calefaccionar hogares o producir energía eléctrica para pueblos o pequeñas ciudades.

Los bioplásticos pueden reemplazar a los plásticos no biodegradables, como los obtenidos a partir del petróleo.

Actividades experimentales

Producción de biogás

La experiencia consiste en la construcción de un digestor de materia orgánica, a través del cual podrán comprobar la producción de biogás por la acción de microorganismos que se encuentran normalmente en los desechos orgánicos.

Necesitan:

- una botella plástica con tapa, de dos a cinco litros de capacidad
- una manguera de goma
- una pinza o llave para cerrar la manguera
- un tubo de vidrio
- un mechero
- una caja de cartón, madera o telgopor
- una lámpara de 60 o 75 voltios
- estiércol de caballo, de vaca o de aves
- restos de vegetales
- agua sin cloro
- agua de cal

Paso 1. Coloquen los restos orgánicos dentro de la botella hasta la mitad de su capacidad.

Paso 2. Llenen la botella con agua hasta cubrir la materia orgánica.

Paso 3. Realicen un agujero en la tapa de la botella para atravesar la manguera o el tubo de vidrio. El tubo debe entrar ajustado, de modo que no entre ni salga aire.

Paso 4. Cierren la botella con la tapa que tiene el tubo o manguera atravesada.

Paso 5. Unan la manguera al mechero y ciérrenla presionando con una pinza para que el gas no se escape.

Paso 6. Coloquen la botella dentro de la caja junto a la lámpara, que debe permanecer encendida todo el tiempo para mantener la temperatura a 40 °C aproximadamente.

Paso 7. Luego de 7 a 10 días, aparecerán burbujas en el líquido de la botella. Si tocan la manguera, comprobarán que la presión es diferente a ambos lados de la llave que la cierra.

Paso 8. Coloquen el extremo de la manguera dentro de un recipiente con agua de cal. Abran la manguera para dejar salir el gas acumulado en la botella. Si el agua se pone turbia, significa que la manguera despidió dióxido de carbono, que se produjo en la botella. Aprieten o “estrangulen” la botella para sacar la mayor cantidad posible de dióxido de carbono.

Paso 9. Vuelvan a cerrar la llave de la manguera. A partir de este momento, como hay poco oxígeno en la botella, se intensifica la producción de gas metano por otro tipo de bacterias que no necesitan oxígeno. La producción de biogás (metano) lleva varios días y, a medida que se produce, la botella “estrangulada” se hincha.

Paso 10. Para comprobar la producción de biogás, unan la manguera al mechero, abran la llave de la manguera y prendan el mechero.

La ingeniería genética como herramienta de la biotecnología moderna

La **ingeniería genética** (IG) es el conjunto de técnicas que permiten cortar, aislar, modificar y pegar un gen o fragmento de ADN, con la posibilidad de pasarlo de un organismo a otro. Mediante la IG se logró introducir genes en microorganismos, plantas y animales para mejorar o producir sustancias que antes no producían. Así nació la **biotecnología moderna**. Lo que diferencia a la biotecnología clásica o tradicional de la biotecnología moderna es que en esta última existe una modificación genética mediante el uso de ingeniería genética.

La IG es una herramienta de la biología molecular y de la biotecnología moderna. Surgió a mediados de la década de 1970 gracias al descubrimiento de unas enzimas que permiten cortar el ADN en lugares específicos. Estas enzimas, denominadas **enzimas de restricción**, son llamadas a menudo las "tijeras moleculares", porque reconocen determinadas secuencias de nucleótidos del ADN y las cortan. Estas secuencias pueden estar formadas por cuatro a ocho nucleótidos y son específicas para cada enzima.

Cuando los investigadores descubrieron estas enzimas, pudieron cortar el ADN y ensamblarlo con otros fragmentos de ADN que hubieran sido cortados con las mismas enzimas. Esto se debe a que cuando las enzimas cortan, dejan extremos cohesivos o "pegajosos" que permiten que se vuelvan a unir. Este ensamble o pegado de ADN también fue posible por unas enzimas llamadas **ligasas**, que eran capaces de ligar o unir un nucleótido con otro en forma estable. Con estas herramientas se logró cortar y pegar ADN de distintos orígenes e introducirlo en el organismo que se deseaba modificar, para que luego se expresaran o sintetizaran las proteínas codificadas por esos genes. De aquí surge el término **organismo genéticamente modificado (OGM)** o **transgénico**, que define al organismo al que se le introdujo una o más copias de un gen que ya poseía, o de uno o más genes pertenecientes a otros organismos.

La introducción de un cambio por IG es un procedimiento controlado, en el cual se conoce qué genes se están introduciendo y dónde se lo hace.

La IG puede modificar cualquier organismo vivo. De esta manera, se puede lograr que un organismo (animal, vegetal, bacteria, hongo, protista o virus) produzca una proteína que le era totalmente extraña, y esto se transforme en un recurso útil para el ser humano.

Anotar las dudas

Cuando estudien en casa y surja una duda o una dificultad para comprender un dato, conviene anotar un signo de interrogación (?) en el margen de la hoja del libro o de la carpeta para acordarse de preguntar al docente en clase por este tema.

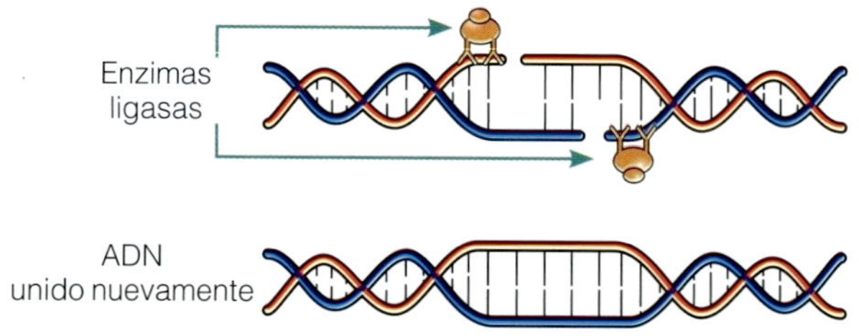

Esquema de enzimas ligasas uniendo el ADN cortado.

Producción de moléculas de interés en microorganismos

En algunos microorganismos, se puede introducir modificaciones por IG para lograr un mejor rendimiento a nivel industrial. Muchas enzimas de uso industrial son producidas por bacterias u hongos. Cuando se identifica una enzima nueva en un microorganismo, el gen que codifica para ella puede ser transferido a cualquiera de las especies de bacterias u hongos más estudiados. De esta manera, se puede producir mayor cantidad de dicha enzima en un **tanque de fermentación** o **biorreactor**. El producto obtenido es de mayor pureza, lo cual contribuye a que tenga una mejor calidad. A este tipo de proteínas que se producen en otro organismo que no las sintetizan normalmente, y se introducen por IG, se las denomina **proteínas recombinantes**.

Algunos ejemplos de enzimas recombinantes son las **amilasas** para la industria panadera y cervecera, las **proteasas** y las **lipasas** para hacer jabones en polvo, la **quimosina** para realizar quesos, etc. También se puede introducir genes de melanina para la fabricación de protectores solares, de biopolímeros bacterianos para la obtención de plásticos biodegradables, de adhesivos biológicos como el del mejillón, de fibras resistentes como la tela de araña, etcétera.

En algunos microorganismos también se pueden producir algunas sustancias de interés farmacológico. Por ejemplo, en la bacteria *Escherichia coli* (bacteria muy estudiada en los laboratorios) se introdujo por IG el gen que codifica para la insulina humana. La bacteria entonces produce insulina humana, que luego se purifica para su uso inyectable en personas diabéticas. Así se ha realizado con un gran número de proteínas terapéuticas (hormonas, vacunas, interferones, factores de coagulación para hemofílicos, etc.). Hoy en día, la mayoría de las proteínas terapéuticas se obtienen de bacterias u otros organismos.

Jabones en polvo con enzimas

En general, cuando ensuciamos o manchamos nuestra ropa lo hacemos con alimentos (chocolate, salsa, aceite, etc.) y el jabón solo, a veces, no alcanza para sacar este tipo de manchas. Por lo tanto, se le han agregado enzimas tales como lipasas, proteasas y amilasas para que ayuden a degradar la mancha digiriendo sus componentes y permitiendo que se despeguen de las fibras textiles. Estas enzimas se obtienen de microorganismos que viven a una temperatura de 20-25 °C (temperatura ambiente); por ende, las enzimas tendrán una temperatura óptima de trabajo similar a esa. Así se ahorra energía, ya que no hay necesidad de utilizar agua caliente.

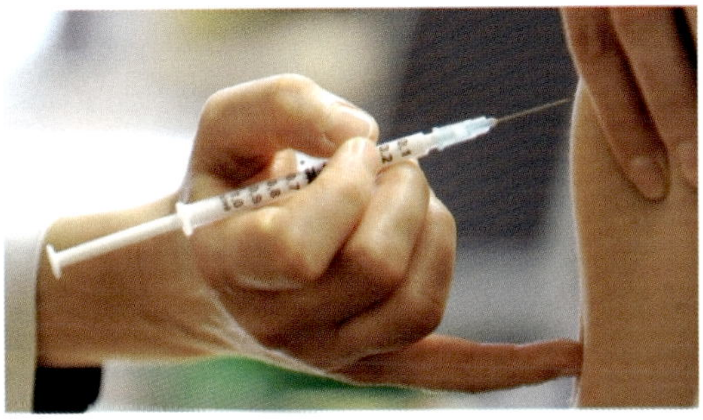

Las vacunas recombinantes realizadas con bacterias o levaduras son más seguras porque no contienen el patógeno completo, como en el caso de virus o bacterias atenuados.

Actividades

1. Busquen en enciclopedias o en Internet cómo se obtenía la insulina para los diabéticos antes del advenimiento de la IG.
2. Averigüen en qué año comenzó a producirse la insulina a partir de microorganismos modificados por IG.
3. ¿Qué ventajas tiene el uso de esta hormona humana en microorganismos, en comparación con la producida en forma tradicional?
4. Busquen otras moléculas de interés farmacológico que se produzcan en la actualidad por IG en microorganismos.

Los ejemplos

Identificar los ejemplos que proporciona el texto y buscar otros diferentes los ayudará a comprobar si entendieron la explicación.

Plantas modificadas por ingeniería genética

Las plantas se modifican genéticamente con distintos propósitos; por ejemplo, para mejorar sus características agronómicas y darles mayor resistencia ante enfermedades y plagas, mayor tolerancia a los herbicidas y a las heladas, o retrasando su maduración. También se modifican para producir mejores alimentos o para emplearlas como fábricas de moléculas para elaborar fármacos, vacunas o biocombustibles.

En nuestro país se comercializan solo tres plantas modificadas genéticamente: la soja, el maíz y el algodón.

La primera **soja transgénica** que se comercializó fue modificada para que resista la acción del herbicida glifosato. Esto permite pulverizar con glifosato los cultivos de soja de manera que solo serán afectadas las malezas, sin afectar a las plantas de soja. El **glifosato** inhibe la acción de una enzima que participa en la síntesis de un grupo de aminoácidos esenciales. La enzima deja de funcionar cuando el glifosato se une a su sitio activo y la planta muere por falta de aminoácidos. Se descubrió que una bacteria del suelo poseía esa misma enzima, pero que era insensible al glifosato y no podía inhibirla. Entonces, se introdujo el gen de la enzima bacteriana en las plantas de soja, para hacerlas resistentes al glifosato.

La soja, el maíz y el algodón son los únicos cultivos transgénicos que se comercializan en nuestro país.

El **maíz** fue transformado para que los insectos no se alimenten de él, más precisamente una oruga que se alimenta del tallo y de la mazorca del maíz. Este maíz es conocido como **maíz bt**, porque se le introdujo una proteína de la bacteria *Bacillus thuringiensis*. Esta bacteria, en condiciones desfavorables, produce una estructura de resistencia o espora. Junto a esa espora se acumula un cristal proteico, denominada **proteína cristal**, que está codificada por un gen *cry*. Esta proteína es letal para un grupo de insectos determinados. En el caso del maíz bt, se introdujo el gen de una proteína cry contra lepidópteros. Esta proteína se produce en toda la planta, para que cuando una oruga coma la hoja o el tallo, muera y no cause más daño. De esta manera, el agricultor no debe utilizar insecticidas nocivos para la salud y el ambiente. Hace unos años comenzó a comercializarse también un maíz resistente al glifosato, y por cruzas entre estas variedades de maíces se obtuvieron plantas que fueron resistentes a herbicidas y a insectos.

En nuestro país se comercializan libremente las **plantas de algodón resistentes a insectos** (algodón bt) y **resistentes al herbicida glifosato**. En el año 2012 se empezó a comercializar también una planta de soja con resistencia a herbicidas y a insectos (soja bt). Investigadores de nuestro país desarrollaron, mediante transgénesis, una papa resistente a un virus que suele afectarla y una variedad de soja resistente a la sequía, que en breve serán liberadas para su comercialización.

El Conicet desarrolló una papa transgénica resistente a un virus

Un equipo de científicos del Consejo Nacional de Investigaciones Científicas y Técnicas (Conicet) logró desarrollar una variedad de **papa transgénica** que resiste mejor los ataques de un temible virus que afecta ese cultivo, uno de los principales soportes de la alimentación a nivel mundial. El cultivo ya se ha probado con éxito en campos de Córdoba, Mendoza y Buenos Aires. Su aprobación ingresó en la fase final, ya que el organismo transfirió la licencia a la empresa Tecnoplant-Sidus.

Los científicos argentinos, liderados por Fernando Bravo Almonacid, investigador principal del Instituto de Investigaciones en Ingeniería Genética y Biología Molecular del Conicet (INGEBI), desarrolló plantas de papa resistentes al virus de la papa Y (PVY, por su sigla en inglés), causante de una enfermedad que afecta a más del 50% de los cultivos y reduce su productividad entre 20 y 80% en los casos más graves.

"Este virus provoca deformación y decoloración de las hojas, afecta la fotosíntesis. Esto lleva a que el tubérculo crezca menos y se reduzca la productividad", explicó Bravo Almonacid. El PVY se transmite por insectos y puede persistir en varias generaciones de plantas. Según el Conicet, sus investigadores ensayaron durante **seis años con unas 2.000 plantas**, y en suelos y climas diferenciados. "Los resultados fueron los esperados: no se observó infección en las plantas genéticamente modificadas".

Mientras la empresa Tecnoplant-Sidus inicia ahora los trámites para la aprobación comercial del cultivo, en el Conicet se muestran confiados de que no habrá objeciones, pese a que esta variedad de papa sería el primer transgénico para consumo humano directo que se aprueba en el país. Alejandro Mentaberry, del Ministerio de Ciencia, sostuvo que "no existen diferencias significativas entre las papas modificadas y aquellas que no lo están".

clarin.com iEco Agronegocios, 23/07/13. (Adaptación).

Actividades

1. Lean el artículo y luego resuelvan las siguientes consignas.

a. ¿Cuál es el virus para el cual se modificaron y se obtuvieron papas resistentes?

b. ¿Cómo afecta este virus al cultivo de papas?

c. ¿De qué manera se transmite este virus a otras plantas?

2. Averigüen si había alguna otra forma de curar las plantas infectadas.

Plantas genéticamente modificadas en investigación

A nivel mundial se producen plantas genéticamente modificadas capaces de resistir a los denominados **estreses abióticos** (temperaturas altas o bajas, suelos con elevadas concentraciones de sal, sequía, etc.). La utilización de plantas resistentes a estreses abióticos permite recuperar o ganar tierras que no son cultivables por las condiciones adversas del clima o de suelo. Los seres humanos han destruido gran parte del ambiente, y se han perdido tierras fértiles por el excesivo laboreo o por el cultivo intensivo, lo que favorece la desertificación.

También algunas plantas fueron modificadas genéticamente para combatir los **estreses bióticos** (ataques de bacterias, virus, hongos, insectos y nematodos, entre otros), es decir, contra organismos vivos o derivados de ellos que producen enfermedades en los cultivos.

Otras modificaciones realizadas en plantas son las que **retrasan la maduración de frutas**, **verduras** o **flores**. Esta característica sirve para aquellos cultivos que tienen una vida corta luego de ser cosechados; al retrasar la maduración, llegan en buen estado al consumidor.

Curiosidades

Muchas personas pueden desarrollar alergias a algunos alimentos. Las alergias se deben a que el sistema inmunitario reconoce algunas partes de proteínas o de azúcares, y reacciona en forma desmedida ante algo que es inofensivo para la salud. Muchos alimentos fueron modificados para eliminar las porciones que producen esas alergias, de manera que su consumo sea más seguro.

Plantas con mejoras que benefician al consumidor

Existen muchos alimentos que no son completos, es decir que no contienen todos los nutrientes necesarios para un buen funcionamiento del organismo. Muchos cereales son deficientes en el contenido de algunos aminoácidos esenciales, mientras que las legumbres carecen de otros. Una buena alimentación debe ser balanceada, y se puede mejorar los cultivos mediante la **introducción de proteínas** de otros organismos ricas en los aminoácidos que están faltando. Otra manera es modificar las propias proteínas del cultivo, al agregarles más aminoácidos. En el sudeste asiático se está cultivando un arroz mejorado genéticamente: el arroz dorado. El arroz es la base de la alimentación en muchos países, pero no tiene vitamina A. La falta de esta vitamina produce ceguera y hasta la muerte de miles de niños por día. La vitamina A puede ser producida por el cuerpo si se consumen betacarotenos (provitamina A). Por lo tanto, en las plantas de arroz se introdujeron tres genes (uno de una bacteria del suelo y dos de la flor del narciso) que participan en la producción de betacaroteno. De esta manera se logró obtener un arroz pigmentado por los betacarotenos, que le dan una coloración dorada.

Actividades

1. Busquen información en enciclopedias o en Internet sobre alimentos que puedan causar reacciones alérgicas.
   a. ¿Cuáles son los síntomas que presentan las personas que tienen alergia a estos alimentos?

Los betacarotenos que le dan el color y nombre al arroz dorado son precursores de la vitamina A.

Hoy en día se consumen grandes cantidades de aceites poliinsaturados*, con alto contenido de los ácidos grasos omega-3 y omega-6, ya que se ha probado su beneficio para la salud.

Estos tipos de ácidos grasos son esenciales para los seres humanos, ya que el organismo no puede fabricarlos. Así, se han modificado plantas de oleaginosas que aumentan el contenido de estos ácidos grasos, como es el caso de la soja o de la colza (aceite de canola) para producir aceites más saludables.

Glosario

poliinsaturado: compuesto químico que tiene enlaces dobles o triples que les permiten enlazar más átomos a la molécula.

Alimentos ricos en ácidos grasos omega-3 y omega-6.

Plantas utilizadas como biofábricas

Muchas plantas crecen fácilmente y de forma económica, ya que solo requieren luz y agua. Existen muchas moléculas de interés farmacológico que no pueden ser producidas en bacterias, ya que estas moléculas necesitan un procesamiento extra que las bacterias son incapaces de elaborar; por lo tanto, deben ser producidas en organismos eucariotas. Producir una hormona o un antígeno para una vacuna en una semilla, por ejemplo, permite su almacenamiento sin necesidad de mantener una cadena de frío. Por otra parte, la elaboración de estas sustancias en una parte comestible de una planta permite el diseño de **vacunas comestibles**. Esto no quiere decir que si, por ejemplo, se elabora un antígeno para una vacuna contra la hepatitis A, es suficiente con comer un fruto y así adquirir las defensas, ya que se necesita calcular la dosis de antígeno que hay que consumir para que la vacuna resulte efectiva. En cambio, sí se podrá obtener un extracto del fruto y encapsularlo en una píldora con una cantidad de antígeno controlada. El consumo de esas píldoras en las dosis indicadas por un médico permitirá que tengamos las defensas contra la hepatitis A de la misma manera que con las vacunas habituales.

A través de la incorporación de genes en plantas, también se producen antígenos para vacunas contra la hepatitis B, la rabia, el cólera, la fiebre aftosa, entre otras enfermedades. También se obtienen proteínas de interés como factor de crecimiento epidérmico para la producción de ungüentos para regenerar la piel, hormona de crecimiento humano, anticoagulantes, eritropoyetina humana para combatir anemias e interferones para la lucha contra las infecciones virales, entre otros.

Las plantas pueden ser utilizadas como biofábricas de proteínas para vacunas, hormonas, etcétera.

Actividades

1. Averigüen qué plantas transgénicas se están produciendo en nuestro país que aún no han sido liberadas para su comercialización.

a. ¿Qué ventajas poseen estas plantas frente a los cultivos tradicionales de la misma especie?

2. ¿Qué ventajas presenta producir moléculas de interés comercial o farmacológico en plantas?

Clonación y transgénesis en animales

Dolly, la primera oveja clonada a partir de una célula de glándula mamaria.

Muchas veces se confunden el término *clonación* con el concepto de *animales genéticamente modificados*. La **clonación** es la obtención de organismos o células con la misma información genética. Para clonar un animal solo es necesario aislar un óvulo, quitarle el núcleo y agregarle el núcleo de una célula somática (con la información completa) de un individuo de la misma especie. A partir de ese óvulo (ahora transformado en cigoto), se formará un organismo completo con las características genéticas del que donó el núcleo. Este es el caso de la clonación que se realizó con la oveja Dolly en 1996. Cuando se cultivan células en el laboratorio (células animales, bacterias u hongos) y tienen una reproducción asexuada, se generan clones, ya que cada una es réplica de la otra.

En la actualidad, en lugar de introducir un núcleo de una célula somática en un óvulo, se introduce toda la célula completa. Con una estimulación adecuada, esta célula formada comienza a dividirse y genera un organismo completo. Se obtiene así un embrión, que es introducido en el útero de un animal hembra para que continúe su desarrollo.

Transgénesis en animales

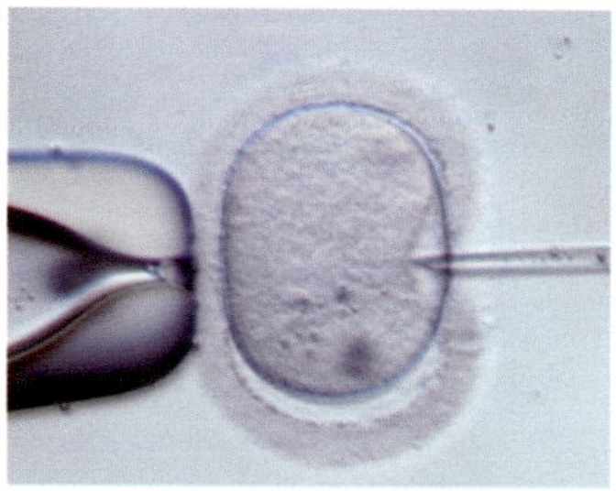

Microinyección de ADN en el núcleo de un cigoto para producir un organismo genéticamente modificado.

Cuando hablamos de un **animal genéticamente modificado** o **transgénico**, nos referimos a un animal al cual se le agregaron uno o más genes por IG.

Una de las técnicas para la producción de un animal transgénico consiste en tomar un huevo o cigoto e inyectarle, con una aguja muy fina, el ADN con los genes que se quieren introducir. El núcleo incorpora e integra ese ADN al de los cromosomas del organismo. Así, cuando la célula se divide, transmite el gen introducido a las nuevas células que se originan.

Una técnica actual y más efectiva para la producción de un animal genéticamente modificado consiste en cultivar en el laboratorio células del organismo al que se quiere introducir un gen. Esas células son transformadas con los genes que se desean y luego son seleccionadas, de modo que en el cultivo queden solo células transgénicas, que serán empleadas para introducirlas en un óvulo sin núcleo.

En nuestro país se obtuvieron **vacas transgénicas**; en ellas se introdujo el gen de la hormona de crecimiento humano para que produjeran esta hormona en la leche. De esta manera, resulta más sencillo purificar dicha hormona con el objetivo de elaborar un medicamento inyectable para los niños con problemas de crecimiento causados por la incapacidad para producir su propia hormona de crecimiento. En el año 2007 se obtuvo una vaca capaz de producir insulina humana en su leche. Cuatro años más tarde, nació la primera **vaca bitransgénica** del mundo, ya que en ella fueron introducidos dos genes. La vaca Rosita, como fue bautizada, producirá lactoferrina y lisozima humanas en su leche. La **lactoferrina** es una proteína contenida en la leche destinada a elevar el nivel de hierro en la sangre, mientras que la **lisozima** posee función antibacteriana. Esto ayudará a bebés que no pueden recibir leche de sus madres, ya que esta leche humanizada les permitirá absorber mejor el hierro y les dará protección contra infecciones bacterianas.

Prueba polémica: ya eligieron el lugar donde "revivirán" al mamut

Rusia planea en Siberia la instalación de un "Jurassic Park".

Lo llaman Parque Pleistoceno y presenta las mismas condiciones en las que vivieron estos animales prehistóricos.

Resulta fácil de comprender porque ya lo vimos en el cine: un grupo de científicos planea clonar una especie de mamut que se extinguió hace 27 mil años a partir del descubrimiento de un ejemplar congelado. Y para recrear las condiciones de vida, ya tiene listo el Parque Pleistoceno de Siberia, lugar que cuenta con estaciones científicas y un medio ambiente similar al que solía habitar el mamut lanudo en el momento de su desaparición, tal como lo filmó Steven Spielberg en *Jurassic Park*. El Parque está en el extremo este de Rusia, cerca del estrecho de Bering y del Mar de Siberia.

El mamut congelado fue descubierto por una expedición en 2013. Desde entonces se empezó a trabajar en su posible clonación. "Su cuerpo se mantuvo en excelentes condiciones porque quedó atascado en hielo puro", dijo al momento del hallazgo Semyon Grigoriev, director del Museo del Mamut y jefe de una expedición a las remotas islas rusas de Lyakhovsky.

A partir del hallazgo, los científicos lograron descifrar parte de la información genética del mamut lanudo. Sin embargo, no todos los experimentos van por el mismo camino. Casi como una recreación de tiempos lejanos, un grupo de científicos de la Universidad de Harvard, Estados Unidos, propone un método diferente de clonación a partir de la inserción de células del mamut en elefantes.

También hay investigadores del Museo de Historia Natural de Estocolmo que lograron descifrar el genoma completo de dos mamuts. Pero esta recreación genera dilemas incluso a los propios investigadores: "Nuestros genomas dan un paso más hacia la recreación de un mamut. Creo que sería interesante poder hacerlo, pero no estoy seguro de que debiera hacerse".

Los mamuts se extinguieron por problemas metabólicos que afectaron sus esqueletos, según la hipótesis de un grupo de paleontólogos de la Universidad Estatal de Tomsk (UET), Rusia. "Se extinguieron por una distrofia ósea, un proceso patológico que afecta a los huesos y los cartílagos, provocado por trastornos de metabolismo que impiden la asimilación de minerales". [...]

"Las articulaciones de los huesos de las extremidades no solo están afectadas, sino prácticamente destruidas. En lo que se refiere a la osteoporosis, en determinadas colecciones de los restos encontrados, es del cien por ciento". A raíz de esta enfermedad, los mamuts sufrían fracturas y luxaciones que los convertía en presa de los depredadores. El déficit de minerales que padecía esta especie se vio agravado por los cambios ecológicos provocados por los procesos neotectónicos y el aumento de la humedad. El proceso de extinción de los mamuts comenzó hace poco más de 20 mil años.

http://www.clarin.com/sociedad/Prueba-polemica-eligieron-reviviran-mamut_0_1358264357.html. (Adaptación).

Actividades

1. Lean el artículo y luego respondan las siguientes preguntas.

a. ¿Qué se necesita para clonar un mamut?

b. ¿Cómo será el proceso que realizarán los científicos para clonarlo?

c. ¿Qué causas se piensa que lo llevaron a su extinción?

Técnicas que utilizan células animales y humanas

Células madre

Glosario

totipotencial: capaz de todo; se aplica a las células madre que pueden dar origen a todo tipo de células.

El cuerpo humano contiene cientos de diferentes tipos de células que son importantes para su funcionamiento normal. Durante el desarrollo embrionario, las células se diferencian en cada tipo celular, es decir que son totipotenciales*. Así, algunas serán responsables de hacer que nuestro corazón lata, de que nuestro cerebro piense, de renovar nuestra piel, etc. Las células aún indiferenciadas reciben el nombre de **células madre**. Las células madre son las proveedoras de nuevas células: cuando se dividen, pueden dar origen a más células madre u otros tipos celulares.

Las células madre pueden ser muy variadas, y los científicos creen que cada órgano de nuestro cuerpo tiene su propio tipo específico de células madre. Es decir, que cada órgano podrá tener algunas células que no están diferenciadas.

Por su naturaleza, las células madre tienen la tarea de reemplazar las células viejas o enfermas, por lo que los científicos han pensado en emplearlas como terapia para una amplia variedad de enfermedades. La idea es que al inyectar células madre a un paciente enfermo se puede aprovechar la capacidad natural de estas células para intentar curarlo. Las células madre pueden ser empleadas para tratar enfermedades como el cáncer, enfermedades cardíacas, derrame cerebral, la enfermedad de Parkinson, esclerosis múltiple y lesiones de la médula espinal, entre otras.

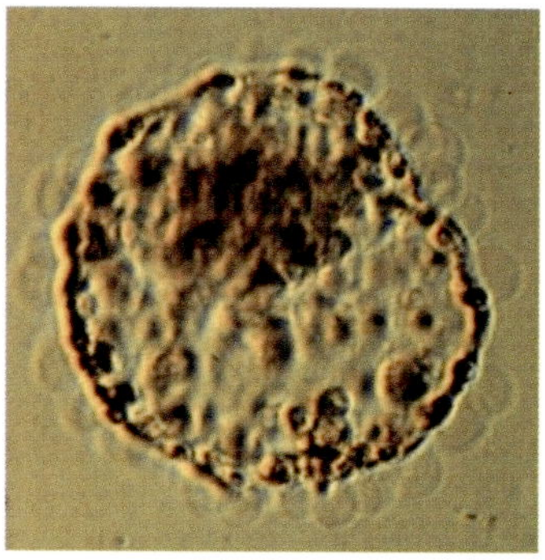

Microfotografía de una célula madre.

Clonación terapéutica

La clonación terapéutica permite generar tejidos de reemplazo a partir de células del paciente. Tiene como objetivo producir células embrionarias totipotenciales o células madre para que puedan usarse en autotrasplantes.

Esta técnica no difiere de la técnica de clonación del trasplante nuclear, ya que las células obtenidas de un paciente se fusionan con un óvulo proveniente de una donante. Cuando comienza la división celular, las células son separadas y cultivadas *in vitro* para obtener un cultivo de células embrionarias, es decir que no se producirá un embrión y, por ende, tampoco un ser humano. Estas células inyectadas en órganos que sufrieron algún daño actuarían como células madre, regenerando el órgano. Esta técnica permite producir células madre del propio paciente en gran cantidad, sin riesgo de rechazo inmunológico.

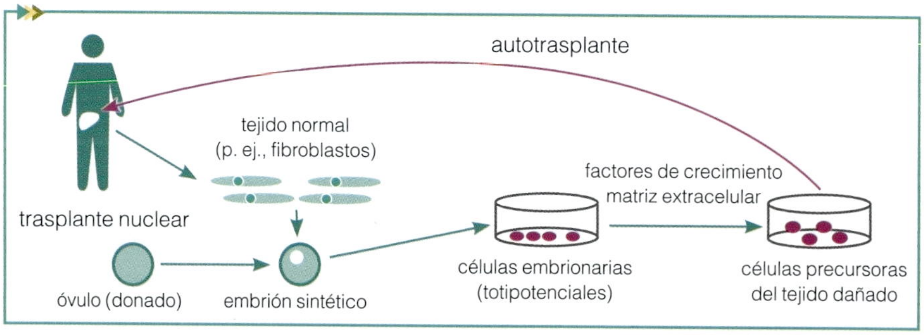

Clonación terapéutica.

Científicos clonan por primera vez células madre humanas

En los Estados Unidos, reprogramaron células de piel humana para que actúen como células madre, lo que puede abrir la vía a la clonación con fines terapéuticos de órganos humanos.

Las células madre son un tipo especial de células que tienen la capacidad de autorreplicarse y diferenciarse para formar células, tejidos y órganos de un organismo adulto.

¿De dónde se obtienen? A partir de embriones humanos o de tejidos adultos, como la médula ósea. También de la sangre del cordón umbilical o del tejido graso.

Los beneficios para el bebé

La sangre del cordón umbilical tiene un alto contenido de células madre del bebé, que suelen ser descartadas.

Puede usarse como parte del tratamiento de enfermedades de la sangre (oncológicas y no oncológicas), metabólicas e inmunológicas.

Día a día se investigan nuevas aplicaciones en la "medicina regenerativa", que tiene que ver con la capacidad de estas células para regenerar tejidos dañados por una enfermedad. Su objetivo: mejorar o suplantar la función de un órgano o sistema alterado.

Compatibilidades

Las células madre obtenidas del cordón umbilical son 100% compatibles con el bebé del cual se obtiene, por lo que no hay posibilidad de rechazo inmunológico.

También hay una alta probabilidad de que sean compatibles con un hermano, en caso de que las necesite.

Qué hacer con las células

En la Argentina, desde el año 2003, hay bancos que permiten a los padres preservar las células de su hijo para su eventual uso el día de mañana, o de un familiar que sea compatible. También los padres pueden donarlas a un banco público para que las use una persona que sea compatible.

En ambos casos, la recolección se hace luego de que ha sido cortado el cordón umbilical, lo que no implica riesgos para la madre ni para el bebé. Después, se procesa la sangre para obtener la porción que es rica en células madre. Se congela a -196 ºC en nitrógeno líquido, lo que permite mantenerlas por tiempo indefinido. Se comprobó que se mantienen intactas guardadas por más de 20 años.

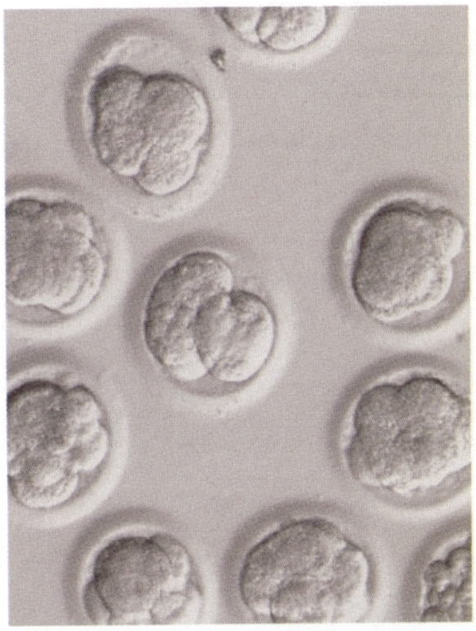

Microfotografía de células madre.

Los futuros papás deben conocer la importancia y el potencial que tienen estas células madre presentes en el cordón umbilical. Con esa información, podrán optar entre guardarlas por si su hijo las necesita el día de mañana, donarlas a un banco público o simplemente descartarlas.

http://www.clarin.com/sociedad/Logran-reprogramar-celulas-conviertan-madre_0_919708350.html. (Adaptación).

Actividades

1. Lean el artículo y luego respondan las siguientes preguntas.

a. ¿Por qué se guardan las células del cordón umbilical?

b. ¿Qué tipo de enfermedades pueden resolverse con estas células?

c. ¿Cómo se guardan las células del cordón y durante cuánto tiempo permanecen viables?

2. Busquen información y comenten cuál es la diferencia entre guardarlas en un banco de células privado y hacerlo en uno público.

César Milstein recibió el Premio Nobel de Fisiología y Medicina en 1984 por el descubrimiento de los anticuerpos monoclonales.

Anticuerpos monoclonales

Los **anticuerpos** son producidos por los linfocitos B del ser humano y de muchos animales. Su función es de defensa, ya que reconocen específicamente a los antígenos que entran en el organismo y ayudan a su eliminación. Dado que los anticuerpos reconocen moléculas en forma específica, los científicos los emplean para realizar estudios, o simplemente para reconocer la presencia de alguna proteína de interés.

Si a un animal de laboratorio se le inocula o inyecta una bacteria o una proteína, su sistema inmunitario reacciona produciendo anticuerpos contra ellas. Si se le extrae sangre, se observa que en el suero no habrá un solo tipo de anticuerpos, sino varios diferentes. Esto es así porque tanto un microorganismo como una proteína tienen en su superficie diferentes partes que pueden actuar como antígenos. Por lo tanto, se dice que la presencia del microorganismo o la proteína en el animal de laboratorio da origen a una respuesta policlonal*. Esto es porque diversos linfocitos B responden contra esos diferentes antígenos con la producción de anticuerpos. Cada linfocito produce un solo tipo de anticuerpo específico. Pero como los linfocitos B no pueden vivir mucho tiempo en un medio de cultivo en laboratorio, no se pudieron obtener anticuerpos en grandes cantidades hasta que, en 1975, el investigador argentino César Milstein y su colega alemán Georges Köhler idearon una técnica para obtener anticuerpos provenientes de un solo clon de linfocitos B, llamados **anticuerpos monoclonales**. Un anticuerpo monoclonal es un anticuerpo puro que se corresponde con un único antígeno específico.

Para producir los anticuerpos y mantenerlos durante mucho tiempo, se les ocurrió fusionar los linfocitos con células de mieloma (un tipo de cáncer), que son inmortales. En el medio de cultivo en el laboratorio, las células del mieloma viven y se dividen de manera constante. Por lo tanto, se emplearon linfocitos B, que producen anticuerpos y células del mieloma, que le confieren "inmortalidad". Cuando ambas células se fusionan dan origen a otra, llamada **hibridoma**. Los hibridomas se diluyen en medios de cultivo abundantes y se fraccionan en pequeñas cubetas para que se reproduzcan. Pero como se encuentran muy diluidos y los volúmenes que se separan son pequeños, es probable que en alguna cubeta no haya ninguno. Así, donde haya proliferación de células, habrá entrado un hibridoma, que dará origen a clones de células que producen un mismo tipo de anticuerpo.

Glosario

policlonal: que deriva de diferentes líneas celulares.

Curiosidades

Los anticuerpos monoclonales se emplean en casi todas las áreas de investigación biomédica, en diversas pruebas diagnósticas (embarazo, determinación de grupos sanguíneos e identificación de microorganismos, entre otras) y en el tratamiento de algunas enfermedades.

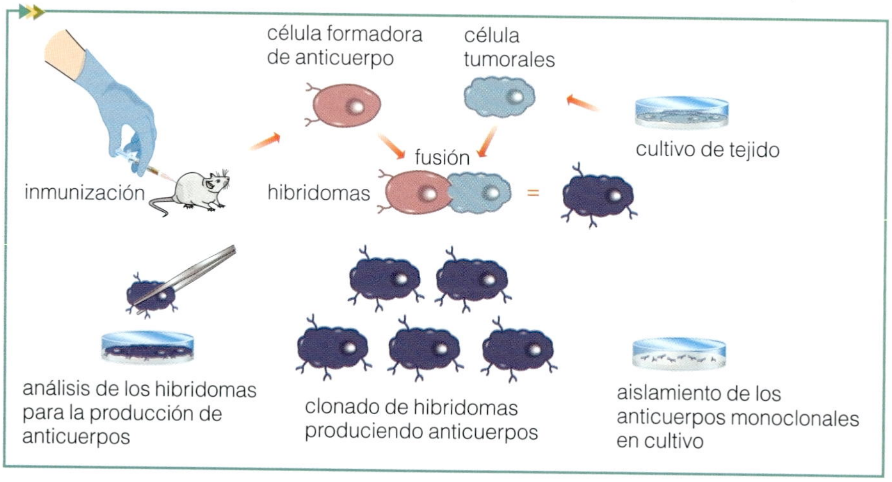

Proceso para la producción de anticuerpos monoclonales.

El ADN como huella genética

Se ha mencionado en otros capítulos que los organismos de una misma especie tienen características comunes, aunque cada individuo posee cualidades únicas. Los seres humanos poseemos los mismos genes, aunque la información de estos genes puede ser diferente. Todas las células con núcleo (a excepción de las gametas) poseen la misma secuencia de nucleótidos en el ADN, es decir que todas las células de un individuo presentan la misma información genética almacenada en la molécula de ADN. Se puede decir, entonces, que cada ser vivo es un enorme banco de información con pequeñas diferencias en individuos que pueden observarse en el fenotipo.

En los cromosomas humanos existen muchas regiones del ADN que presentan una gran variabilidad, son las llamadas **regiones polimórficas**. En general, estas regiones no codifican nada y se encuentran entre un gen y otro. Soportan mayor cantidad de cambios en el ADN, ya que no afectan a la supervivencia del organismo. Proveen la base para la identificación de individuos (en casos de sospechosos de delitos, en restos de personas no identificadas, entre otras) y relaciones de parentesco, como sucede en los análisis de paternidad o en la identificación de nietos de las Abuelas de Plaza de Mayo.

La diversidad genética entre individuos puede ser puesta de manifiesto por medio de diferentes análisis. Uno de ellos se conoce como **polimorfismo de la longitud de los fragmentos de restricción** (RFLP, por sus siglas en inglés). Este consiste en cortar el ADN con enzimas de restricción, las cuales reconocen secuencias específicas en las cadenas y generan fragmentos de diferente tamaño. Estos fragmentos son luego separados al colocarlos en un gel y aplicar una corriente eléctrica, lo que se conoce como **electroforesis**. Los fragmentos se separan según el tamaño, lo que genera un patrón de bandas que puede ser analizado. Al comparar dos o más individuos, se puede observar diferencias en el tamaño de las bandas entre uno y otro. Esto ocurre porque, en algunos individuos, pudieron generarse por mutaciones sitios que son reconocidos por esas enzimas de restricción. Esto producirá que un fragmento se corte en dos partes, es decir que se observarán dos bandas menores.

Cuando existen dudas sobre la paternidad, se realizan pruebas. En el lenguaje corriente, es lo que se conoce como "hacerse el ADN". En estos casos, se hacen RFLP del hijo y de los posibles padres, y se comparan las bandas obtenidas en cada uno. Como un hijo tiene mitad de la información del padre y mitad de la madre, en ese patrón de bandas obtenidas, el hijo tendrá similitud de bandas con ambos progenitores. Es decir que en el hijo, la mitad de sus bandas observadas serán iguales a algunas que posee el padre, y la otra mitad, idénticas a algunas de la madre. El uso del análisis de fragmentos de restricción del ADN para identificar individuos se denomina **huella dactilar del ADN**.

El patrón que se forma equivale a las huellas dactilares, ya que el patrón de bandas que se genera es el mismo para cada individuo, independientemente de la muestra biológica utilizada (sangre, células musculares, semen, etc.). Por otra parte, existe tanta diversidad individual en el patrón de bandas, que el patrón de cada persona es único.

Actividades

1. Respondan las siguientes preguntas.

a. ¿Qué son las regiones polimórficas? ¿Qué características tienen?

b. ¿En qué consiste el análisis de polimorfismo de la longitud de los fragmentos de restricción (RFLP)? ¿En qué casos se realiza?

En el caso de identificación de nietos de personas desaparecidas durante la dictadura (1976-1983), que no tienen a sus padres pero sí a sus abuelas, se utiliza el **ADN mitocondrial**. Las mitocondrias son organelas celulares que poseen su propio ADN y se heredan por vía materna. Es decir, cada individuo tiene las mitocondrias (con su ADN) idénticas a las de la madre y, por ende, su madre posee las mitocondrias idénticas a la de la abuela. Por eso, cuando hay una abuela de origen materno, puede hacerse un RFLP sobre los ADN mitocondriales del nieto y de la abuela, y analizar si son similares o diferentes.

Análisis de RFLP para determinar la paternidad: los hijos deben poseer algunas bandas del padre y algunas de la madre.

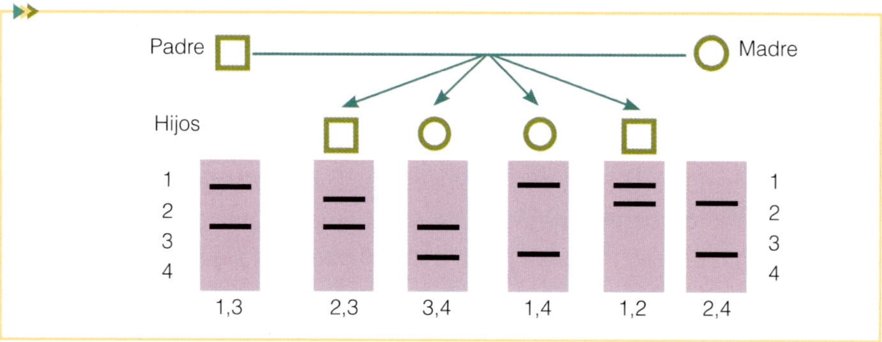

Otra técnica muy utilizada es la **PCR** (reacción en cadena de la polimerasa), ya que es un método que permite la rápida amplificación de ADN *in vitro*. Hace posible el copiado de una secuencia determinada de ADN hasta millones de veces, proporcionando una gran cantidad de material genético para su posterior análisis, clonación y secuenciación. De esta manera, a partir de una sola célula es posible amplificar, y de esa manera visualizar, millones de fragmentos de ADN idénticos. Esta técnica tiene mucha utilidad en los casos criminales, en los que se halla un pelo en el lugar del crimen, o de restos de piel bajo las uñas de la persona asesinada. A partir de ese pelo o de esa piel, se puede amplificar ciertas regiones variables del ADN por PCR. Al mismo tiempo, se realiza PCR para amplificar las mismas regiones, pero con ADN de los sospechosos. Luego se comparan los tamaños de los fragmentos amplificados, y si existen coincidencias con alguno de los sospechosos, se puede determinar que ese pelo o esos restos de piel corresponden a alguno de ellos.

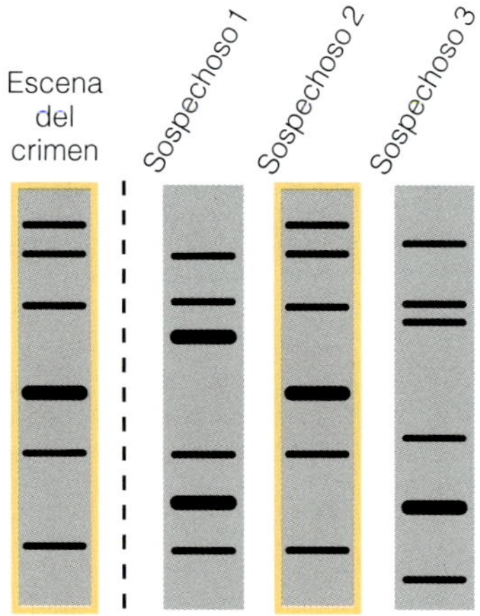

Método de RFLP aplicado al ADN encontrado en la escena de un crimen y al de tres sospechosos. El sospechoso número 2 coincide con el patrón del RFLP de la escena del crimen.

Las huellas dactilares del ADN presentan ventajas significativas sobre otros métodos, como el análisis del grupo sanguíneo o la utilización de proteínas como marcadores, para determinar la paternidad correcta. La especificidad individual permite tanto la exclusión como la confirmación positiva de la paternidad, con un alto grado de certeza. Mediante el empleo de diferentes marcadores se puede llegar a tener una certeza mayor de 99,99%.

Para conocer más

Alzogaray, R., *Una tumba para los Romanov (y otras historias con ADN)*, Buenos Aires, Siglo XXI Editores, 2004.

Argibay, P., *Cortar y pegar: trasplantes de órganos y reconstrucción del cuerpo humano*, Buenos Aires, Siglo XXI Editores, 2007.

Díaz, A., *Biotecnología en todos lados: en los alimentos, la medicina, la agricultura, la química… ¡y esto recién empieza!*, Buenos Aires, Siglo XXI Editores, 2014.

Díaz, A., *Bio… ¿qué? Biotecnología, el futuro llegó hace rato*, Buenos Aires, Siglo XXI Editores, 2005.

Golombek, D., *Las neuronas de Dios*, Buenos Aires, Siglo XXI Editores, 2014.

Jurassic Park, ¿ciencia ficción o realidad?

En julio de 1993 se estrenó en nuestro país la película *Jurassic Park* o *Parque Jurásico*, basada en la novela del mismo nombre de Michael Crichton. *Jurassic Park* fue la primera película de la serie, seguida por *El mundo perdido* (1997), *Jurassic Park 3* (2001) y *Jurassic World* (2015).

En la primera película de la saga, se relata la creación de un parque temático en el que se clonan dinosaurios a partir de materiales fósiles. Por ejemplo, se toma el ADN de dinosaurios a partir de un mosquito fosilizado en ámbar y se clona en huevos de avestruz. En la película, el dueño del parque temático cuenta que, para rellenar los fragmentos faltantes en ese ADN, se utilizó ADN de ranas. Pero, ¿es posible todo esto? Hay muchos detalles que pasan desapercibidos para el lector o espectador sin conocimiento del tema. Vale analizar algunos aspectos.

- Los grandes dinosaurios no aviarios (las aves son los organismos actuales que derivan de un grupo de dinosaurios) se extinguieron hace 65 millones de años. Pero el ámbar tiene unos 30 millones de años; por lo tanto, los mosquitos encontrados en esas piedras no podrían contener sangre de los grandes dinosaurios.
- El mosquito fosilizado debería haberse alimentado y quedar cubierto de inmediato por la resina que se fosilizó para que el ADN no hubiese sido digerido. Además, el mosquito debería haberse alimentado de un solo individuo o tipo de dinosaurio, ya que no debe haber sangre o ADN de distintos dinosaurios. Una mezcla de diferentes tipos de sangre o ADN de varios dinosaurios hubiera dado quimeras* o mezclas de dos o más especies de dinosaurios.
- Por otra parte, en la película se dice que se rellenaron con ADN de rana los espacios faltantes en el ADN fósil. Pero, ¿qué se rellenó? Para esto, hay que conocer qué es lo que hay y qué es lo que falta.
- Por último, se habla del uso de la técnica de PCR (reacción en cadena de la polimerasa) como método de amplificación del ADN extraído de mosquitos. Pero esta técnica requiere conocer el genoma del organismo a amplificar y no permite amplificar todo un genoma completo, sino de a partes.

Se podría continuar con la lista de críticas para definir si esto puede hacerse realidad o queda aún en la ciencia ficción. Quizás en un futuro, con algunas técnicas nuevas o genomas más completos, como el de los mamuts, que no precisan ningún relleno, podremos lograrlo. Por ahora, dinosaurios… no.

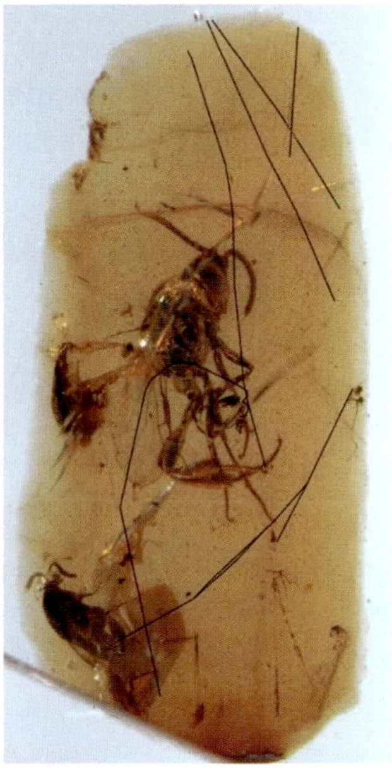

Mosquito fosilizado en ámbar.

Glosario

quimera: fósil compuesto por partes de individuos de diferentes especies.

Actividades

1. ¿Qué es un clon?
2. En la película *Jurasic Park*, ¿se clonan dinosaurios? Justifiquen su respuesta.
3. Expliquen la técnica de PCR.
4. Miren la película e identifiquen otros errores conceptuales. Justifiquen sus elecciones.

1. En una actividad de este capítulo se les pide que abran la heladera y que busquen productos que se obtienen mediante biotecnología. Ahora que han leído el capítulo y conocen en profundidad los productos de la biotecnología clásica y la moderna, resuelvan las siguientes consignas.
a. Entre los productos que encontraron que se obtienen por biotecnología clásica o tradicional, averigüen qué microorganismo estuvo involucrado en cada caso.
b. ¿Qué alimentos encontraron en los que haya participado la biotecnología moderna? (recuerden que puede ser un alimento derivado de un OGM).

2. Argumenten en cada caso por qué la biotecnología contribuye con el cuidado del ambiente.
a. Producción de biocombustibles.
b. Jabones en polvo con enzimas.
c. Limpieza de suelos contaminados.

3. Evalúen y discutan por qué todavía no se producen plásticos a partir de polímeros bacterianos, si son biodegradables, en contraste con los realizados con derivados del petróleo.

4. Busquen en enciclopedias o en Internet otras tres sustancias no nombradas en el capítulo que se produzcan en microorganismos por biotecnología moderna. Averigüen para qué se emplean esos productos.

5. Investiguen qué otros cultivos genéticamente modificados se están produciendo en el mundo. Detallen qué gen fue introducido en cada caso y cuál es la ventaja que le otorga a la planta.

6. Describan los pasos necesarios que deberían realizar para clonar un animal.

7. Expliquen dos métodos para crear un animal transgénico. ¿Qué ventajas o desventajas tiene cada uno? Argumenten.

8. Analicen y evalúen los pros y los contras de los organismos genéticamente modificados (OGM).

9. Averigüen qué enfermedades genéticas pueden ser curadas por terapia génica. Desarrollen con mayor profundidad un ejemplo. Mencionen la enfermedad, sus causas, cómo afecta al ser humano, qué gen se introduce y por qué vía, y qué resultados se han obtenido.

10. Expliquen qué son las células madre y cómo pueden ser utilizadas para el tratamiento de enfermedades.

11. Averigüen qué otros usos tienen los anticuerpos monoclonales.

12. Juego de rol: supongan que son un grupo de biotecnólogos modernos y deben resolver algún problema que afecta a los seres humanos con el diseño de un OGM (microorganismo, animal o planta). Inventen un OGM y relaten cómo sería, qué organismo modificarían, qué genes les pondrían (averigüen si ese gen existe) y cómo resolverían el problema. Luego respondan en qué beneficia haber realizado un OGM sobre otras alternativas para solucionar el problema.

13. Observen, analicen y respondan.
Se realizó un RFLP para determinar la paternidad de cuatro niños.
a. Determinen qué hijos son de ambos padres.
b. Determinen qué hijos son hermanos por parte de la madre.
c. Determinen qué hijos son hermanos por parte del padre.
Argumenten sus respuestas en todos los casos.

Índice alfabético